中等职业教育课程改革新教材

数控加工工艺与刀具夹具

主　编　胡建新
副主编　孔　建
参　编　刘建新　林莉莉　张士印
　　　　沙令娥　辛江花
主　审　刘天禄

机 械 工 业 出 版 社

本书是为满足新一轮职业教育的改革需求而编写的，体现重应用、重实践的原则。全书介绍了数控加工用刀具、夹具，数控加工工艺和数控加工 CAD/CAM 基础知识四方面的内容，包括数控加工用夹具、数控加工用刀具、数控车削加工工艺、数控铣削加工工艺、数控加工中心的加工工艺及数控加工的 CAD/CAM 六个模块。每一个模块安排了几个典型零件的数控加工实际训练课题，结合零件数控加工相应理论基础知识的学习，并编排了相应的职业技能鉴定考试例题、思考与练习题。

本书适合作为职业教育机械类专业数控加工基础知识的课程教学或培训教材，也可作为相关工程技术人员的参考用书。

图书在版编目（CIP）数据

数控加工工艺与刀具夹具/胡建新主编. —北京：机械工业出版社，2010.2（2022.1 重印）

中等职业教育课程改革新教材

ISBN 978-7-111-28735-3

Ⅰ.①数… Ⅱ.①胡… Ⅲ.①数控机床-加工工艺-专业学校-教材②刀具（金属切削）-专业学校-教材③数控机床-机床夹具-专业学校-教材 Ⅳ.①TG659②TG7

中国版本图书馆 CIP 数据核字（2010）第 023909 号

机械工业出版社（北京市百万庄大街 22 号 邮政编码 100037）

策划编辑：崔占军 责任编辑：崔占军 版式设计：张世琴

封面设计：王伟光 责任校对：陈延翔 责任印制：张 博

涿州市般润文化传播有限公司印刷

2022 年 1 月第 1 版第 8 次印刷

184mm×260mm · 13.5 印张 · 332 千字

标准书号：ISBN 978-7-111-28735-3

定价：39.80 元

电话服务	网络服务
客服电话：010-88361066	机 工 官 网：www.cmpbook.com
010-88379833	机 工 官 博：weibo.com/cmp1952
010-68326294	金 书 网：www.golden-book.com
封底无防伪标均为盗版	机工教育服务网：www.cmpedu.com

前　言

本书从新一轮职业教育教学改革的需求出发，依据相应的国家职业技术鉴定标准，对内容进行了筛选和精心的编排，对不必要的理论进行了删减，体现了重应用、重实践的编写原则。

本书介绍了数控加工用刀具、夹具，数控加工工艺和数控加工CAD/CAM基础知识四方面的内容，包括数控加工用夹具、数控加工用刀具、数控车削加工工艺、数控铣削加工工艺、数控加工中心的加工工艺及数控加工的CAD/CAM六个模块。每一个模块安排了几个典型零件的数控加工实际训练课题，结合零件数控加工相应理论基础知识的学习，并编排了相应的职业技能鉴定考试例题、思考与练习题。

本书的模块一、模块二由胡建新编写，模块三由刘建新、沙令娥编写，模块四由胡建新、孔建编写，模块五由林莉莉、张士印编写，模块六由胡建新、孔建、辛江花编写。本书由烟台工程职业技术学院胡建新教授任主编，由刘天禄任主审。本书的编写工作得到烟台大学童桂英教授的大力支持，并提出了许多宝贵意见，在此表示衷心的感谢。

由于编写时间较紧，许多内容需要进一步的调整和充实，书中难免有错误与遗漏，望广大读者给予批评和指正。

编　者

目　　录

前言
模块一　数控加工用夹具 ……………………… 1
课题 1.1　键槽加工对夹具的定位要求（机床夹具的基本类型） ……………… 1
1.1.1　机床夹具的功用 ……………………… 1
1.1.2　机床夹具基本概念 …………………… 2
1.1.3　机床夹具的分类 ……………………… 3
1.1.4　课堂小结 ……………………………… 7
思考与练习 ……………………………… 8
课题 1.2　在小轴上进行平面铣削加工（工件定位基本原理） ……………… 8
1.2.1　轴的平面铣削加工夹具设计 ………… 9
1.2.2　工件的安装方法 ……………………… 9
1.2.3　空间物体的六个位置自由度 ………… 9
1.2.4　六点定位基本原理 ………………… 11
1.2.5　课堂小结 …………………………… 13
思考与练习 ……………………………… 13
课题 1.3　三爪自定心卡盘装夹工件的定位分析（常用定位元件与定位方法） … 13
1.3.1　用三爪自定心卡盘装夹工件 ……… 13
1.3.2　夹具中的常用定位元件 …………… 13
1.3.3　常用定位元件的定位约束作用 …… 21
1.3.4　三爪自定心卡盘的定位约束 ……… 22
1.3.5　卡盘其他装夹方法的定位分析 …… 22
1.3.6　课堂小结 …………………………… 22
课题 1.4　对各种组合定位的分析（关于重复定位） ………………………… 22
1.4.1　工件的完全定位与不完全定位 …… 23
1.4.2　重复定位 …………………………… 25
1.4.3　课堂小结 …………………………… 28
1.4.4　定位分析实践 ……………………… 28
思考与练习 ……………………………… 29
课题 1.5　工件在夹具中的夹紧方法 ………… 30
1.5.1　薄壁套筒的装夹 …………………… 30
1.5.2　对夹具夹紧装置的基本要求 ……… 30
1.5.3　夹紧力方向的合理确定 …………… 31
1.5.4　夹紧力作用点的合理确定 ………… 31
1.5.5　对薄壁套筒的装夹 ………………… 33
1.5.6　对数控机床夹具的基本要求 ……… 33
1.5.7　数控车床常用夹具 ………………… 34
1.5.8　数控车床常用其他夹具与附件 …… 40
1.5.9　数控铣床与加工中心用夹具 ……… 40
思考与练习 ……………………………… 45
模块二　数控加工用刀具 ……………………… 46
课题 2.1　数控切削加工对刀具材料的基本要求和刀具材料种类 ……………… 46
2.1.1　数控切削加工对刀具材料的基本要求 ………………………………… 46
2.1.2　数控切削加工中常用刀具材料的分类 ………………………………… 47
2.1.3　车刀的基本角度 …………………… 51
2.1.4　课堂小结 …………………………… 55
思考与练习 ……………………………… 55
课题 2.2　数控车削加工常用刀具 …………… 56
2.2.1　数控车削加工常用刀片的牌号 …… 56
2.2.2　标准可转位刀片的一般应用 ……… 59
2.2.3　可转位刀片的装夹 ………………… 59
2.2.4　可转位刀片的选用 ………………… 64
2.2.5　课堂小结 …………………………… 68
思考与练习 ……………………………… 69
课题 2.3　数控铣削加工常用刀具 …………… 69
2.3.1　数控铣削加工常用铣刀类型 ……… 70
2.3.2　数控铣刀的标准刀柄 ……………… 74
2.3.3　数控铣削加工的工具系统 ………… 75
2.3.4　课堂小结 …………………………… 79
思考与练习 ……………………………… 79
模块三　数控车削加工工艺 …………………… 81
课题 3.1　数控机床坐标系设置规则 ………… 81
3.1.1　简单轴的数控车削程序 …………… 81
3.1.2　数控机床的机床坐标系（Machine Tool System）规则 ………………… 82
3.1.3　数控机床的机床参考点 *R*（Reference Point） ……………………… 85
3.1.4　工件坐标系（Working System）及其

设置 …… 87

思考与练习 …… 88

课题 3.2　数控车削加工中的圆弧插补 …… 89

3.2.1　车床圆弧插补方向辨别 …… 89

3.2.2　顺时针圆弧插补 G02 与逆时针圆弧插补 G03 的辨别 …… 90

3.2.3　刀具位置偏移补偿原理 …… 91

思考与练习 …… 93

课题 3.3　曲面车削工艺要点 …… 94

3.3.1　车削加工中的恒线速度控制 …… 94

3.3.2　假想刀尖所产生的加工误差 …… 95

3.3.3　刀尖圆弧半径补偿（G41、G42、G40） …… 96

思考与练习 …… 100

课题 3.4　螺纹的数控车削工艺要点 …… 100

3.4.1　螺纹的数控车削加工程序 …… 100

3.4.2　等螺距螺纹的单行程切削指令 G32 …… 101

3.4.3　普通螺纹切削循环指令 G92 …… 105

3.4.4　精密螺纹加工复合循环指令 G76 …… 106

思考与练习 …… 108

课题 3.5　数控车削加工工艺过程设计 …… 108

3.5.1　典型零件的数控车削加工工艺过程设计实例 …… 108

3.5.2　数控车削加工的工艺分析 …… 109

3.5.3　数控车削加工的工序设计 …… 111

3.5.4　数控车削加工工序尺寸的确定 …… 114

3.5.5　数控车削加工中的切削用量 …… 116

3.5.6　数控加工的工艺文件 …… 120

3.5.7　工序设计实训与实践 …… 120

思考与练习 …… 122

课题 3.6　数控车削加工中的对刀操作 …… 122

3.6.1　利用数控车床自动对刀功能对外圆车刀进行自动对刀 …… 122

3.6.2　数控车床上的试切法对刀过程 …… 122

3.6.3　对刀原理 …… 125

思考与练习 …… 126

课题 3.7　数控车削编程中的坐标计算 …… 126

3.7.1　利用平面几何知识进行倒角坐标计算 …… 126

3.7.2　数控车削倒角加工尺寸计算 …… 127

3.7.3　圆锥面圆角过渡的坐标计算 …… 127

3.7.4　圆弧与圆弧相切时的切点与圆心坐标计算 …… 130

3.7.5　两圆锥相接的坐标尺寸计算 …… 131

3.7.6　解析法求切点和交点的坐标 …… 132

模块四　数控铣削加工工艺 …… 134

课题 4.1　数控铣削加工的对刀方法 …… 134

4.1.1　数控铣削加工的对刀方法与对刀基准选择 …… 134

4.1.2　数控铣床及镗铣加工中心的机床坐标系 …… 135

4.1.3　加工中心的常用机内对刀方法 …… 136

4.1.4　加工中心的常用机外对刀方法 …… 144

4.1.5　设计基准的判断与工件坐标系原点的选择练习 …… 145

思考与练习 …… 146

课题 4.2　凸轮型腔的铣削加工工艺 …… 147

4.2.1　凸轮型腔的铣削加工 …… 147

4.2.2　铣削加工刀具参数的合理选择 …… 147

4.2.3　两种铣削方式 …… 150

4.2.4　铣削加工中的走刀路线 …… 152

4.2.5　三维复杂曲面的走刀路线 …… 156

思考与练习 …… 161

课题 4.3　数控铣削加工工序设计 …… 161

4.3.1　工件的数控铣削加工工序参数确定 …… 161

4.3.2　数控铣削加工阶段的划分 …… 162

4.3.3　加工中心上的加工顺序安排 …… 163

4.3.4　数控铣削加工的工序余量 …… 163

4.3.5　数控铣削加工的切削用量 …… 163

思考与练习 …… 166

模块五　数控加工中心的加工工艺 …… 167

课题 5.1　加工中心的选刀与换刀指令 …… 167

5.1.1　多刀多工序零件的数控加工 …… 167

5.1.2　关于选刀指令和换刀指令 …… 167

5.1.3　加工中心上的刀具长度补偿 G43、G44、G49 …… 168

5.1.4　走刀移动中的拐角过渡方式 …… 170

课题 5.2　孔加工的常用固定循环 …… 171

5.2.1　孔加工固定循环的基本知识 …… 171

5.2.2　各种孔加工固定循环功能的工艺应用 …… 173

课题 5.3　数控钻孔加工的工艺参数 …… 175

思考与练习 …… 180

模块六 数控加工的 CAD/CAM ……… 181
课题 6.1 CAD/CAM 基本知识 ……………… 181
6.1.1 CAD/CAM 数控加工程序生成的基本过程 ……………………………… 181
6.1.2 常用数控加工 CAD/CAM 软件 …… 183
思考与练习 ………………………………… 185
课题 6.2 MasterCAM X 的基本知识………… 185
6.2.1 MasterCAM X 的主界面 …………… 185
6.2.2 MasterCAM X 的工作流程 ………… 186
6.2.3 MasterCAM X 所提供的七种曲面类型 ………………………………… 187
课题 6.3 MasterCAM X 的工艺参数设计过程……………………………………… 188
6.3.1 刀具加工安全区域设置 …………… 189
6.3.2 加工工件的坐标设置 ……………… 190
6.3.3 工件的材料设置 …………………… 193
6.3.4 刀具参数设置 ……………………… 194
6.3.5 铣削加工工艺参数的设置 ………… 198
6.3.6 刀具加工 NC 程序的后置处理与操作管理 ……………………………… 203
思考与练习 ………………………………… 207
参考文献……………………………………… 209

模块一　数控加工用夹具

课题 1.1　键槽加工对夹具的定位要求（机床夹具的基本类型）

【学习目标】

1. 了解机床夹具的功用，了解常用机床夹具的基本分类。
2. 了解工件定位、夹紧和安装概念。了解数控夹具的发展新趋势。

【学习任务的提出】

1.1.1　机床夹具的功用

图 1-1 所示为在工件上进行键槽铣削加工的要求。为了保证键槽在工件上的正确位置和加工尺寸的要求，工件在工作台上装夹时需要进行正确定位，即工件在工作台上固定之前，需要将其空间方位摆放正确。图 1-2 所示为用铣刀对键槽进行加工的具体情况，要加工合格的键槽，工件在工作台上装夹时，应保证三个方向与机床导轨滑板的移动方向保持所要求的相对位置，否则加工出的键槽会由于机床滑板的切削进给引导方向与工件的轴线方向不平行而导致键槽歪斜；而三个方向上的定位尺寸则通过不同的控制方法加以保证。

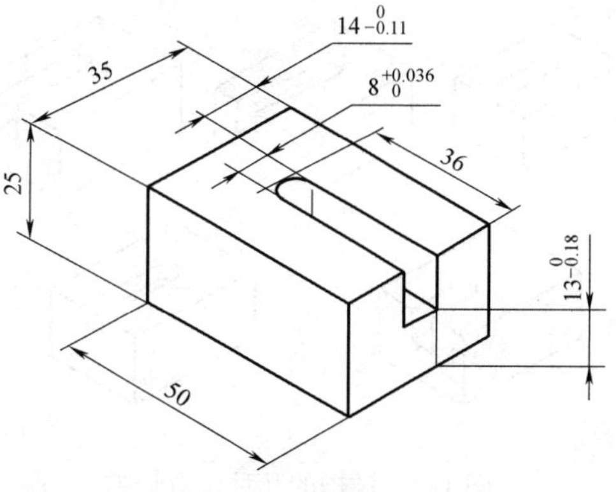

图 1-1　工件的键槽铣削加工

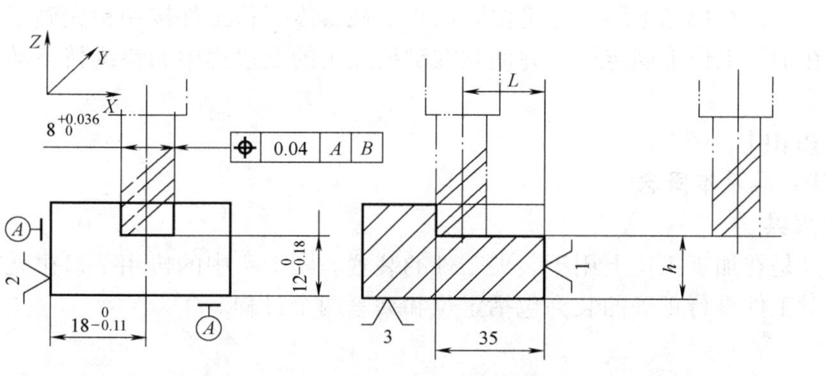

图 1-2　不贯通平键槽的铣削加工

工件不正确的装夹位置会导致各种误差。正确的键槽位置如图 1-3a 所示。若工件纵向轴线夹紧时未与机床纵向导轨的移动方向平行，会出现图 1-3b 所示键槽的情况。图 1-3c 所示为装夹时，未将工件对称中心平面与铣刀轴线重合，加工出的键槽偏移了中心。图 1-3d 所示的键槽长度不符合加工要求，是由于工件夹紧时，未严格保证尺寸 35mm 的纵向定位的要求。图 1-3e 所示为工件的安装位置相对于刀具过低，致使加工出的键槽深度不符合图样要求。

在数控加工中，键槽三个方向上的正确尺寸关系还要靠工件在工件坐标系中的严格定位和刀具加工路径的配合来保证。

图 1-4 所示为工件在机用平口钳中进行装夹和加工的示意图。为保证工件装夹位置的正确性，采用了两项措施。首先将工件底部用定位块 2 垫高到键槽铣削加工的适当位置，以保证整批工件在垂直方向上的安装高度；然后将机用平口钳的固定钳口与机床导轨的移动方向校正调平行，以保证键槽纵向与机床导轨的引导方向相一致。在此位置上将工件用活动钳口夹紧，最后通过调整铣刀与工件间的横向距离保证键槽在工件上横向位置的正确性，即可满足工件装夹要求。键槽的铣削长度靠铣刀的纵向移动距离来保证。如果工件的批量比较大，还可以在定位块 2 的左端设置一个定位销，为工件的纵向位置提供位置基准。

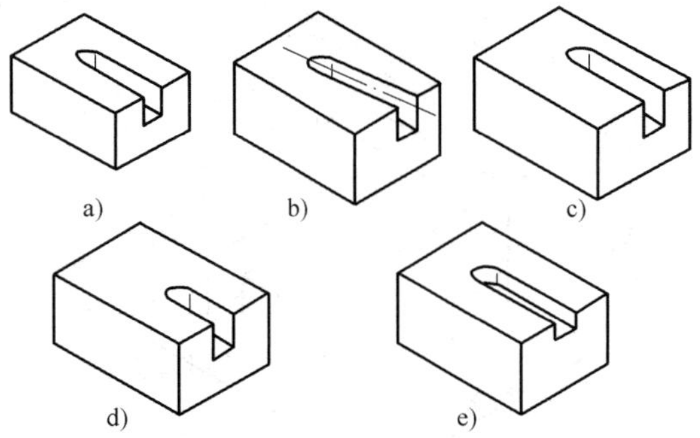

图 1-3　键槽的几种位置误差

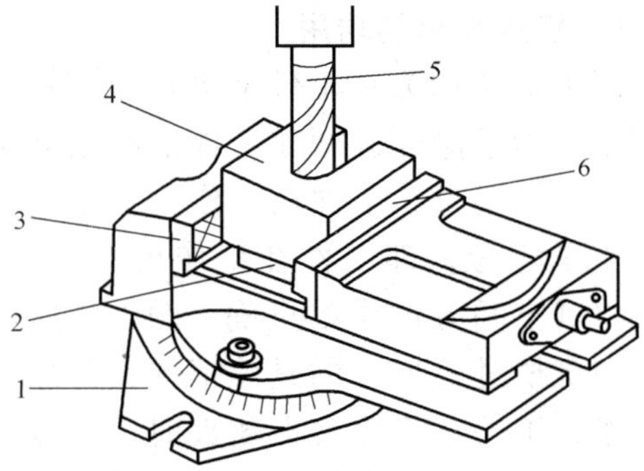

图 1-4　工件在机用平口钳中的装夹和加工
1—钳座　2—定位块　3—固定钳口　4—工件
5—铣刀　6—活动钳口

为了保证工件在机床上装夹固定位置的正确性，需要将工件按照预先确定好的空间位置快速准确地在加工工位上固定好，并使其在键槽加工的全过程中始终维持不动，这就是机床夹具的作用。

【相关知识】

1.1.2　机床夹具基本概念

1. 机床夹具

机床夹具是在加工工位上用于装夹工件的装置。图 1-4 中的机用平口钳就是用于装夹工件的夹具。对工件进行正确的装夹包括定位和夹紧两个过程。

2. 定位

令工件在工位上处于正确空间位置的操作称为对工件的“定位”。

在图 1-4 中，将工件底面与定位块 2 保持紧密接触就是工件水平面的定位过程。将工件的前面与固定钳口相接触，是工件纵向导向定位过程。

3. 夹紧

令工件在定位位置上紧固不动的操作称为对工件的“夹紧”。

在对工件进行数控加工的过程中，必须将工件装夹牢固，否则工件会在刀具切削力的作用下移动而无法进行切削加工；另一方面，工件在工位上的装夹位置要正确，必须使工件严格地定位于预先确定的装夹位置上，否则也不能够保证加工结果能满足精度要求。

机床夹具的作用是保证工件在机床上加工时，确保被可靠夹紧，且其夹紧位置一定是预期的正确位置。

4. 安装

在夹具定位概念中，把工件在工位上的“定位”和“夹紧”过程称为对工件的“安装”。习惯上也称为工件在加工工位上的“装夹”。

注意：定位和夹紧是两个不同的概念。

定位的目的是保证工件在机床上相对于刀具切削加工位置的正确性和准确性；而夹紧则是要保证工件不因切削力及其他外力的作用而发生位移，维持工件在定位位置上稳固不动。单纯把工件夹牢，并不等于其相对刀具的空间位置一定正确；同理，工件准确定位，意味着工件相对刀具暂时处于较理想的预期加工位置，但也并不等于能始终保持住这一位置。

定位和夹紧概念不同，功能不同，对定位元件和夹紧元件的要求也不相同。

作为夹紧元件，其主要功能是把工件在定位位置上夹紧。它是切削力的主要承受者，要求夹紧机构应具有足够的强度、承载能力和抗振性。

而定位元件的主要功能，是为工件提供正确的空间位置依据。它可能需要承受一定的切削力、夹紧力和重力，但主要任务是定位。为达到较高的定位精度，并能长期维持定位精度的稳定性，定位元件应具有足够的刚度和强度，尤其应该具有良好的耐磨性。例如图 1-4 中的定位块 2。

1.1.3　机床夹具的分类

工件在数控机床上进行机械加工时，几乎都要借助于机床夹具对其进行夹持。数控机床夹具可以划分为若干不同种类。

按照数控夹具不同的夹紧动力源分类，可以把数控夹具分为手动夹具、液动夹具、气动夹具、电动夹具、磁力夹具、真空夹具及惯性力夹具等。

而按夹具使用的通用化程度分类，数控机床夹具可分为通用夹具、专用夹具、拼装型模块夹具三个大类。

1. 通用夹具

通用夹具是指在各类数控机床上都能够广泛应用的夹具，例如三爪自定心卡盘、四爪单动卡盘、机用平口钳、回转分度头和数控回转台等。

此类夹具有通用性，广泛适用于装夹各种轴类、盘类、箱体类工件，应用范围相当广。这类夹具一般已标准化、系列化，由专门厂家生产，有些则直接作为机床附件提供给用户。

通用夹具由于要考虑其通用化程度，故其结构往往较复杂、操作动作较慢、效率低，对于定位表面及外形轮廓较复杂的工件，快速装夹较困难，定位精度也较差，故不适于中等批量和大批量生产。通用夹具主要用于单件、小批量生产中。数控加工广泛采用各种通用夹具。

2. 专用夹具

专用夹具是指仅适用于某一工件或者仅适用于工件的一道或数道工序加工而专门设计的夹具。当工件结构变更或工序内容变更时，都可能使此夹具失去应用价值。

图 1-5 所示为套筒零件的钻孔专用夹具。图 1-5a 为套筒零件图样。为了保证小孔的加

工位置，并方便快速装夹的要求，设计了图 1-5b 钻孔夹具。套筒零件在短圆柱销 3 和定位平面 2 的约束下实现快速定位，然后在前端面处插入开口垫圈 4，并由夹紧螺母 5 夹紧。这一套定位和夹紧结构非常适合于该套筒零件快速装夹。钻孔位置由钻套 6 对钻头进行位置引导加以保证。

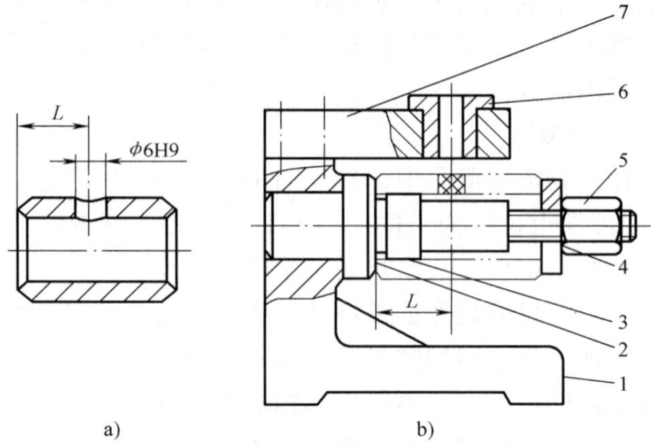

图 1-5 套筒零件的钻孔专用夹具
1—夹具体 2—定位平面 3—短圆柱销 4—开口垫圈 5—夹紧螺母 6—钻套 7—钻模板

专用夹具需要根据工件的具体加工要求而专门设计和制造。夹具结构可以设计得简单、紧凑，定位结构的精度也可以很高，还可以采用各种省力、传力机构，使操作快捷、方便，并得到较高生产效率。但夹具制造等生产准备周期比较长，工装费用较高。这类夹具适用于产品相对固定、生产批量较大工件的专业化生产。

专用夹具的类型很多，大规模生产广泛应用的成组夹具、可调夹具和自动线上使用的随行夹具都属于专用夹具类。

3. 拼装夹具

由预先制造好的各类标准元件经组合拼装而成的夹具称为拼装型夹具。

拼装夹具可以针对不同工件的定位精度和装卸速度要求，利用标准夹具元件进行专门拼装制作。它是在成组加工理论基础上发展起来的新型夹具，是机床夹具通用化、标准化、系列化发展的具体体现。随着数控加工中心的快速发展，各种新型拼装模块夹具也开始得到快速发展。拼装型夹具包括两种类型：组合夹具和模块化夹具。

(1) 组合夹具 组合夹具属于早期的拼装类夹具，由简单的标准定位元件、支撑元件、夹紧元件、基础件及其他组件组合而成。它解决了夹具元件的回用问题，但高精度定位、自动化装卸、高生产适应性等方面的问题尚未得到较好解决。

图 1-6 所示为一台组装好的钻孔组合夹具。它由矩形基础板 1 和回转工作台 8 组成整个夹具的结构，引导钻头的钻套 4 由支撑件 2 支撑，对工件的定位和夹紧由定位件 3 和夹紧件 5 和紧固件 6 完成。

这类夹具组合后具有较高专用性，当生产任务完成后，又可将夹具拆散，各类元件和组件可以再拼装别的夹具。所以，这类夹具又具有较好的元件通用性。拼装夹具是介于专用夹具和通用夹具之间的一类新型夹具。这类夹具同时具备定位精度高、生产准备周期短、夹具元件可以回用等优点，其缺点是夹具元件的初始投资较大，个别元件的利用率较低。

图 1-7 为一台槽系组合夹具。它由圆形基础板 1 和各种支承件组成了基本构架结构，并在夹具上设置了 V 形支承 8 和圆形支承 10 作为工件的定位元件，用夹紧螺钉 3 和 11 对工件夹紧。夹具中所有组合件都是标准元件，各自承担着不同任务，工件加工完后，可以将整个夹具拆散，各个元件可重新组装其他夹具。夹具上各个标准组合元件相互间的定位采用基础板上 16mm 的 T 形槽和定位键，所以这类夹具又称为槽系定位组合夹具。

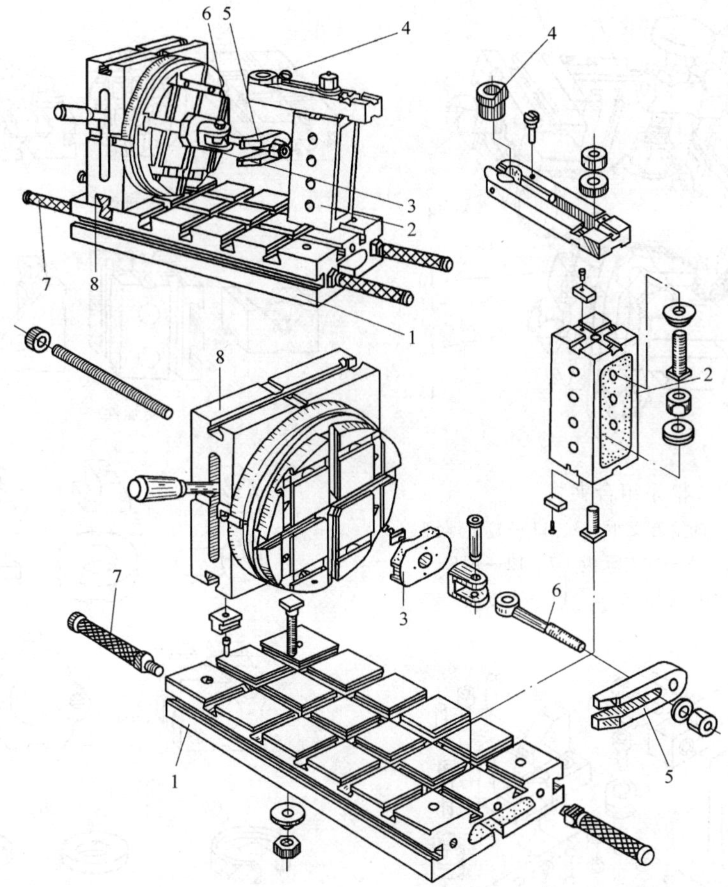

图 1-6　钻孔组合夹具

1—基础板　2—支承件　3—定位件　4—钻套（导向件）　5—夹紧件　6—紧固件　7—其他件　8—回转工作台

另外还有一类基础板，是靠板上的圆柱孔和定位销的配合完成组合元件相互间的定位。如图 1-8 所示，称为孔系定位组合夹具。图 1-9 是这类组合夹具的各种标准件。

（2）模块化夹具　模块夹具应用组合夹具的组合拼装原理，发展了比组合夹具更趋完善的标准模块化的工作台、连接支撑板、标准可调定位元件和机动性较强的夹紧单元和模块，以及其他组件总成。这些标准模块都具有很强的通用性，可重复拼装使用，同时又具有标准化的典型特征，使得产品生产的工艺准备周期及费用大为降低；而且由于其良好的组装精度、较高的安装效率和优良的机动性和生产自适应性，使得这类模块夹具整体结构更为简单，组装精度更高。图 1-10 和图 1-11 是部分模块夹具所使用的合件。

标准拼装模块夹具目前已经开始在各类数控机床和柔性加工系统中得到广泛应用，并作为数控机床的基本附件，直接由专门厂家提供。所以，它更趋向于通用化夹具。

随着我国夹具标准化工作的日趋完善，国家有关质量技术监督部门已制定了 8mm 槽系组合夹具元件标准和 16mm 槽系组合夹具元件标准，为制造应用组合夹具及拼装夹具提供了依据。

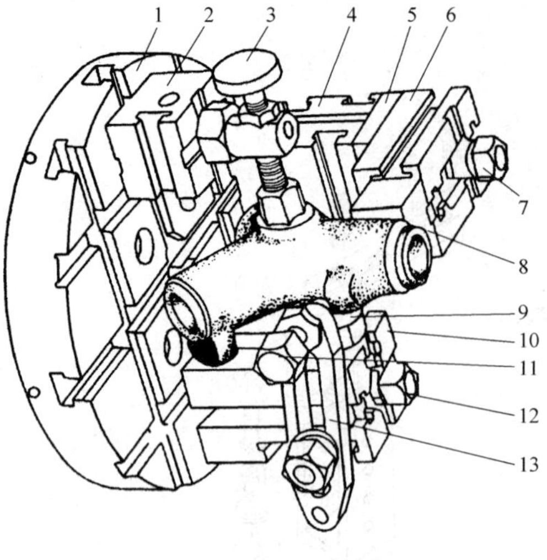

图 1-7 槽系组合夹具

1—圆形基础板 2—直角方支承 3、11—夹紧螺钉 4、6、9—长支承 5—方支承板 7、12—螺母 8—V 形支承 10—圆形支承 13—连接板

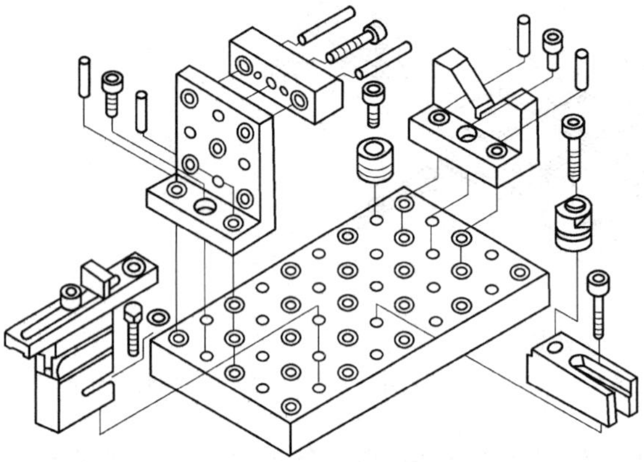

图 1-8 孔系定位组合夹具

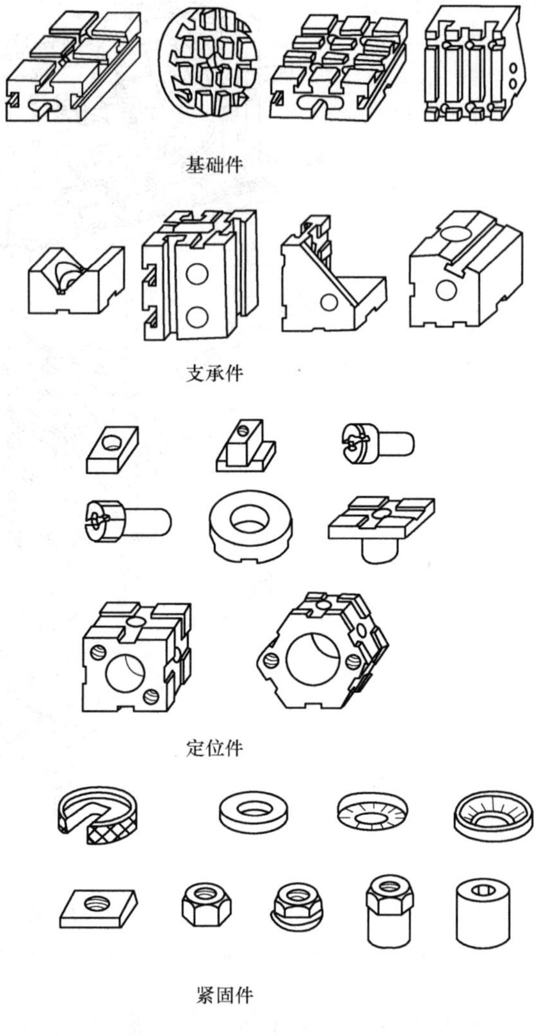

图 1-9 组合夹具的各种标准件

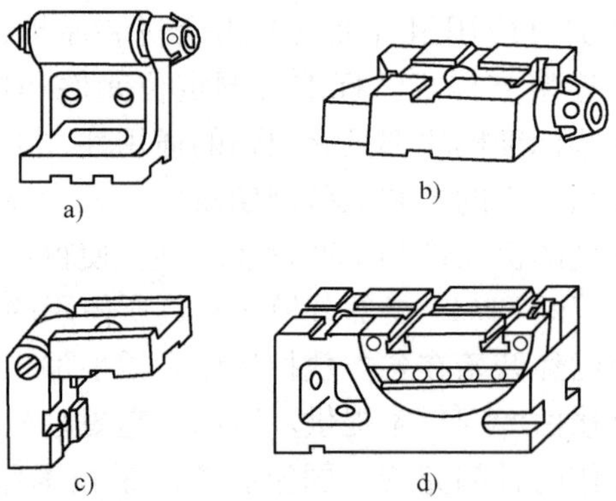

图 1-10 模块夹具的各种标准合件

a）可调顶尖支承 b）可调 V 形支承 c）摆动支承 d）移动、摆动支承

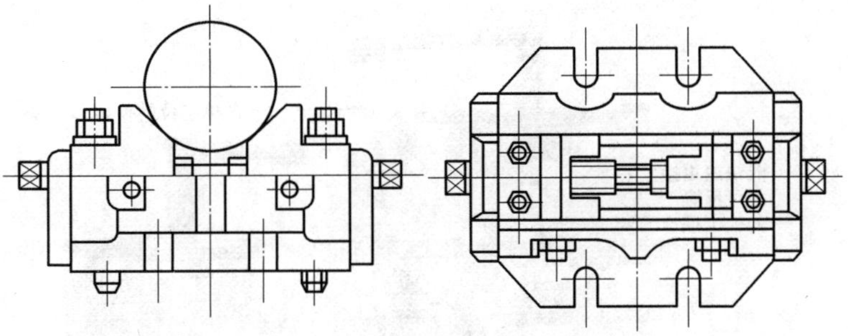

图 1-11　可调 V 形支承合件

随着机械加工工艺手段的不断发展，各种新型的机床附件与夹具也在快速发展。图1-12所示为美国杰根斯公司的一款新型加工中心用拼装虎钳。它的夹紧卡爪可以根据工件的不同外形进行快速更换，一次装夹的工件数目可以通过调换卡爪实现。

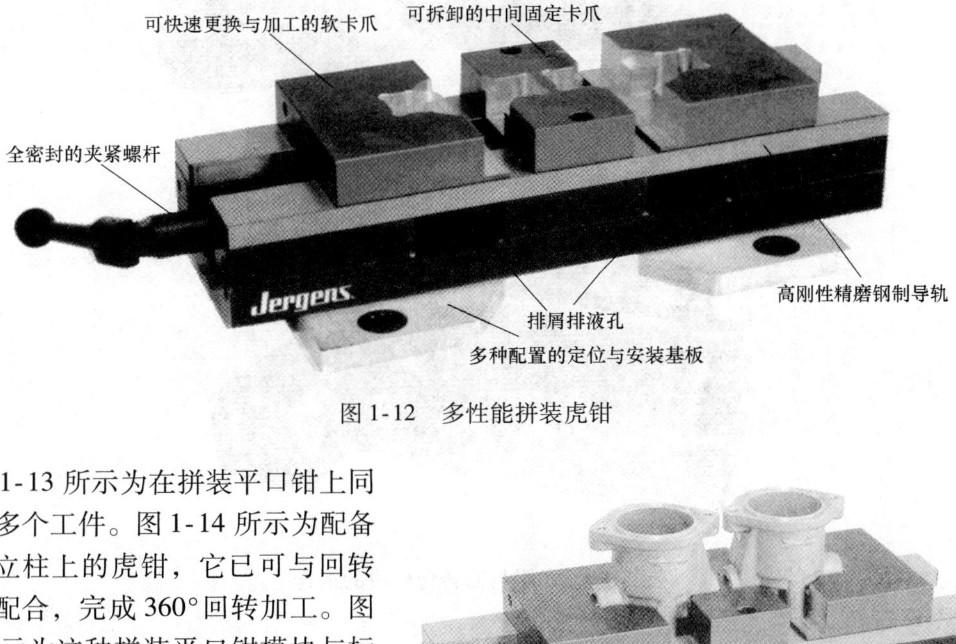

图 1-12　多性能拼装虎钳

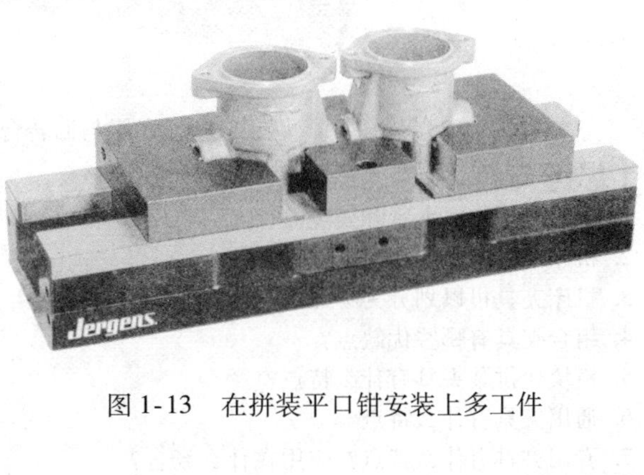

图 1-13　在拼装平口钳安装上多工件

图 1-13 所示为在拼装平口钳上同时装夹多个工件。图 1-14 所示为配备在标准立柱上的虎钳，它已可与回转工作台配合，完成 360°回转加工。图 1-15 所示为这种拼装平口钳模块与标准回转台模块进行拼装组合后的应用情况。

采用标准定位夹紧模块结构，可以使夹具的组合应用更加快捷方便，并且对工件的装夹精度高，稳定性好，加工适应性和机动性能好。

1.1.4　课堂小结

本课从工件的键槽加工要求任务出发，介绍了对工件进行正确定位与夹紧的安装要求，介绍了工件定位和夹紧的基本概念，介绍了常用机床夹具的分类方法，最后介绍了目前数控加工中的常用夹具及其发展方向。

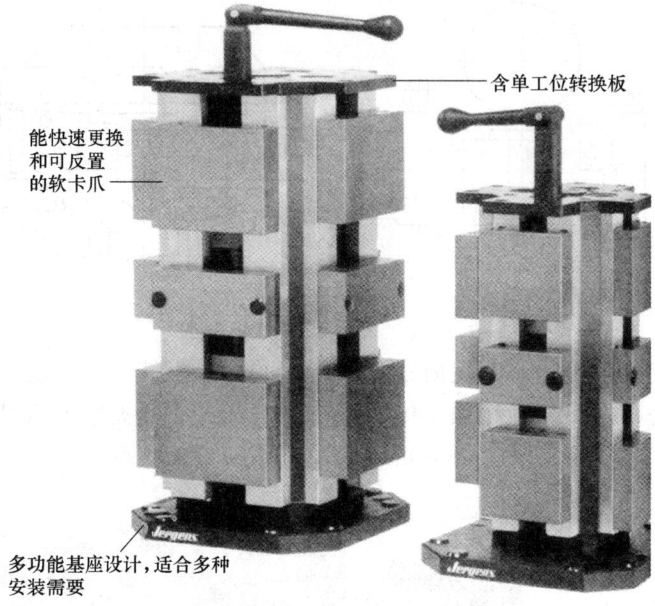

图 1-14 立式拼装虎钳

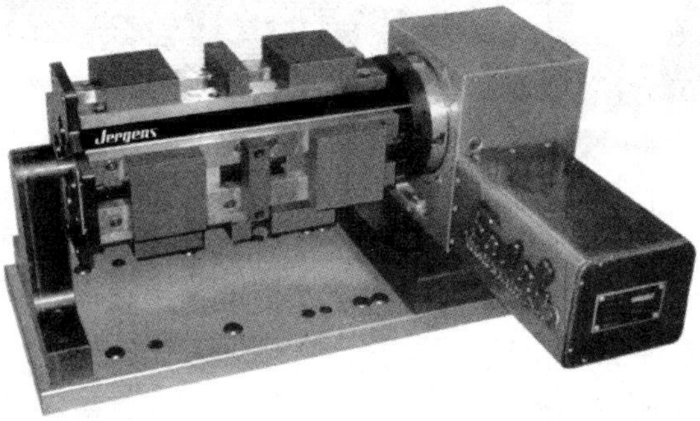

图 1-15 虎钳与回转台模块的组合

【思考与练习】

1. 什么叫定位、夹紧和安装？
2. 机床夹具的主要功用是什么？
3. 机床夹具可以划分为哪几个大类？
4. 组合夹具有哪些优缺点？
5. 模块化拼装夹具有什么特点？
6. 通用夹具有什么特点？
7. 专用夹具有什么特点？应用在什么场合？

课题 1.2 在小轴上进行平面铣削加工（工件定位基本原理）

【学习目标】

1. 了解工件定位时的六个空间位置自由度概念及其表达符号。

2. 了解工件六点定位的基本原理。

3. 学会对箱体类、盖板类和轴类工件的常用定位方法。

【学习任务的提出】

1.2.1　轴的平面铣削加工夹具设计

试对图1-16所示工件的平面铣削加工夹具进行设计。

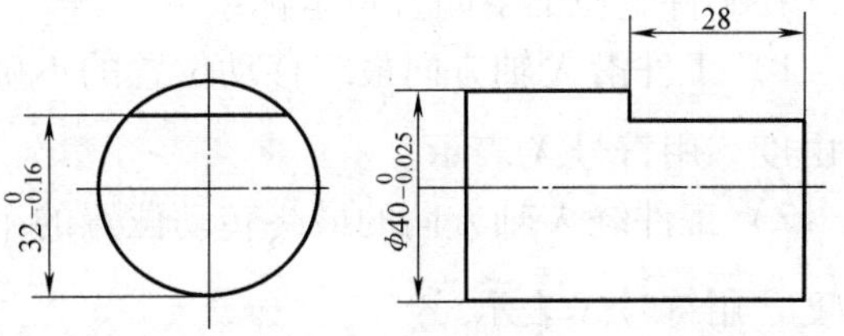

图1-16　工件的平面铣削加工夹具

【相关知识】

1.2.2　工件的安装方法

由工件的加工要求确定工件的安装方法，有各种装夹方案可供选择。图1-17给出了最为普通的加工方法——利用虎钳夹紧。但是这种方法会产生很多问题，如在活动钳口对工件施行夹紧后，经常出现工件底部垫块接触不实的情况。这主要是由于参加定位的工件表面是回转圆柱面所致。为使安装比较稳定，有如图1-18所示为各种装夹方案。

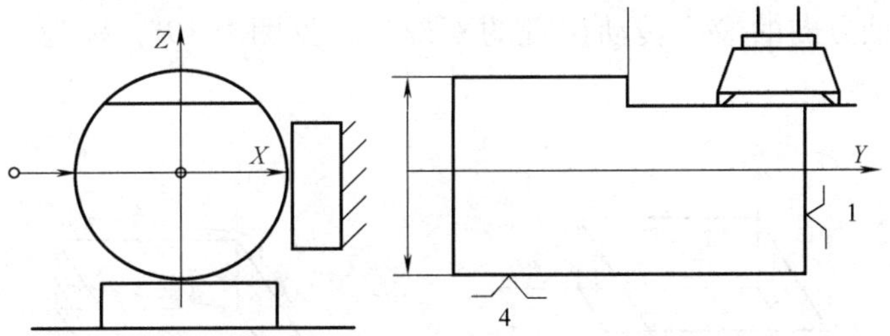

图1-17　虎钳夹紧方案

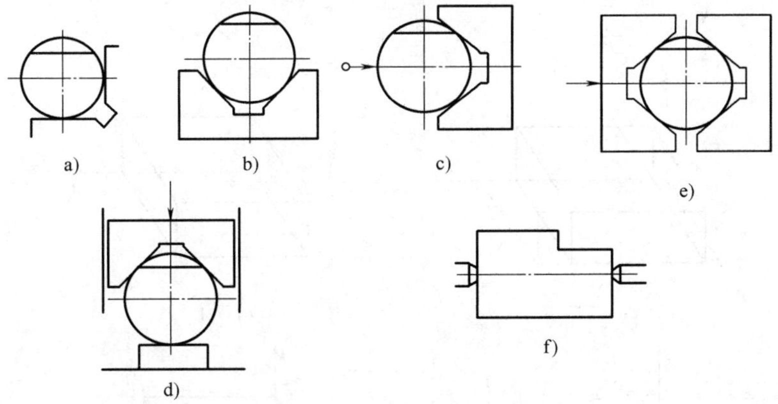

图1-18　工件装夹的各种方案

1.2.3　空间物体的六个位置自由度

1. 工件定位时的六个位置自由度

如图1-19所示，若不采取相应的定位措施，工件在夹具中被夹紧时的空间位置将不确定。为描述工件空间位置的不确定性，引入位置自由度概念：工件在参与定位时，其空间位置的不确定程度，可以通过工件所在空间直角坐标系中的空间坐标和角度等六个独立的位置参量进行描述和比较，称为六个位置自由度。

在工件定位的空间直角坐标系中：

1）工件沿 X 轴方向最终移动位置的不确定，见图 1-19a，称为工件沿 X 轴方向的移动自由度，用符号 $\overset{\leftrightarrow}{X}$ 表示。

2）工件绕 X 轴方向的最终转动位置的不确定，见图 1-19b，称为工件绕 X 轴的转动自由度，用符号 $\overset{\frown}{X}$ 表示。

3）工件沿 Y 轴方向最终移动位置的不确定，见图 1-19c，称为工件沿 Y 轴方向的移动自由度，用符号 $\overset{\leftrightarrow}{Y}$ 表示。

4）工件绕 Y 轴方向的最终转动位置的不确定，见图 1-19d，称为工件绕 Y 轴的转动自由度，用符号 $\overset{\frown}{Y}$ 表示。

5）工件沿 Z 轴方向最终移动位置的不确定，见图 1-19e，称为工件沿 Z 轴方向的移动自由度，用符号 $\overset{\leftrightarrow}{Z}$ 表示。

6）工件绕 Z 轴方向的最终转动位置的不确定，见图 1-19f，称为工件绕 Z 轴的转动自由度，用符号 $\overset{\frown}{Z}$ 表示。

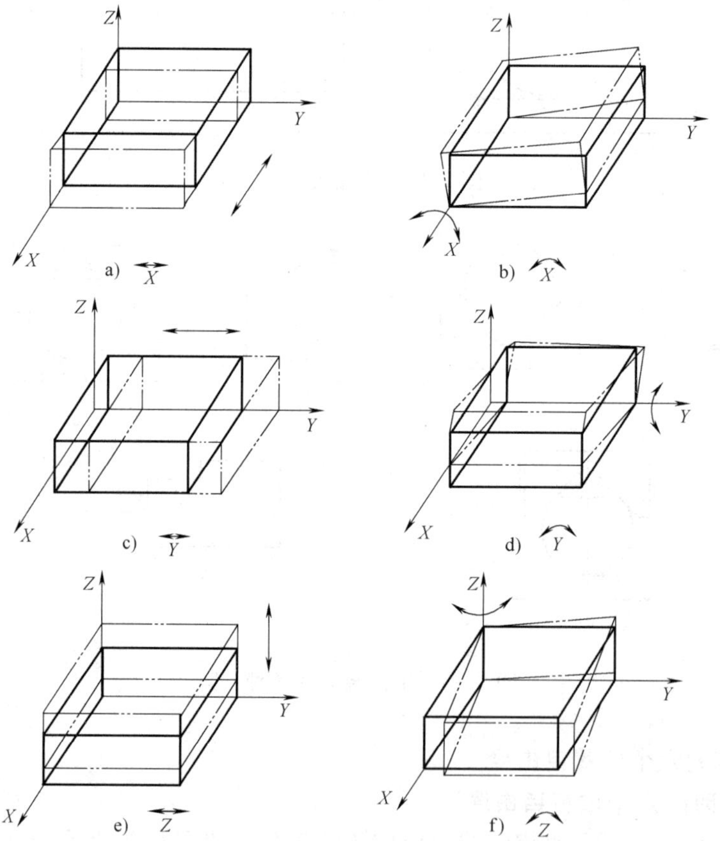

图 1-19　工件的六个空间位置自由度

2. 位置自由度（位置度）概念

用于描述工件在某一预先设定的空间直角坐标系中定位时，其空间位置不确定程度的六个独立位置参量，称为工件在此坐标系中的六个位置不确定度。在夹具定位理论中简称其为六个位置自由度，或直接称为位置度。

工件在夹具中定位时的某个位置度不确定，会造成同一批零件在该方向上的加工位置不统一，造成加工误差。

这里的位置自由度与机械原理课程中描述构件在空间可动性的运动自由度有严格区别。机构学和运动学里的“自由度”一词是描述构件在空间的可动性。构件具有某个运动的自由度，表明它具有该运动的可能性，在力的作用下，构件会产生确定的运动形式，这与在夹具定位理论中所讨论的工件装夹位置的确定性完全不同。当用夹具上的定位点对工件的某个位置不确定度提供位置基准时，工件的该方向位置即可被确定，但工件的运动自由度仍然存在，在外力作用下，工件仍会产生运动。相反，当对一个施行了定位或者根本没有定位的工件进行夹紧后，工件相对于夹具就没有任何运动的可能，即没有了任何的运动自由度，但其位置却未必是确定的预定位置。“运动自由度”是描述物体运动的可能性，而“位置自由度”是描述位置的正确性。为了区别两者，把定位理论中的“位置自由度”简称为“位置度”。

1.2.4　六点定位基本原理

1. 工件的六点定位基本原理

在工件的定位中，用在空间合理分布的最多六个定位点限制工件的最多六个空间位置自由度，这一原理称为工件的六点定位基本原理，简称六点定位原理。

由于六点定位原理中对定位点的空间分布位置要求遵守一定的规则（空间合理分布），所以习惯上又称此原理为工件定位的六点定则。

2. 六点定位原理在箱体类工件定位中的应用

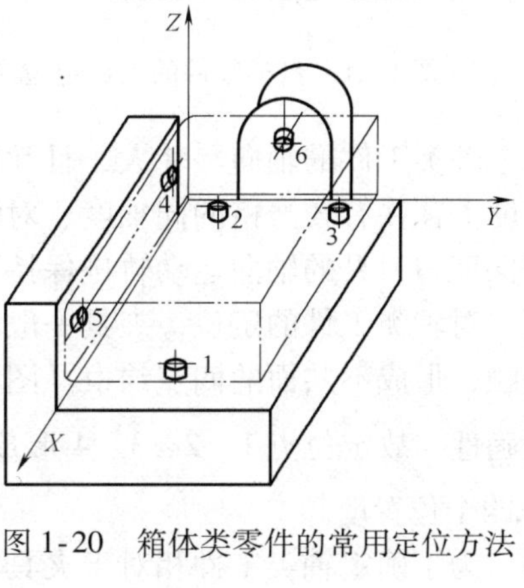

图 1-20　箱体类零件的常用定位方法

六点定位原理在箱体类工件定位中的应用可以图 1-20 为典型。一般箱体类零件多具有较规则的外形轮廓：六面体、八面体等，并具有较大而稳固的安装平面。为保证此类零件在工位上安装稳定，装夹方便，多选择工件上幅面较大的平面作为主要的定位表面。夹具为工件在该方向上的定位提供了三个支承点，如图 1-20 中的 1、2、3 三个支承点，或者一个大平面，称为主要定位基准，用以消除工件的 $\widehat{X}$、$\widehat{Y}$、$\vec{Z}$ 三个位置度。另以两个支撑点 4、5 在工件较长的侧面提供了导向基准，消除了工件的 $\vec{Y}$、$\widehat{Z}$ 两个位置度，使工件的方向性得以确定。在工件的第三个方向上提供了一个支承点 6，称为止推基准，消除了工件的 $\vec{X}$ 自由度。在此，利用夹具为工件提供的六个定位约束点，为工件在夹具上的安装提供了空间位置的约束限制，消除了工件的六个空间位置不确定度，通常称这种为箱体所提供的定位系统为“三基面基准”系统。

3. 六点定位原理在盘类工件定位中的应用

六点定位原理在盘类工件定位中的应用如图 1-21 所示。

一般盘类工件多具有较大的端部幅面，相比之下，其轴向尺寸或高度尺寸比较小。考虑到安装的稳定性及夹紧可靠，常以面积较大的端面作为主要定位面，如图 1-21 所示。夹具为盘类零件的定位提供了支承点 1、2、3，用以消除工件的 $\widehat{X}$、$\widehat{Y}$、$\vec{Z}$ 三个位置度，是夹具提供的主要定位基准。

对于齿轮、连接盘回转类圆盘工件，工件内孔的回转轴线往往是设计基准，则第一定位基准要选择在工件的内孔处，即以工件内孔轴线为定位基准。

定位销 4 和 5 是用来限制工件在这两个方向上的 $\vec{X}$、$\vec{Y}$ 位置度的，称为第二定位基准。定位销 6 是用来确定和限制工件安装时的转角位置，消除了工件的 $\widehat{Z}$ 位置度，称为防转定位基准。

4. 六点定位原理在轴类工件定位中的应用

六点定位原理在轴类工件定位中的应用，可用图 1-22 表示。

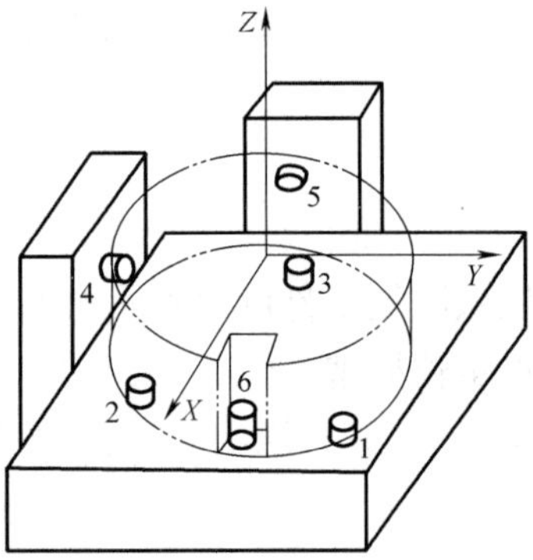

图 1-21 盘类零件的六点定位应用

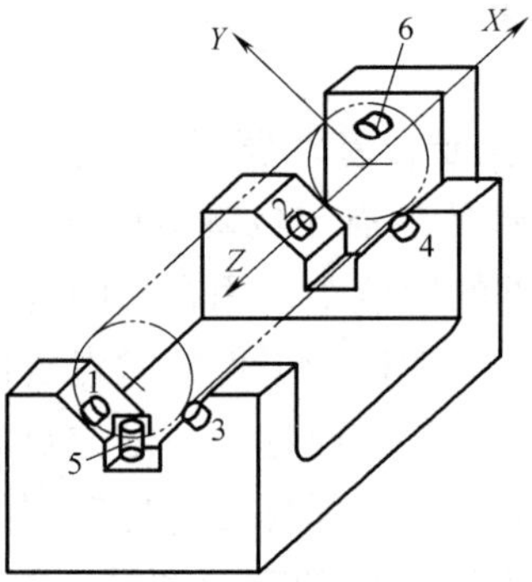

图 1-22 轴类零件的六点定位

轴类工件的轴向尺寸大，且常以两端同轴的支承轴颈作为整个轴系的回转支承。在加工精度上往往有较严格的同轴度、对称度等位置公差的要求。工件以公共轴线为基准装夹时，应保证与刀具的轴向运动轨迹保持平行。

对轴类工件的定位，夹具一般以轴向尺寸较大的 V 形槽的两个斜面与工件支承轴颈相接触，形成不共面的四点约束。图 1-22 中的 1、2、3、4 点，保证工件公共轴线的空间位置正确性。故定位点 1、2、3、4 形成轴类工件的“第一定位基准”，消除了工件 $\vec{X}$、$\widehat{X}$、$\vec{Y}$、$\widehat{Y}$ 四个位置度。

为了确定轴类工件相对于夹具在圆周方向上的转动角度位置，夹具上采用了定位点 5，使所有工件在夹具上定位时，键槽的左侧平面都必须与定位点（定位销）5 保持接触。如此，所有加工工件在夹具中绕轴线转动的位置度 $\widehat{Z}$ 即被限制住，角度位置得到确定。定位销 5 常被称为防转定位基准，也是小轴的第二定位基准。

支承钉 6 可以起到统一工件轴向位置的作用。工件安装时所有工件的前端面都必须与支承钉 6 相接触，则整批工件相对夹具的轴向位置统一到这颗定位钉的顶点位置，这颗钉消除

了工件的 $\vec{Z}$ 位置度，经常称为止推定位基准，也是小轴的第三定位基准。

以上三个定位实例是零件定位时的典型安装情况，具体到每一个零件的定位安装，还要根据工件的加工要求与工件的几何形状及其各自的特点最后确定定位方案。但无论哪种定位，最主要的是夹具的定位点在空间的位置安排是否科学与合理。

1.2.5　课堂小结

本课从小轴平面铣削加工的定位安装要求出发，引出了工件定位的六点定位基本原理。并对箱体类、盘类和轴类零件的常用定位方法进行了基本介绍。其中的六个空间位置度和定位原理是本课程重点内容。六点定位原理的各种具体应用将会在后续课程中进一步进行讨论与分析。

【思考与练习】

1. 工件定位时，具有哪几个位置度？
2. 箱体工件一般如何定位？
3. 盘类工件一般采用什么方法定位？
4. 轴类工件一般采用什么方法定位？

课题 1.3　三爪自定心卡盘装夹工件的定位分析
（常用定位元件与定位方法）

【学习目标】

1. 知道常用定位元件的基本类型。
2. 会运用常用定位手段与方法对工件定位。
3. 能够运用各种定位方法的原理与基本分析方法，分析常用定位元件的定位约束作用。

【学习任务的提出】

1.3.1　用三爪自定心卡盘装夹工件

图 1-23 所示为工件在三爪自定心卡盘上进行定位和夹紧，试分析车床卡盘对工件的定位约束作用。卡爪对工件提供了几个点的约束？消除了工件的哪几个位置自由度？对图1-24思考同样问题。

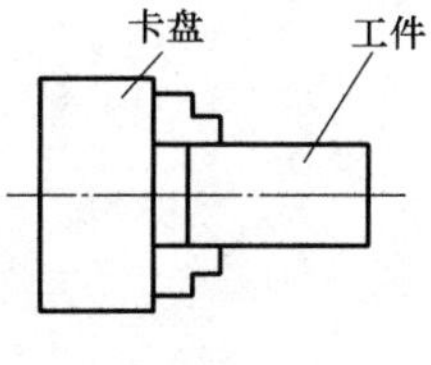

图 1-23　三爪自定心卡盘装夹工件

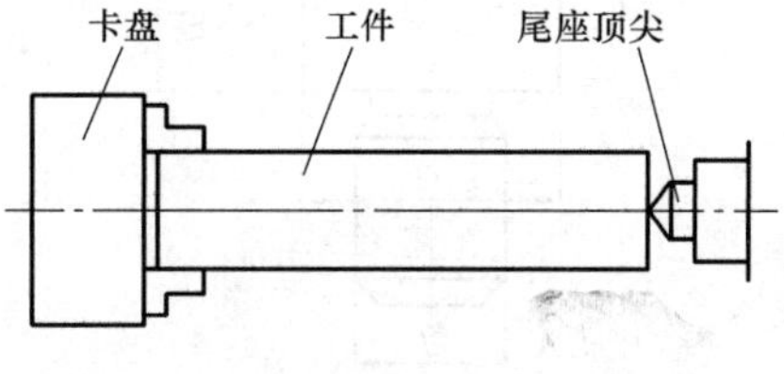

图 1-24　卡盘与顶尖装夹工件

针对生产中所遇到的各种加工要求，如何正确并合理地选择一种定位方案，针对各种不同的定位方案，如何科学地进行位置度的约束分析；如何正确理解各种定位元件及其在定位约束中的作用，是本课题的讨论要点。

【相关知识】

1.3.2　夹具中的常用定位元件

根据一般箱体类、盘类及轴类工件定位中的六点定位原理，夹具对工件的定位约束作用，是靠夹具上设置的具有各种定位几何形面和形状的定位元件而实现的。这些特定形状的几何形面是对工件进行位置约束的最为基本的要素，称为基本定位体。夹具定位元件的定位面均由这些最基本的几何形体所组成。

各种复杂的定位系统及定位结构，均由基本定位体组合而成。掌握基本定位体的定位约束作用，是掌握定位分析方法的最基本手段，有利于迅速而准确地分析工件的定位方案，优化夹具定位结构。

1. 支承钉

支承钉是基本定位元件，可以用其直接体现定位约束点。支承钉在实际生产中广泛应用，其结构尺寸已标准化。

图 1-25 是三种常用支承钉的结构及类型。图中 A 型支承钉为平头支承钉，用于工件已加工平面的定位。B 型支承钉为球头支承钉，用于工件毛坯表面的定位。由于毛坯表面质量不稳定，为求得较为稳固的点接触，故采用球面支承；这种支承钉与工件形成点接触，接触应力较大，负荷较大时容易压溃工件表面，使表面留下浅坑，因此使用中应予以注意，尽量不用于负荷较大的场合。C 型支承钉为齿纹头结构，应用特点主要是能在负荷力作用下与工件表面形成弹性变形接触，产生一定的啮合力，从而增大与工件表面的摩擦，增加定位稳定性，一般用于工件侧定位或倾斜状态下的定位面；由于在使用中齿纹头支承钉也易损伤工件表面，所以多用于还需再精加工的工件表面定位。

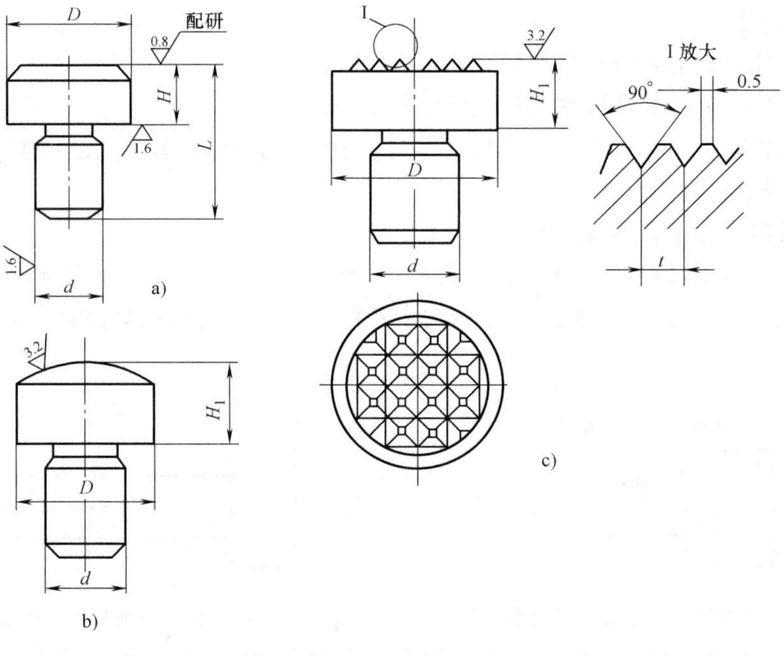

图 1-25　三种标准支承钉

a) A 型：平头　b) B 型：球头　c) C 型：齿纹头

以上三类支承钉在夹具上的安装方式为固定式安装，靠钉的安装部位与夹具安装孔材料间的适量过盈配合胀紧在夹具体上；它与夹具体孔的配合根据负荷情况选用 H7/r6 或 H7/n6。考虑到元件磨损后拆卸更换的方便，夹具体上的安装孔应做成通孔。

一个支承钉在工件的定位中起到了定位点的约束作用，可以消除一个方向上的移动位置度。两个距离较大的支承钉具备两个点的约束作用，可以消除工件的两个位置度，一个移动位置度和一个转动位置度，如图 1-26 所示。

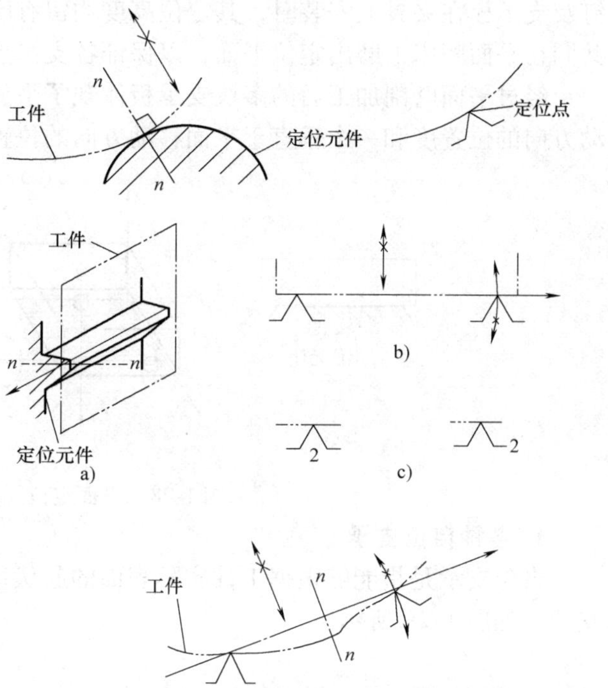

图 1-26　支承钉的定位约束作用

2. 支承板

工件上幅面跨度较大的大型精加工平面，常被用于作为第一定位基准。为使工件安装稳固、可靠，夹具上的定位元件多选用支承板体现定位平面。图 1-27所示为两种常用支承板的结构形式。

A 型支承板为平面型，结构简单，表面平滑，不会造成对工件移动的阻碍，但其螺钉安装沉孔处易残存切屑且不易清理。所以，这种支承板多用于工件的侧面、顶面及不易存屑方向上的定位。

B 型支承板为带屑槽式支承板，它在 A 型支承板的基础上进行改进，工作表面开出 45°的容屑槽，并把螺钉沉孔设置到容屑槽中，使支承板的工作面上难以存留残屑。此种结构有利于清屑，即使工件油污的表面上沾有碎屑，也会由于工件与支承板的相对运动而被 45°槽边刮除，使切屑难以进入定位面。

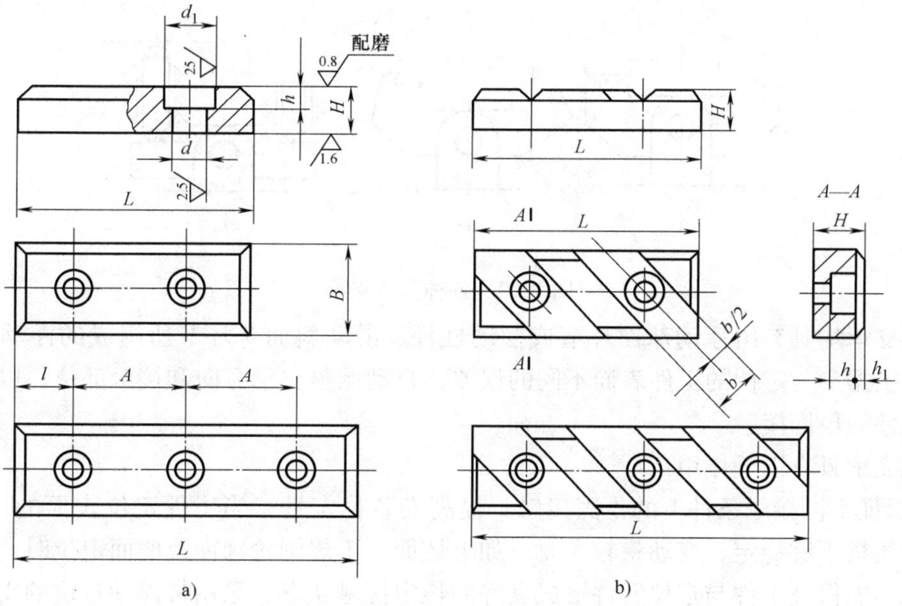

图 1-27　两种支承板

a）A 型支承板　b）B 型支承板

支承钉和支承板的支承高度为固定式，不可调整。所以，为保证其定位精度，A 型支承钉及支承板在夹具上安装时，其定位高度均留有磨削余量，待其余元件装齐后，再随夹具体共同在平面磨床上磨出定位平面，以保证各支撑点的等高精度。

经过平面磨削加工后的多块支承板体现了平面的约束作用，消除了三个位置度、两个转动方向的位置度和一个垂直于平面移动方向的位置度，如图 1-28 所示。

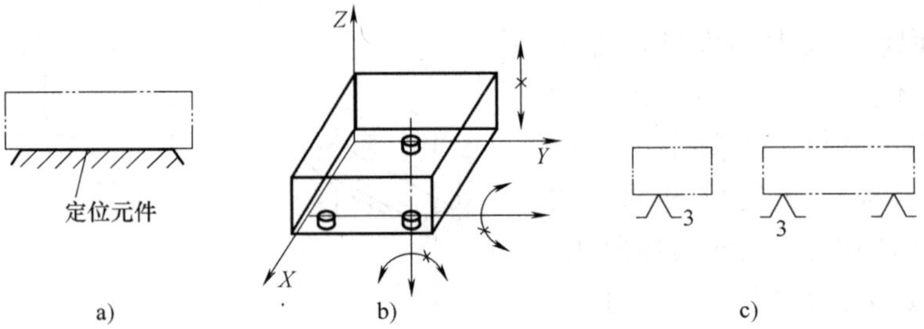

图 1-28 平面定位元件的定位作用

3. 各种自位支承

自位支承是指能够根据工件实际表面的起伏情况，自动调整支承方向和接触部位的浮动支承，如图 1-29 所示。

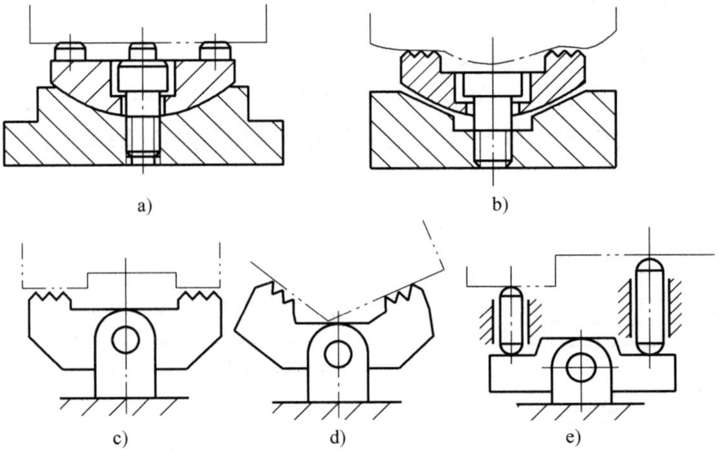

图 1-29 各种自位支承

自位支承均具有由浮动球面环节或摆动杠杆、滑动斜面等环节所组成的浮动结构。因此，可以根据参与定位的工件表面不同的误差，自动调整支承方向和接触部位，以保证工件与定位元件的稳固接触。

自位支承具有以下作用：

1）保证不同接触条件下的稳固接触，提高安装稳定性。当工件定位表面的尺寸精度、形位精度质量不够稳定，变动量较大时，如毛坯面、不规则轮廓面及曲面定位时，直接应用固定支承不能保证工件与定位元件形成良好的稳定接触状态，采用带浮动自位的支撑结构可以使定位元件的工作头部随工件具体表面位置自动进行浮动调节，并把支撑合力转化到支撑中心部位，以使支撑定位稳固可靠。

2）增大支承点的局部刚性。当工件支撑部位刚性较差时，往往希望定位点的支撑范围尽量扩大，以弥补局部刚性的不足。利用自位支撑的工作头部浮动环节，可以把实际接触点由一点转化为多点，使局部支撑范围扩大，明显改善了支撑刚性。

3）利用浮动结构消除重复定位所造成的夹紧弹性变形。在平面长销定位中可利用浮动球面垫圈副消除重复约束，避免产生由于工件端面垂直度误差过大而引起的心轴弯曲变形。

4）适合于各类复杂表面的点定位。由于采用自动浮动结构，自位支撑尤其适合于工件以不规则曲面、断续平面、台阶面、毛坯面、拐角部位及角度误差较大的表面参与定位时的点定位。

图 1-29 所示为几种常用自位支承结构。其中图 1-29a 为球面副浮动结构自位支承。这种浮动结构利用凹球面座与浮动头凸球面相接触，其接触应力较小，耐磨损，适合于承受大的载荷。但浮动头的摩擦较大，摆动灵敏度差，而且内外球面副的制造较困难，一般只用于重载荷情况下。

图 1-29b 为球面锥座式浮动结构。与球座式结构相比，这种锥座制造工艺简单，且对凸球面的制造精度要求不高，接触形式为环面接触或线接触，摆动灵敏性好。但其接触应力较大，易于磨损，多用于轻载、高精度定位。

图 1-29c、d、e 为较常用的摆动杠杆式浮动结构。由于其结构简单，制造方便，被广泛应用于各类浮动定位及浮动夹紧。它仅适用于一个方向的转动浮动。

自位支承使用注意事项：

1）自位支承在其支撑部位仅提供了一个点的约束，即它仅在该部位消除一个移动位置不确定度。所以，不管其与工件实际保持几点接触，都只能看成是一个定位点。

2）摆动杠杆式浮动结构在装配时，其摆动方向应与工件表面的误差方向相对应；若不能预先确定工件毛坯的误差方向，应改用图 1-29a、b 所示的球面浮动结构。

3）浮动结构的跨度不要过大，以免造成附加的转动位置自由度。

4. 定位销

当箱体类、盖板类工件以圆柱孔作为定位表面时，夹具定位元件最常用的是各类圆柱形定位销。对于工件上较大尺寸（>50mm）的定位孔，圆柱销的尺寸及结构需要根据工件的定位要求及定位孔的尺寸公差带具体确定；而对于常用尺寸范围（1～50mm）的圆柱销，由于应用广泛，均已标准化，并简称为定位销。

图 1-30 为常用固定式定位销，其中 A 型销为圆柱销，B 型销为削边销。

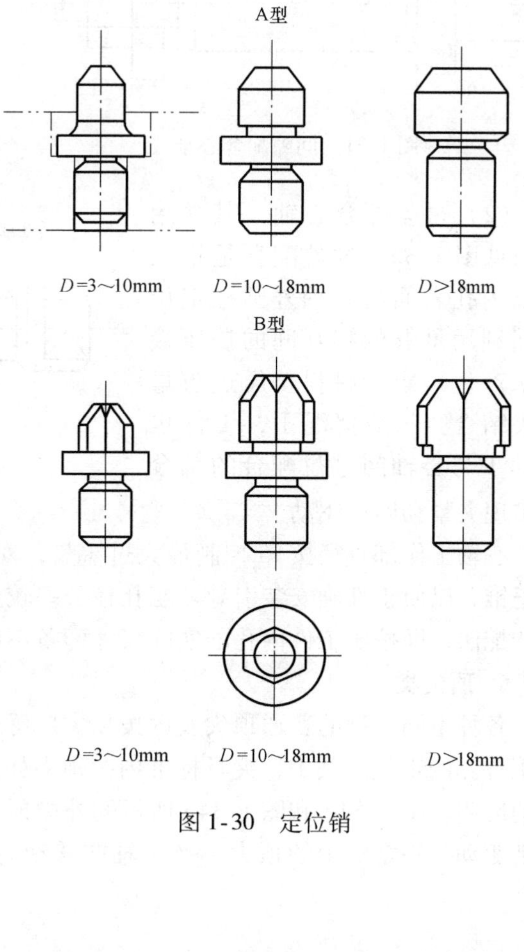

图 1-30　定位销

5. 各类心轴

各类定位心轴常应用于车、磨、铣类机床上对内孔尺寸较大的套筒类、盘类工件进行定位安装。

应用较为广泛的典型心轴是间隙配合心轴和过盈配合心轴：

(1) 间隙配合心轴 其常用结构见图 1-31。轴向尺寸较长的心轴以外圆柱面为工件的内孔提供定位安装的位置依据。为满足装夹迅速的一个基本安装条件，心轴与工件内孔需保持间隙配合，心轴工作轴径一般按 h6、g6、f7 制造。车床、磨床类机床使用心轴多半追求较高的内、外圆柱轴线的同轴度精度要求；铣床使用心轴多半追求较高的对称度或位置度精度要求。由于工件与心轴间存在配合间隙，不可避免地影响到位置精度高，所以此类心轴的定心精度较差。

当轴向夹紧工件时，心轴体往往需设置一个轴肩端面，形成平面和长销组合的重复定位结构。为防止因工件端面误差较大而引起各种不良重复定位，一般多采用减小心轴轴肩环形支撑平面的半径尺寸，以减小夹紧后的心轴弯曲量。

当工件定位端面的垂直度误差较大时，轴肩处应增设球面垫圈自位浮动结构，见图 1-32。

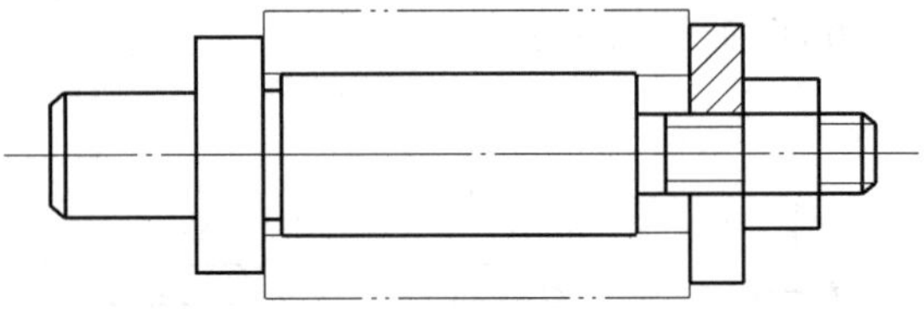

图 1-31 间隙配合心轴

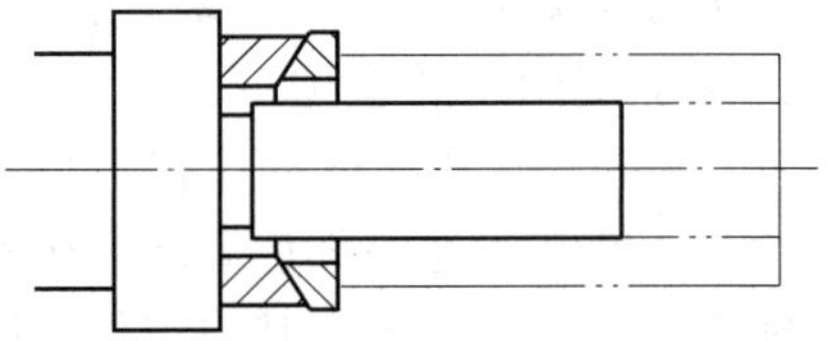

图 1-32 球面浮动的端面支承结构

(2) 过盈配合心轴 其常用结构见图 1-33。过盈配合是指工件以内孔表面与心轴外圆柱定位面间利用足够的相互间的挤压接触来产生一定的材料挤压过盈量完成结合。一般情况下，工件也借助于与心轴间过盈配合的结合力实现夹紧和回转驱动。

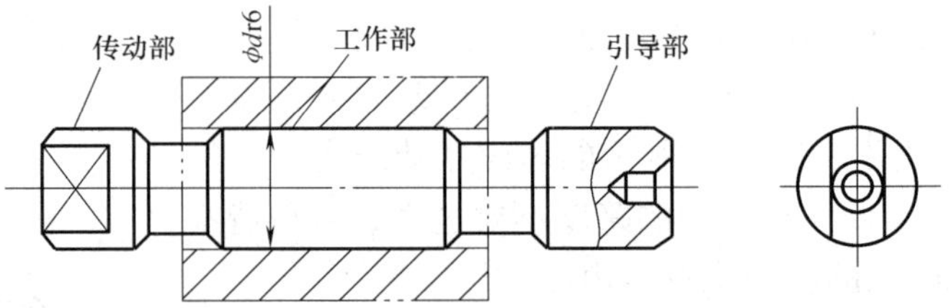

图 1-33 过盈配合心轴

心轴工作部直径按 r6 控制最大过盈量，对于高精度孔的定位，心轴工作部可以考虑稍带正锥，以便于准确安装引导。当孔径公差较大时，为保持安装轴向位置的稳定，可采取分组选配法，即按照工件内孔的实际尺寸配备不同工作直径的心轴。

6. 顶尖类

各种不同类型的普通顶尖及内拨顶尖广泛应用于车床、磨床、铣床等机床上，完成对各类工件孔的定位。其中，夹具标准内拨顶尖如图 1-34 a 所示。图 1-34b 和图 1-34c 为普通顶尖的应用。图 1-34d 和图 1-34e 所示的外拨顶尖和内锥孔顶尖一般用于对小型工件进行直接切削驱动。当定位中的顶尖不产生轴向移动时，对工件有三个点的约束作用，消除了工件

$\vec{X}$、$\vec{Y}$、$\vec{Z}$ 三个移动位置不确定度。当距离较远的工件另一端采用活动顶尖时，对该端有两点约束作用。对于整个工件消除了 $\widehat{X}$、$\widehat{Y}$ 两个转动位置度，见表 1-1 的短圆锥销定位约束作用。

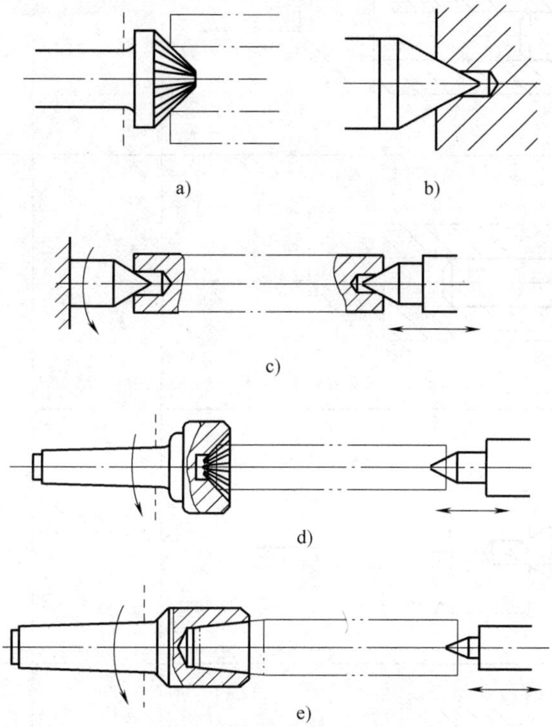

图 1-34　各类顶尖的应用

表 1-1　常用定位几何要素的约束作用

基本要素	应用示意图	提供点数	消除位置不确定度
短 V 形块	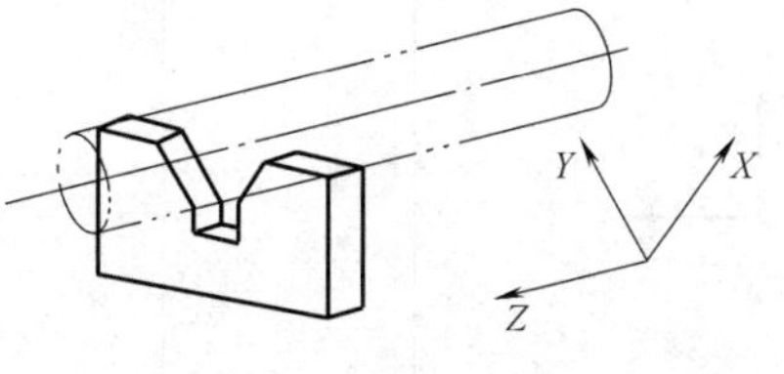	2	$\vec{X}$、$\vec{Y}$
长 V 形块	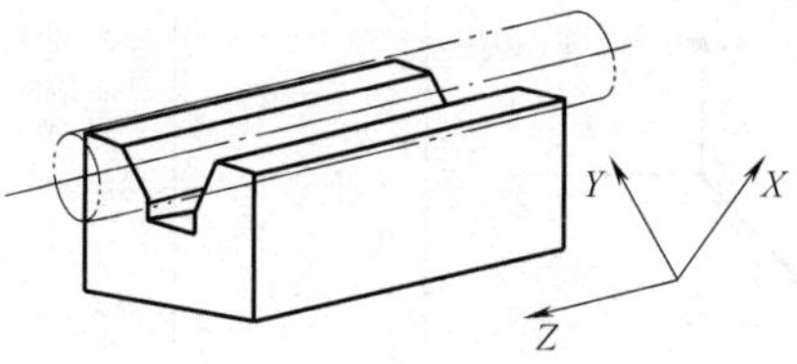	4	$\vec{X}$、$\vec{Y}$ $\widehat{X}$、$\widehat{Y}$

（续）

基本要素	应用示意图	提供点数	消除位置不确定度
短圆柱销	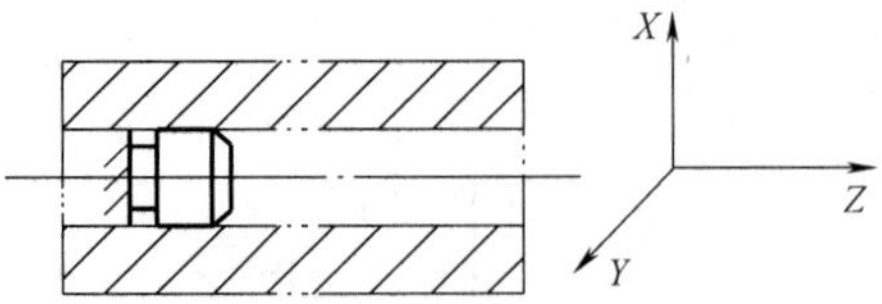	2	$\vec{X}$、$\vec{Y}$
长圆柱销	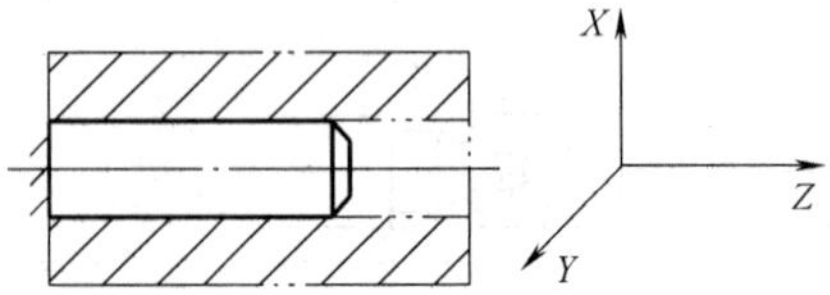	4	$\vec{X}$、$\vec{Y}$ $\overset{\frown}{X}$、$\overset{\frown}{Y}$
短圆锥销	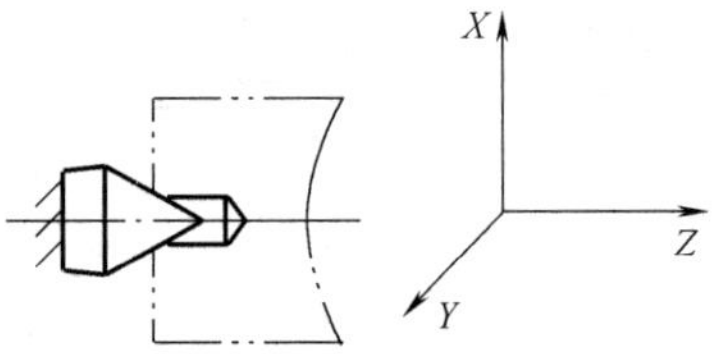	3	$\vec{X}$、$\vec{Y}$、$\vec{Z}$
长圆锥销	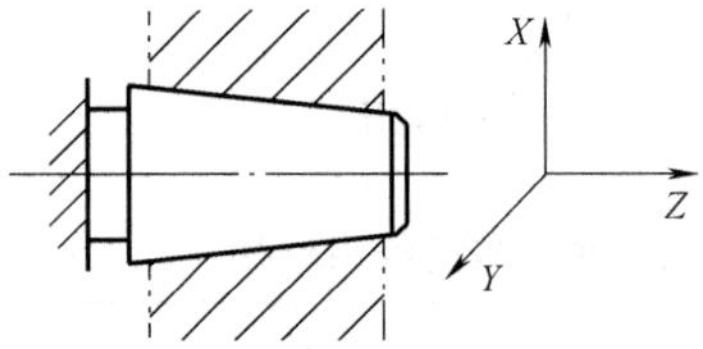	5	$\vec{X}$、$\vec{Y}$、$\vec{Z}$ $\overset{\frown}{X}$、$\overset{\frown}{Y}$
短圆锥套	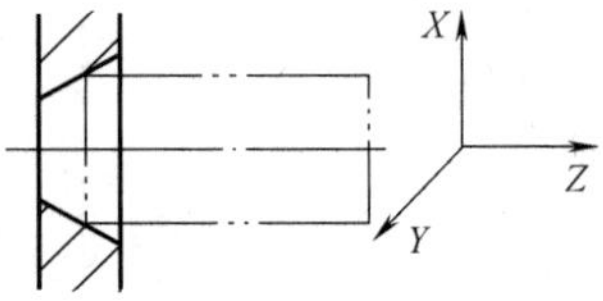	3	$\vec{X}$、$\vec{Y}$、$\vec{Z}$
长圆锥套	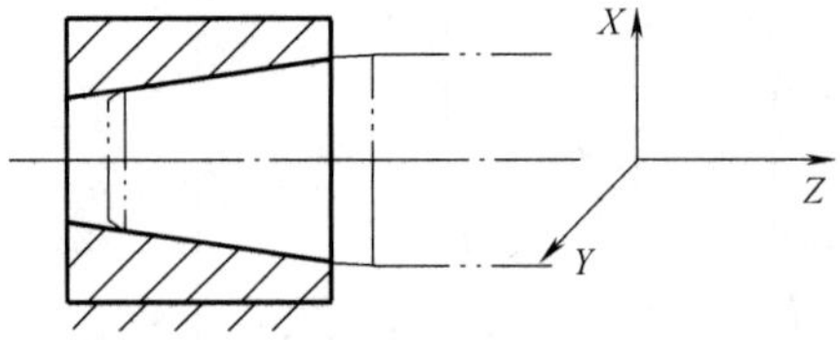	5	$\vec{X}$、$\vec{Y}$、$\vec{Z}$ $\overset{\frown}{X}$、$\overset{\frown}{Y}$

7. V 形块

在对工件外圆柱表面进行定位的定位元件中，各类 V 形块应用最广泛，其结构简单，定位稳定、可靠，对中性好。无论局部圆柱面还是完整圆柱体，利用 V 形块或 V 形结构都可以得到良好稳定的定位安装效果。图 1-35 所示为 V 形块的典型结构。

由于 V 形块定位是同时利用成角度的两个斜面约束工件，所以，参加定位的工件圆柱面的曲率中心始终被包含在 V 形块两工作斜面的对称中心平面内。当工件以圆柱体在 V 形块上定位时，工件轴线始终处在 V 形块的对称中心平面内，习惯上称为工件的居中性或对中性。所以，在需要较严格对称加工要求的铣、钻工序中，广泛应用各种 V 形块作为定位元件。图 1-36 所示为 V 形块的一般应用情况。

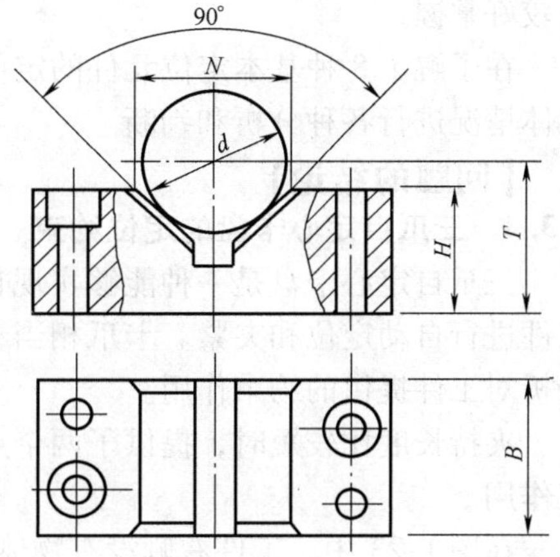

图 1-35　V 形块

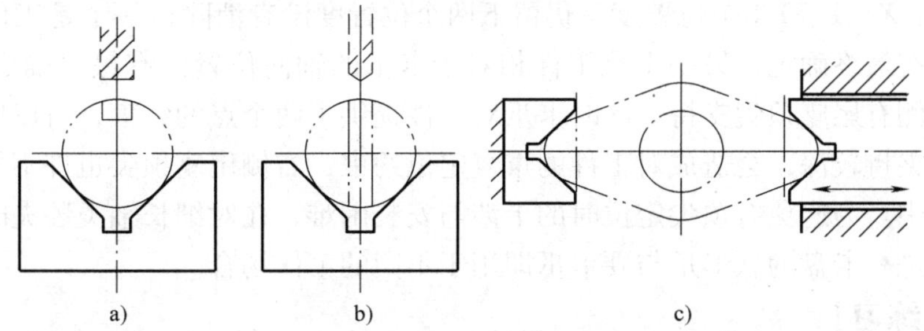

图 1-36　V 形块的应用

V 形块在应用中有长、短之分，如图 1-37 所示。长度不同，对工件的定位约束亦不同。短 V 形块仅提供两点约束；而长 V 形块为工件提供了 4 个点的约束作用，可以消除工件的 $\vec{X}$、$\widehat{X}$、$\vec{Y}$、$\widehat{Y}$4 个位置度。

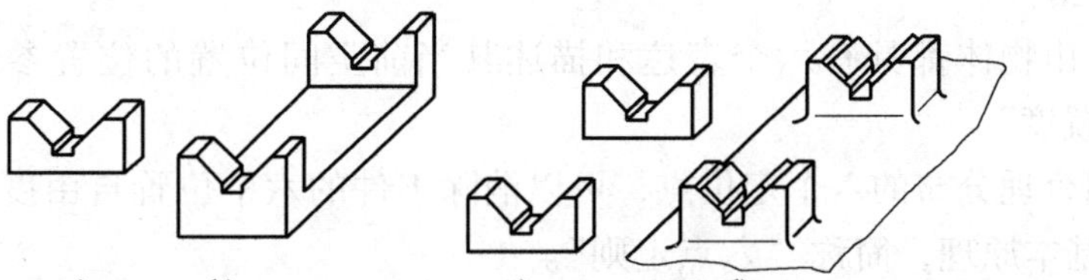

图 1-37　V 形块的长与短

以上为在夹具中经常使用的基本定位元件，不同的定位几何形状及其定位长度，对工件的定位约束作用亦不同。

1.3.3　常用定位元件的定位约束作用

由以上定位元件的应用情况可以推知，不同定位元件的几何要素对工件的定位约束作用亦不同。表 1-1 也给出了常用定位要素的基本定位作用，可以分析和判断定位方案中各个元件所发挥的定位作用。

表1-1中8种定位元件是夹具应用中最基本的几何形状，其他复杂定位方案都是在此基础上的变形与组合，所以以上8种基本元件的定位约束作用是其他复杂定位分析的基础，应该较好掌握。

在了解了8种基本定位元件的定位约束作用后，即可对三爪自定心卡盘夹紧工件的不同具体情况进行各种分析和判断。

【问题的结论】

1.3.4 三爪自定心卡盘的定位约束

三爪自定心卡盘是一种能够实现自动定心并夹紧的夹具。它利用工件的回转圆柱表面对工件进行自动定位和夹紧。卡爪相当于自动定心的V形块。现根据卡爪对工件的夹持长度，分析对工件提供的约束作用。

夹持长度比较短时，提供了两个点的约束作用；夹持较长时，对工件提供了4个点的约束作用。

在图1-23中，工件右侧没有物体支持工件，必须靠左侧卡爪将工件夹紧。所以，卡爪对工件夹持较深，此时卡爪对工件的定位相当于长V形块，为工件提供了4个点的约束，消除了工件$\vec{X}$、$\widehat{X}$、$\vec{Y}$、$\widehat{Y}$4个位置度。仍留下两个位置度没有消除，一个是工件相对于卡爪的转动位置没有最终确定，另一个是工件相对于卡爪的轴向位置没有最终确定。而图1-24不同，工件右侧有尾座顶尖支持。此时卡爪对工件提供了两个点的约束，所以应夹持得浅一些。如果卡爪夹持较深，会造成对工件的重复定位约束，右侧尾座顶尖也许不能成功地顶进工件的顶尖孔中。为避免右顶尖定位时的干涉与安装困难，在对细长轴类装夹时，常对卡盘的卡爪进行改进。卡盘的软卡爪与硬卡爪即用于不同的工作场合。

【实践与练习】

1.3.5 卡盘其他装夹方法的定位分析

图1-24的装夹对工件提供了几个点的约束？

生产中经常采用的一夹一托以及两端顶尖支撑，还有其他夹紧方式，应该怎样进行定位分析？留给学员们自己进一步讨论。

1.3.6 课堂小结

1）空间自由物体都具有六个表达和描述其当前空间位置的位置参量，称为位置自由度，简称“位置度”。

2）用空间合理分布的六个定位点，可以消除工件的六个位置自由度，这一原理称为工件的六点定位基本原理，简称“六点定则”。

3）夹具中经常采用8种基本定位体为工件提供定位约束。

课题1.4 对各种组合定位的分析（关于重复定位）

【学习目标】

1. 了解完全定位、不完全定位、重复定位的概念。
2. 了解重复定位的干涉问题及其解决方法。
3. 会正确运用重复定位装夹工作。

【学习任务的提出】

1.4.1　工件的完全定位与不完全定位

对图 1-38 所示工件进行通槽铣削加工，试分析其定位要求。

根据前面课程的学习可知，工件加工时的定位有时并不需要把六个位置度全部消除。图 1-39 所示为利用盘形铣刀对通槽进行高效加工的定位安装，可以看出，工件的安装无需把六个位置度全部消除，沿键槽轴线方向的移动位置允许有所差异。如图中先后装夹的工件 1、工件 2 和工件 3 分别处于三个不同的纵向位置，加工中只要铣刀的纵向进给距离稍微大点，都可以把槽铣通，不会影响键槽的加工质量。所以，工件的定位允许留下纵向移动位置度，走刀长度方向上工件的移动位置度就无需严格限制。此时，五点定位即可满足加工要求。

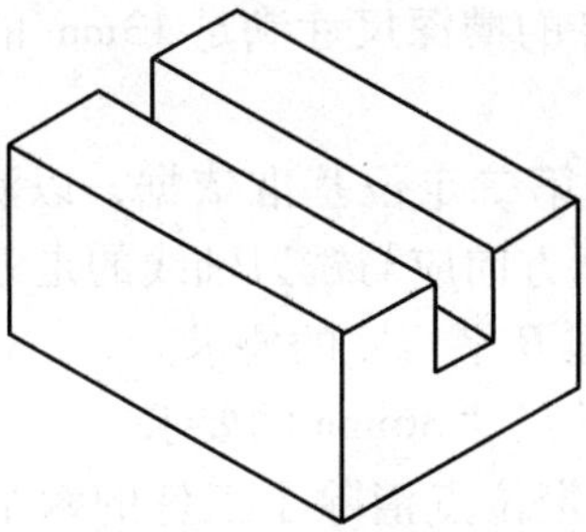

图 1-38　通槽工件

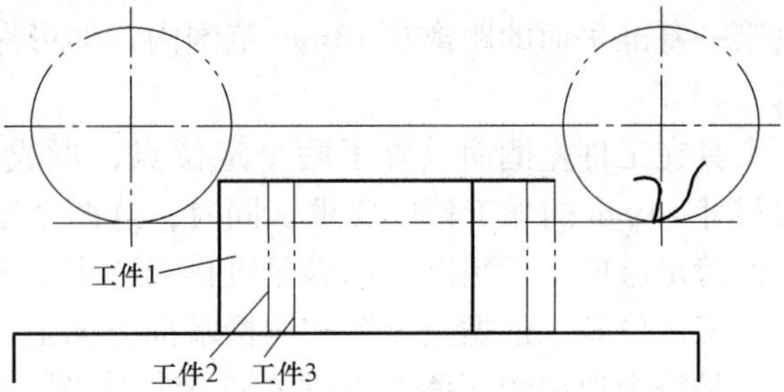

图 1-39　工件铣削通槽

图 1-40 所示工件的加工与定位，都无需对工件消除全部六个位置度的定位。试分析各个定位约束情况。

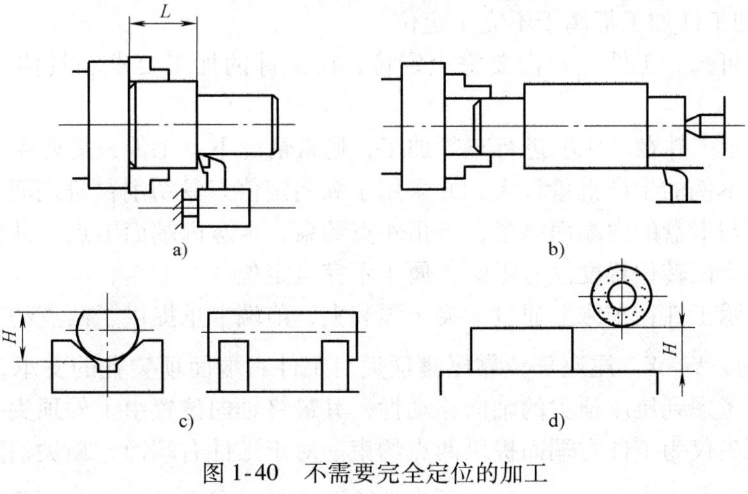

图 1-40　不需要完全定位的加工

【相关知识】

1. 工件的完全定位

工件在夹具中定位时，六个位置自由度全部被消除称完全定位。图 1-20 箱体类工件、图 1-21 盘类工件及图 1-22 轴类工件的六点定位都是完全定位的例子。

工件加工需要进行完全定位时，夹具定位系统应使工件的全部六个位置度都得到相应定位点的约束限制，使整批工件相对加工机床及刀具有统一的位置依据，以保证相应尺寸或相互位置的加工精度要求。

一般情况下，当工件的工序内容在 X、Y、Z 三个坐标轴方向上均有尺寸或形位精度要求时，需要在加工工位上对工件施行完全定位。

例如，图 1-1 中的工件，需加工 8mm 宽度的不贯通平键槽，工序对键槽的加工提出四项精度要求：键槽宽度满足尺寸 8 mm 的要求；键槽长度（X 轴方向）满足尺寸 36mm 的要求；键槽深度（Z 轴方向）满足尺寸 13mm 的要求；键槽位置（Y 轴方向）满足 14mm 的尺寸要求。

为满足工件的加工及定位要求，图 1-2 所示的夹具上设置了以底平面三点、左侧平面两点、另一轴向端面一点的三基面定位基准系统为整批工件的定位安装提供基准依据，其中底平面三点为第一基准，以满足 Z 轴方向尺寸 13mm 的要求，只要调刀时控制键槽铣刀端面距夹具第一基准平面的距离在 13mm 范围内，即可保证整批工件的槽深尺寸满足 13mm 的加工要求。

夹具在工件左侧面设置了两个定位点，形成了夹具上的第二定位基准依据，以满足 Y 方向尺寸 14mm 的加工精度要求。同时，这两个定位点的连线方向应与铣刀轴线的走刀轨迹平面保持足够的平行精度，以满足键槽对称中心平面相对基准 B 平行度的要求。

第三定位基准依据点设置在键槽端面方向上，以满足槽长尺寸 36mm 的要求。

这是一个典型的箱体类工件六点定位实例，夹具用六个定位点消除了工件的六个位置度，属于完全定位。

2. 工件的不完全定位

根据工件不同的加工需要，有些工序的加工不需要对工件进行完全定位，只要消除部分位置度即可满足加工要求。工件的六个位置度没有全部被消除的定位，称为不完全定位。图 1-39、图 1-40 的工件加工都属于不完全定位。

由以上几例可知，工件是否需要完全定位，由工件的加工要求和具体的几何形状所决定。

图 1-40a 所示工件在车床上进行车削加工，通常情况下，工件只需要 4 个点的定位即可满足加工要求。本例的生产批量较大，并采用了纵向定值刀具切削台阶表面，所以将整批工件的装夹左端面与卡盘的内端面靠紧，卡爪 4 点约束，卡盘内端面 1 点，共提供了 5 个定位点。工件还有 1 个回转位置度没有限制，属于不完全定位。

图 1-40b 所示工件在车床上通过一夹一顶装夹，前端卡爪提供了两点约束，可消除两个方向的移动位置度 $\vec{X}$、$\vec{Y}$。尾座部位靠尾座顶尖对工件右端面顶尖孔的支承，形成短锥销对短锥套的约束。考虑到尾座顶尖的轴向移动性，其最终轴向位置由工件顶尖孔的实际位置确定，所以尾座顶尖仅为工件右端面提供两点约束。对于工件右端面，顶尖消除工件顶尖孔的两个移动位置度；对于整个工件，尾座顶尖消除两个转动位置度 $\widehat{X}$、$\widehat{Y}$。因为它距离左端卡爪较远，所以实际上形成了这两个方向上的防转支承。

图 1-40c 为在轴体的圆柱面上铣一个全平面，工件稳定安装需要四点定位即可。图 1-40d 工件在平面磨床上磨削顶面，只需要三点定位即可。

以上工件的加工不需要夹具对其进行完全定位，不完全定位即可满足加工的定位要求。

3. 欠定位

工件应该消除的位置度没有被消除的定位称为欠定位。欠定位即定位不足，夹具提供的定位点数少于工件加工应消除的位置度数，它不能保证工件合格加工的要求。

欠定位加工不能保证工件的安装相对于刀具和机床处于所需要的正确位置，实际生产中不允许欠定位。

机械加工生产中的实际定位，往往综合运用上述的各种点、直线、平面及基本定位体进行不同组合，而形成一个较完整的定位系统。除不完全定位情况外，工件的安装还经常出现重复定位。

【学习任务的提出】

1.4.2　重复定位

1. 重复定位实例分析

图1-41所示为采用心轴对一套筒零件进行装夹铣削键槽。工件以内孔和一端面在夹具上定位、夹紧后加工上部的键槽。夹具定位系统为此提供了环形平面1和长圆柱销2相互组合（简称平面长销定位）满足工件的定位要求。

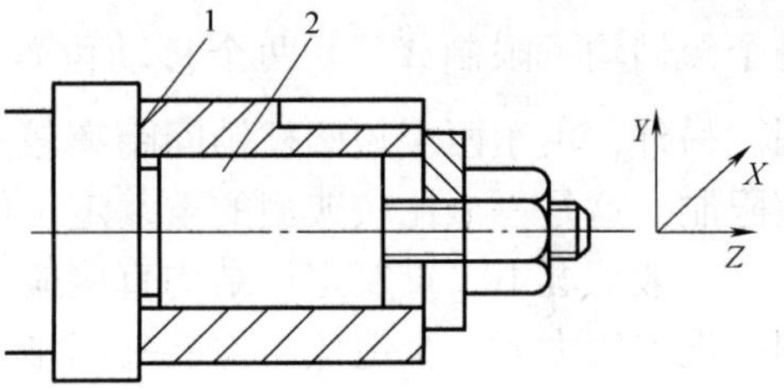

图1-41　平面长销组合定位
1—环形平面　2—长圆柱销

由基本定位体的定位约束分析可以得知，本例定位方案共为工件提供了七个定位点：环形平面1提供了三个点，长圆柱销2提供了四个点。

而本方案消除了工件五个位置度，还留下一个转动位置度没有被消除。若进一步分析各定位元件在定位中所起的约束作用，则有：环形平面1可以消除 $\widehat{X}$、$\widehat{Y}$、$\vec{Z}$ 三个位置度，长圆柱销2可以消除 $\vec{X}$、$\widehat{X}$、$\vec{Y}$、$\widehat{Y}$ 四个位置度。从中发现：两个转动位置度 $\widehat{X}$、$\widehat{Y}$ 同时被环形平面1和长圆柱销2重复限制。类似这种工件的某个或某些位置度被不同的定位元件重复限制的定位，属于重复定位。

2. 重复定位概念

具有重复限制位置自由度的定位称为重复定位。

在工件的安装中，经常会遇到重复定位的情况，如图1-42所示的平面短锥销定位。为了避免平面圆柱销定位中由于工件内孔与圆柱销间的间隙所造成的工件与定位销的同轴度误差，许多定位系统提供圆锥销定位，可以提高工件与圆锥销的同轴度。许多卡盘与机床主轴的连接都是这种定位。为保证工件较高的同轴度定位精度，图1-42采用由环形平面和短圆锥销所组成的平面短锥销定位系统。该定位系统共为卡盘的安装提供了六个定位点，但只消除了工件五个位置度，留下1个转动位置度没有消除。其中环形平面提供三个点，可以消除 $\widehat{X}$、$\widehat{Y}$、$\vec{Z}$ 三个位置度；短锥销提供三个点，可以消除 $\vec{X}$、$\vec{Y}$、$\vec{Z}$ 三个移动位置度。由此可以看出：$\vec{Z}$ 移动位置度被平面和短锥销重复限制，为重复定位。但是，这种定位在一般情况下，端部平面的接

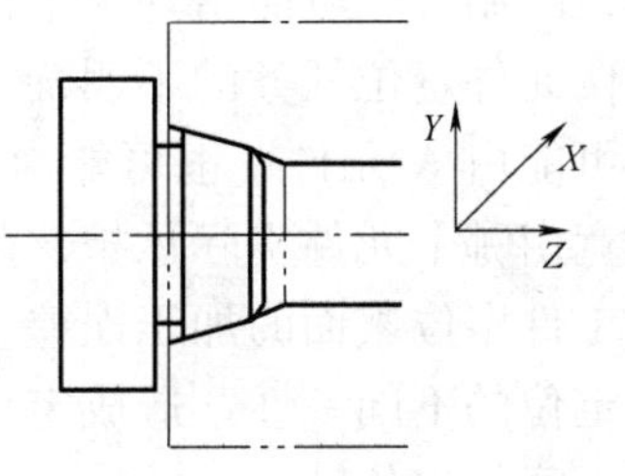

图1-42　环形平面和短圆锥销定位

触多半是虚的。这个端面的间隙越小越好，如果端面发生了实接触，则圆锥部位产生了间隙，破坏了同轴度定位精度。

图 1-43 所示为一箱体类工件在夹具上利用底平面及底面上的两个定位孔定位，夹具为工件的定位提供了一个大平面 1 和距离较远的两个短圆柱销 2 和 3 组成定位系统，夹具的这类定位系统被简称为平面双销定位系统。

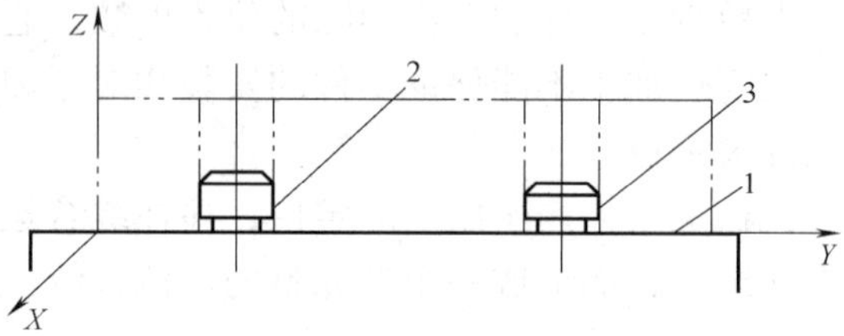

图 1-43 平面双销定位
1—平面 2、3—短圆柱销

此定位系统消除了工件的全部六个位置度，但提供了七个点的约束：大平面提供三个点，消除工件的 $\widehat{X}$、$\widehat{Y}$、$\vec{Z}$ 三个位置度，两个短圆柱销各自提供两个点，共四个点的约束；每个短销均可限制 $\vec{X}$、$\vec{Y}$ 两个移动位置度，所以，对工件的 $\vec{X}$、$\vec{Y}$ 两个移动自由度重复限制。另外，由于两个短圆柱销间距离较远，所以两销还形成了对工件的转动位置度 $\widehat{Z}$ 的约束限制。这是一个比较典型的重复定位例子。

一般情况下，重复定位结构直接应用于夹具会产生很多问题，尤其是当工件定位表面的制造误差较大时，会造成工件装夹困难和夹紧变形等不良后果，在生产中应予注意。

3. 重复定位的后果

重复定位会造成定位混乱，安装困难，一般情况下应尽量避免重复定位。

（1）重复定位会造成定位质量不稳定，降低定位精度　整批工件的同一个位置度被夹具不同的定位元件重复限制，往往造成各个工件之间此项位置度最终被限制的不确定性，如图 1-44a 所示。利用平面长销定位时，对于内孔尺寸较小、精度较高的工件，与心轴配合时的间隙较小，定位时，两个转动位置度 $\widehat{X}$、$\widehat{Y}$ 由心轴约束限制，这两项位置度的定位质量取决于工件内孔与心轴配合间隙的大小；若工件内孔尺寸较大、精度较差、与心轴间的配合间隙较大，则对工件两个转动位置度 $\widehat{X}$、$\widehat{Y}$ 的限制会转移到端部的平面处，如图 1-44b 所示。这时，两个转动位置度 $\widehat{X}$、$\widehat{Y}$ 的定位质量完全取决于工件端面垂直度误差的大小。

工件的两个转动位置度，可能由心轴约束限制，也可能由环形平面限制，造成定位元件定位任务的不明确。同一个位置度可能由 A 元件、也可能由 B 元件限制，究竟由哪个元件实际承担，却完全取决于各工件定位表面的加工误差，形成整批工件定位的不同一性，造成定位质量的不稳定，降低定位精度。

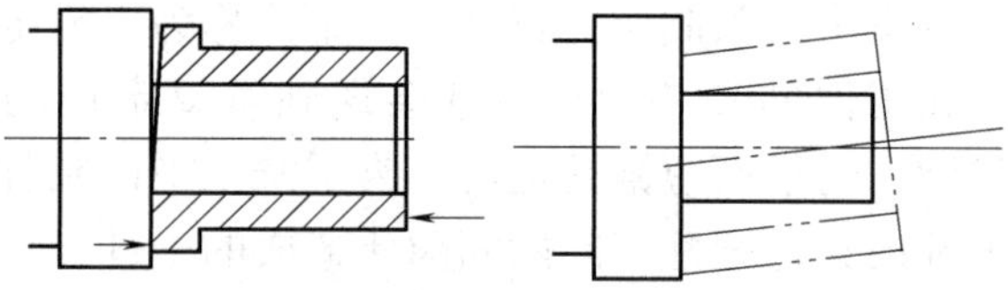

a)　b)

图 1-44 工件端面垂直度误差对重复定位的影响

（2）重复定位可能引起夹紧变形和虚假接触　由于工件不可避免地存在加工误差，因此，重复定位结构往往引起定位元件的夹紧变形而破坏定位原状，甚至造成定位元件与工件的虚假接触。

图 1-45 为心轴由于工件端面的垂直度误差，造成夹紧时的弯曲变形。图 1-46 为卡盘的

卡爪对长工件的夹持长度不合适，造成重复定位，给右边的顶尖顺利顶入工件的顶尖孔带来干涉，造成顶尖孔与顶尖的虚假接触，如图 1-47 所示。

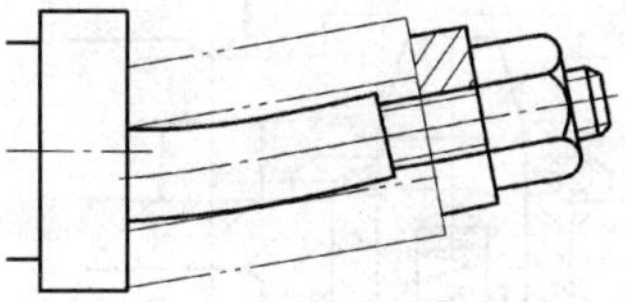

图 1-45　重复定位引起心轴的夹紧变形

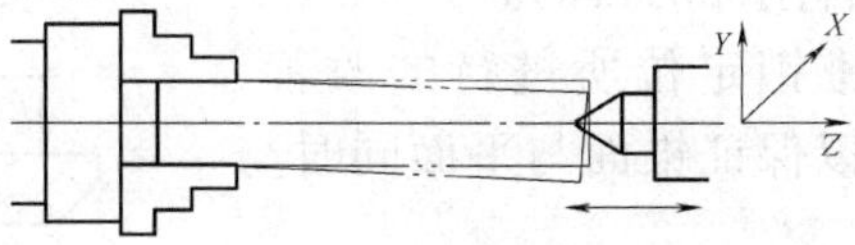

图 1-46　卡爪对工件的重复定位带来顶尖的干涉

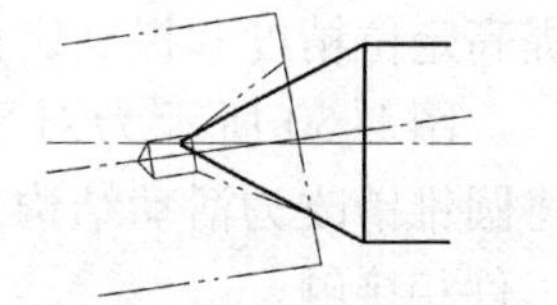

图 1-47　重复定位造成顶尖的虚假接触

（3）重复定位会造成工件安装困难　重复定位经常会使工件在工位上的安装困难。如图 1-48 所示，当夹具提供了平面双销定位结构时，常常由于工件定位孔的距离误差太大，造成工件的安装困难。要想较顺利安装工件，必须严格控制工件上两个定位孔的间距误差，或者采用图 1-49 所示的削边销结构，对干涉情况加以改善。

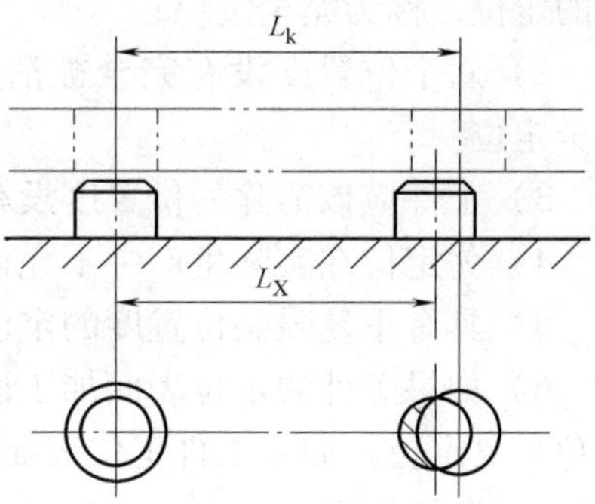

图 1-48　双圆柱销结构的安装干涉

当采用双销定位结构时，第二销的作用是防止转动，所以只需要提供一点即可满足定位要求。如图 1-49a所示，可以把销的一部分留下，而把不需要的部分材料去除；图 1-49b、c 也可以改善工件孔的干涉，使工件较容易插入销中，完成安装。

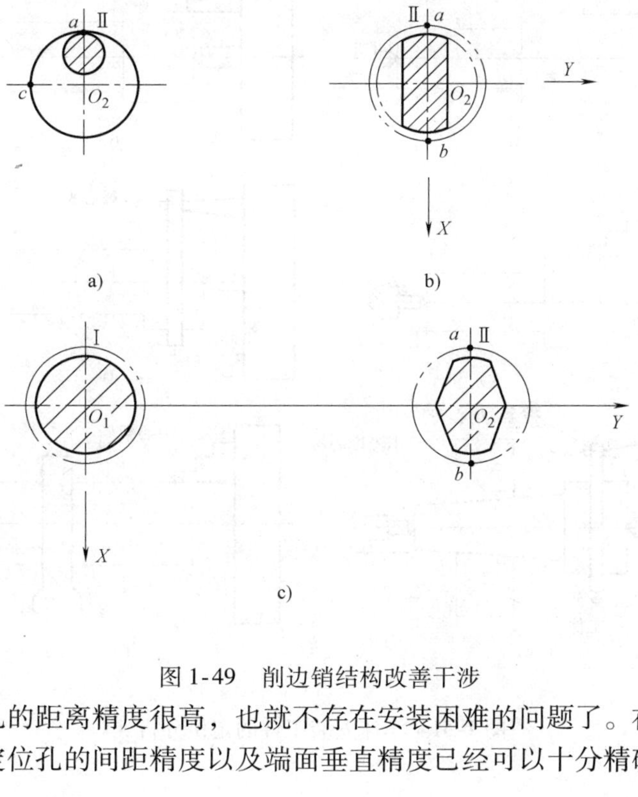

图 1-49　削边销结构改善干涉

如果工件定位孔的距离精度很高，也就不存在安装困难的问题了。在目前数控加工较普及的前提下，工件定位孔的间距精度以及端面垂直精度已经可以十分精确。所以，在实际生产中，经常可以看到重复定位在夹具上的应用，因为重复定位可以通过工件与夹具定位元件微小的弹性变形，使工件的定位误差得到均化，达到提高定位精度和提高定位结合刚性的目的。

图 1-50 所示为对平面锥销定位所进行的改善，将圆锥销改为活动结构，可以保证锥面与平面同时与工件相接触。

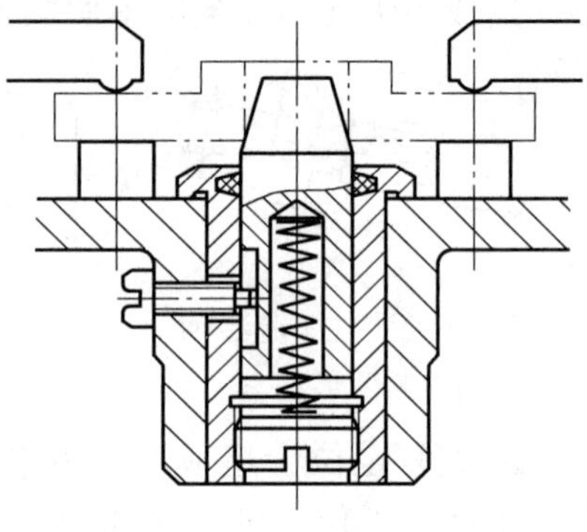

图 1-50 平面、活动锥销组合定位结构

1.4.3 课堂小结

1）工件在夹具中定位时，六个位置度全部被消除的定位，称为完全定位。

2）六个位置度没有完全被消除的定位，称为不完全定位。

3）工件应该消除的位置度没有被消除的定位称为欠定位。

4）欠定位在实际生产中不允许出现。

5）具有重复限制位置度的定位称为重复定位。

6）如果工件的定位表面加工误差较大，重复定位会造成定位混乱、安装困难。一般应避免重复定位。如果工件定位表面的质量较高，可以适当利用重复定位提高定位精度。

1.4.4 定位分析实践

试对图 1-51 所示卡盘装夹工件的几种情况进行定位约束分析。

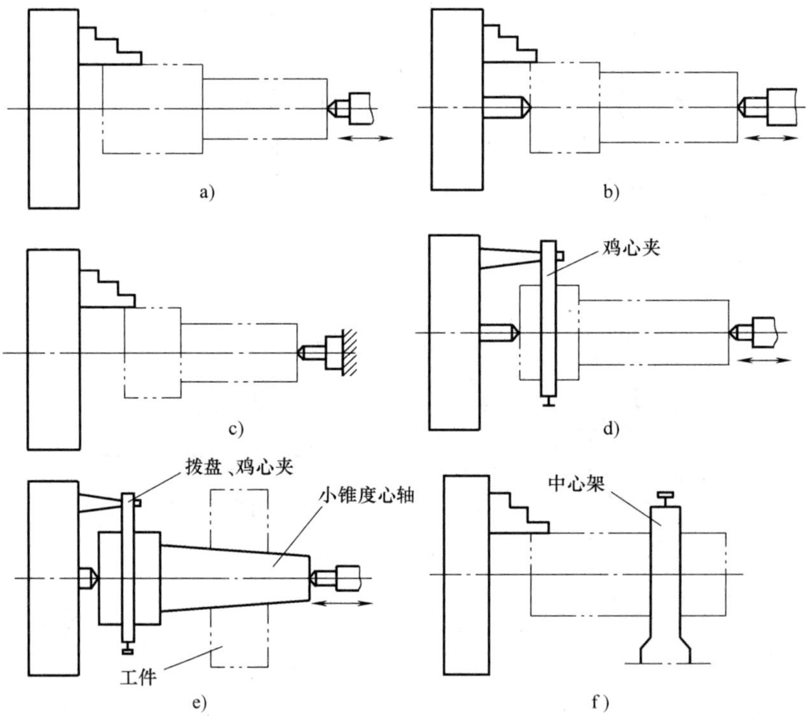

图 1-51 车床安装工件的定位分析

【思考与练习】

1. 什么叫完全定位？
2. 什么叫不完全定位？
3. 什么叫欠定位？
4. 什么叫重复定位？
5. 生产中允许欠定位吗？
6. 重复定位在什么情况下可以采用？应该注意什么问题？
7. 试对图 1-52 ~ 图 1-56 的工件安装进行定位情况分析。如果有重复定位，应如何进行改进？

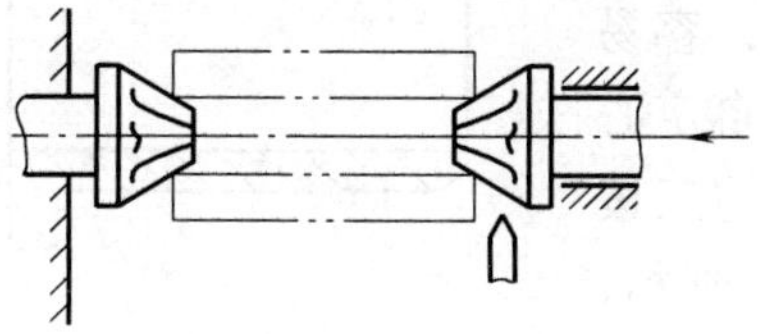

图 1-52　内拨顶尖与活动顶尖

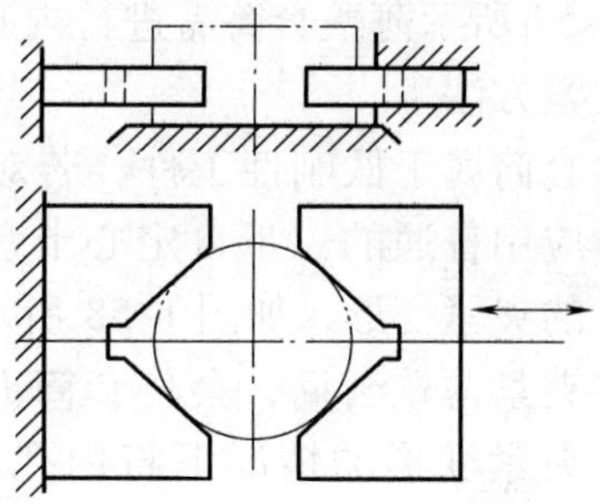

图 1-53　固定 V 形块与活动 V 形块

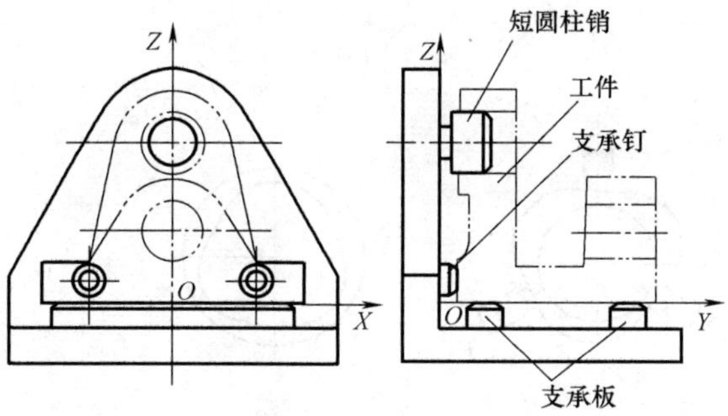

图 1-54　平面、短圆柱销定位

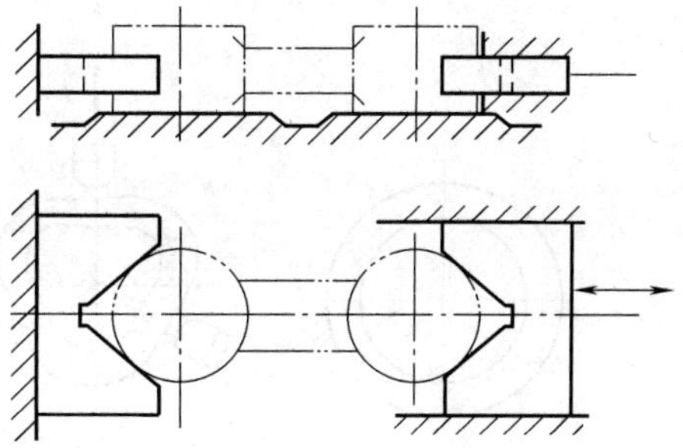

图 1-55　平面、短圆柱销定位

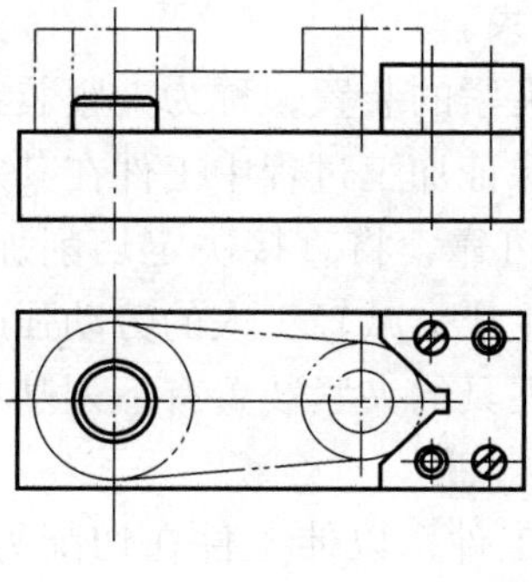

图 1-56　平面、V 形块定位

课题 1.5 工件在夹具中的夹紧方法

【学习目标】

1. 知道机床夹具对工件的夹紧要求，学会常用机床夹具的夹紧方法。
2. 知道工件夹紧注意事项，学会数控夹具的常用夹紧方法。

【学习任务 1 的提出】

1.5.1 薄壁套筒的装夹

图 1-57 所示薄壁套筒需进行内孔精车加工，试确定对该工件的夹紧方法。

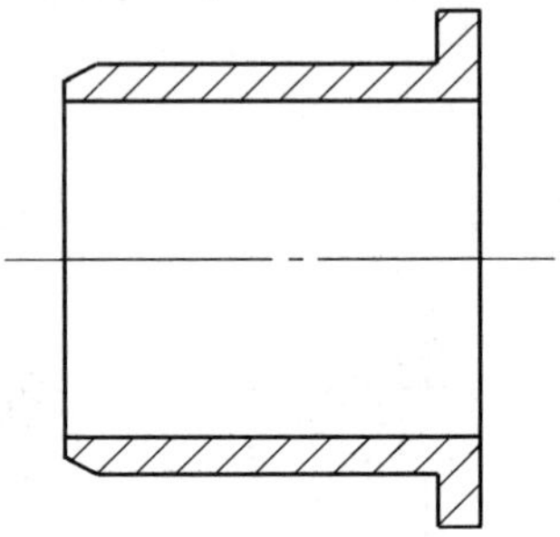

图 1-57 薄壁套筒的装夹

薄壁套筒属于低刚性工件，若对其内孔在车床上进行车削加工，应用普通的三爪自定心卡盘进行径向夹紧时，容易发生工件的夹紧变形，如图 1-58 所示。若用普通三爪自定心卡盘直接夹紧薄壁套筒，会将套筒夹成图 1-58b 所示的三棱形；若在夹紧变形的情况下将内孔车圆，如图 1-58c 所示，则当卡爪松开后，套筒的内孔会由于弹性回复变形而形成三棱形状的内孔，如图 1-58d 所示。为了防止套筒的夹紧变形，试设计一个较好的夹具，对套筒工件进行安装定位与夹紧。

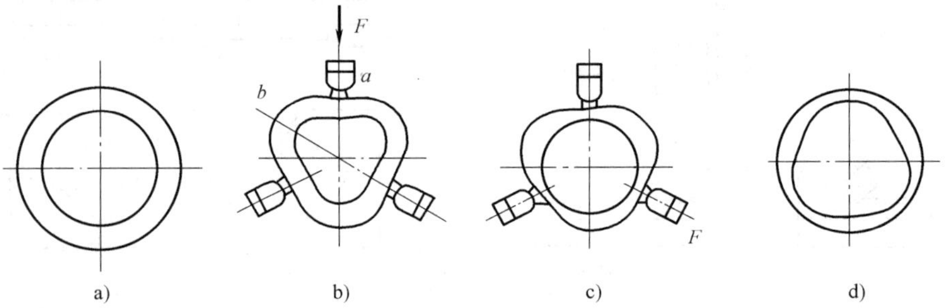

图 1-58 薄壁套筒的夹紧变形

【相关知识】

1.5.2 对夹具夹紧装置的基本要求

在夹具中，用于完成对工件夹紧的装置，称为夹紧装置。

夹紧装置担负着夹固工件和保证加工过程中工件在其定位位置上稳固不动的功能。夹紧装置的结构是否合理，夹紧是否可靠，将直接决定切削加工能否顺利进行，对保证加工精度、提高劳动生产率、保证安全生产、减轻工人的劳动强度，都有很大影响。

为保证加工的正常进行，对夹具的夹紧装置有下列基本要求：

1. 夹紧要可靠

夹紧装置的基本功能是夹固工件，以使工件在切削力、重力、离心惯性力等外力作用下，能稳固地维持其定位位置不动，保证切削加工的顺利、安全进行。故夹紧可靠是对夹紧装置所提出的首要要求。

2. 夹紧不允许破坏定位

夹紧应保证维持工件的定位位置，工件的精确定位是保证加工合格的先决条件，所以，夹紧不允许破坏工件的原有定位状态。

3. 夹紧变形要尽量小，且不能压伤工件

对工件的夹紧不应引起工件有较大的夹紧变形，以免松开夹紧后的弹性恢复造成加工表面的形状、位置精度下降。另外，夹紧不应造成工件表面的压伤，以免影响工件表面质量；当夹紧力较大时，应选择适当的压紧点或采用垫块、压脚等结构，以防压溃工件表面。

4. 操作要方便

夹具的操作机构应力求使操作方便、省力、安全，有利于快速装卸工件，减轻工人的劳动强度，以提高工作效率。

夹紧力的大小、方向和作用点，习惯被称为夹紧力的三要素。在确定夹紧装置结构时，夹紧力三要素的正确选择是首先要解决的重要问题。

1.5.3　夹紧力方向的合理确定

确定夹紧力的方向时，一般应掌握以下要点：

1. 主要夹紧力的方向应尽量指向工件的主要定位基准表面

工件在定位中常选择幅面较大、安装稳定的表面作为主要定位基准面。夹紧力的方向指向工件主要定位基准面有助于工件在此基准面上的稳固接触，保证工件的定位质量。夹紧力指向主要定位基准面，也可以增大工件与定位基面间的摩擦力，有利于工件的夹紧可靠性。

2. 夹紧力的方向应尽量与切削力、重力方向保持一致

使夹紧力的方向与切削力、重力方向尽量相一致，可以借助于切削力和工件的重力承担一部分夹持力作用，此时所需的夹紧力最小。当切削力 P 和工件重力 G 使工件压向安装基面时，可在此表面上产生一部分摩擦力，有助于工件所需夹紧力的减小。

3. 夹紧力的方向应尽量施于工件刚性较强的方向

不同结构及形状的工件，其不同方向上的刚性不同，为尽量减小夹紧变形，应尽量选择工件刚性较强的施力方向夹紧工件。特别是对于刚性较差的薄壁件、细长件等，更应注意。

4. 夹紧力的作用线应分布于工件有效支撑面范围以内，以防止工件发生倾覆

如图 1-59 所示，当夹紧力的方向掌握不好，使其作用线分布于工件有效支撑面范围以外时（图 1-59a），会引起工件的失稳和倾覆。应把力的作用线调至工件支承范围内，即可保证工件的稳定安装。

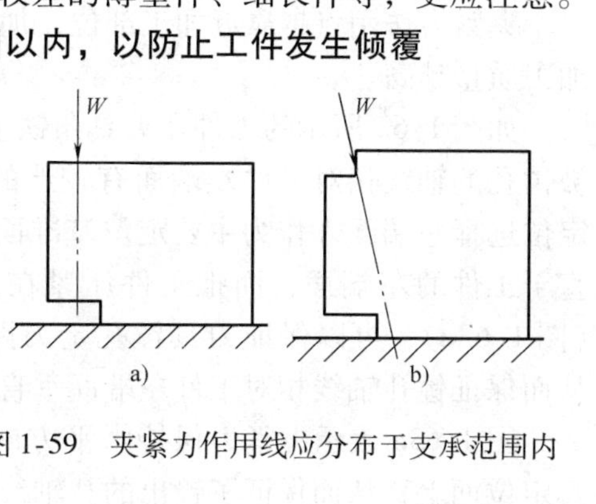

图 1-59　夹紧力作用线应分布于支承范围内

图 1-60a 所示的夹紧力施加在工件有效支承面的范围之外，会造成工件倾覆。如果把夹紧力施加在工件的支承范围之内（图 1-60b），工件的夹紧就比较稳固。

1.5.4　夹紧力作用点的合理确定

1. 夹紧力作用点应选择工件刚性较好的部位

夹紧力的作用点应选择在使工件夹紧变形小的凸缘、耳座、肋、隔板等刚性较好的部位。只有选择这些部位，才能使工件夹得实，压得牢；同时，所产生的夹紧变形也较小。图

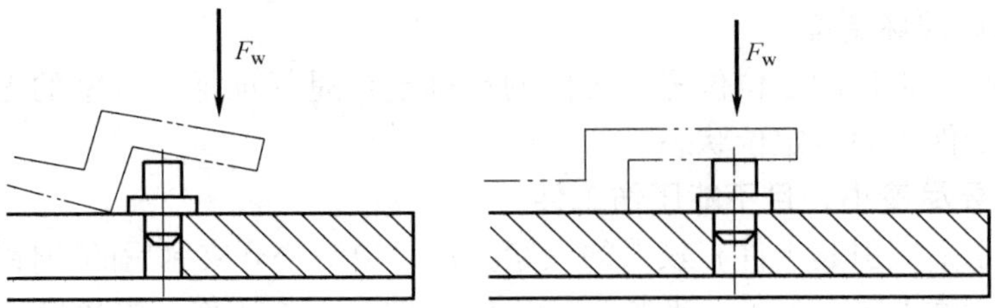

图 1-60　夹紧力的作用部位选择

1-61a 的夹紧方案把作用点选在工件刚性最差的薄壁空腔顶部的中央，会造成工件顶部较大的压紧变形；图 1-61b 把夹紧点设置在工件底部的凸缘处，夹紧变形就很小；图 1-61c 表示工件无压紧凸缘可利用时，可以利用浮动压板，把夹紧点分散到肋板和箱壁厚度较大处，可以有效减小压紧变形。

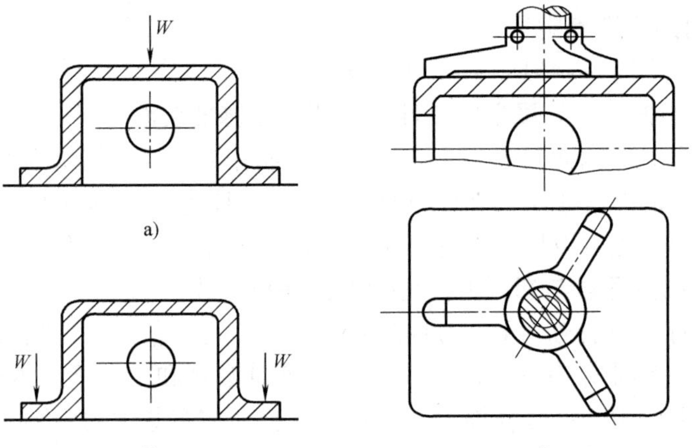

图 1-61　夹紧力的作用点要合理选择

2. 夹紧力的作用点应尽量靠近工件要加工的部位

夹紧力作用点越靠近加工部位，加工振动越小，切削越平稳，加工质量越高。

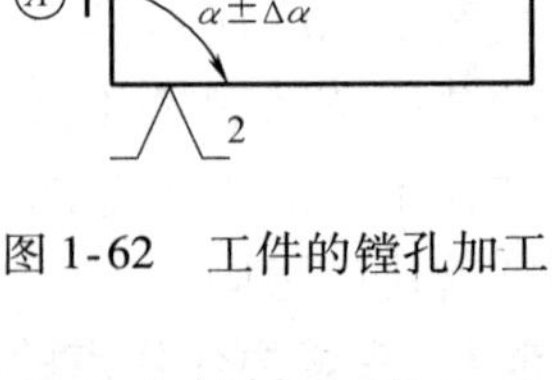

图 1-62　工件的镗孔加工

如图 1-62 所示的工件在夹具角铁上定位进行镗孔加工。由于被镗孔的轴线相对工件左端面有较严的垂直度公差要求，工件的定位选择左端面 A 作为主要定位基准面，并且使夹紧力 W 保持垂直于工件的左端面，而把工件压紧在夹具角铁的垂直表面 A 上（图 1-63a），可以保证刀具镗孔走刀路线相对 A 面的垂直精度，从而保证镗孔轴线相对工件左端面垂直度的公差要求。

图 1-63a 表示夹紧力保持水平方向，将工件压紧在夹具的垂直定位面上，从而保证了镗出的孔轴线与工件侧面间的垂直度。

若夹紧力未设置在此方向，而是采用图 1-63b 中的垂直方向，把工件直接压紧在夹具角铁的底板表面上，使夹紧力 W 不再指向工件的左端面，则由于工件底面与左端面间不可避免的垂直度误差，会造成被压紧后的工件的左端面不再与夹具 B 面保持垂直状态，而具有一定的误差。在这种安装条件下镗出的孔，其轴线可与夹具 B 面

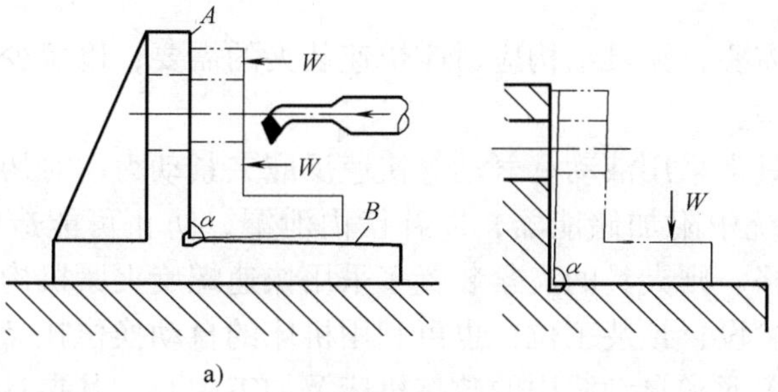

图 1-63　夹紧力方向的选择

（即工件底面）保持良好的平行关系，但却不能保证孔轴线相对左端面的垂直度公差要求。

【学习任务 1 的结论】

1.5.5　对薄壁套筒的装夹

由以上分析可知，对于薄壁套筒零件的装夹，应该充分考虑零件的夹紧变形。在夹紧方案里，夹紧力的作用点应该施加在零件刚性好的部位，夹紧力的方向应该施加在刚性较好的方向上。针对套筒零件的结构特点，选择图 1-64 所示的夹紧方法进行装夹，在此选择工件刚性较好的轴向夹紧，可以有效防止工件变形；夹紧力的作用点选择在套筒零件的凸缘处，既可保证对工件的装夹牢固，又可避免工件在刚性差的径向方向上产生较大变形。这种轴向夹紧方法也是大多数薄壁零件的常用装夹原则。

此外，也常采用图 1-65 所示的开口弹性套筒夹紧套筒类零件。

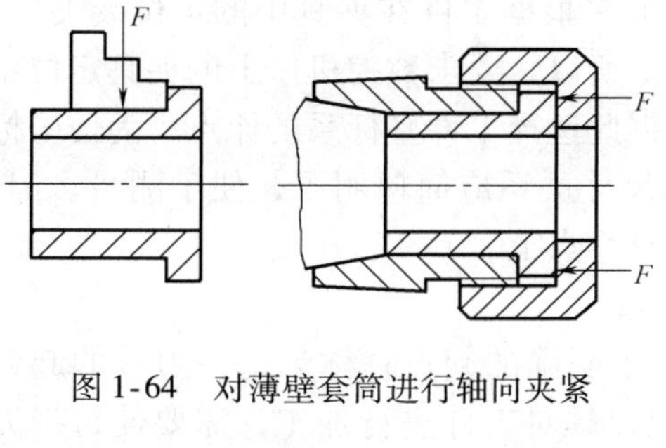

图 1-64　对薄壁套筒进行轴向夹紧

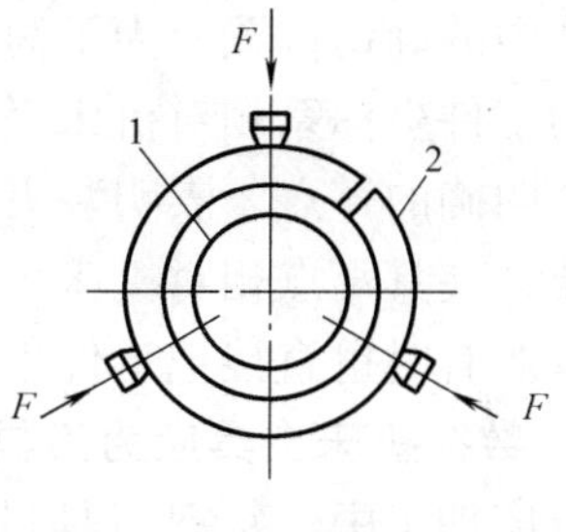

图 1-65　开口套夹紧工件

1—套筒　2—开口套

【其他相关知识】

1.5.6　对数控机床夹具的基本要求

数控机床加工本身具有高精度、高效率、产品转换容易、生产技术准备周期短、机床的自适应性强、自动化程度高等特点。数控机床比较适合于外形轮廓较复杂、不易装夹的工件及多品种、多工序、小批量工件的加工。

由于数控机床的初始投资较大，使用成本较高，在数控机床不太普及时，各生产企业主要用它加工高精度、复杂形面以及工艺难度较大的工件和生产中的关键件、应急件及技术革新的试制件等。随着市场竞争的日趋激烈，产品更新换代速度加快，数控机床在各类专业化生产中逐渐发挥出自动化高效作用。因此，对数控机床夹具一般有如下基本要求：

1. 高精度

数控机床本身的精度很高，一般用于高精度加工。对数控机床夹具也提出较高的定位安装精度要求和较高的转位、对定精度要求。

2. 快速装夹工件

为适应高效、自动化加工的需要，夹具结构应适应快速装夹的需要，以减少工件装夹辅助时间，提高机床切削运转利用率。

为适应快速装夹的需要，夹具常采用液动、气动等快速反应夹紧动力。对切削时间较长的重要夹紧，在夹具液压夹紧系统中附加储能器，以补偿内泄漏，防止可能造成的松夹现象。若对夹紧的自锁性要求较严格，则夹具的夹紧装置多采用快速螺旋夹紧机构。

为减少停机装夹时间，夹具可设置预装工位，也可利用机床的自动换位托盘装置，设置专门的装卸工位。对于柔性制造单元和自动线中的数控机床及加工中心，其夹具结构应为安装自动送料装置提供方便。

3. 夹具应具有良好的敞开性

数控机床加工为刀具自动走刀加工。夹具及工件应为刀具的快速移动和换刀等快速动作提供较宽敞的运行空间。尤其对于多刀、多工序加工，夹具结构更应简单、开敞，使刀具容易进入，以防刀具运动中与夹具工件系统相碰撞。

4. 夹具本身的机动性要好

数控机床加工是典型的集中工序加工，往往追求一次装夹条件下，完成所有机加工内容。对于机动性能稍差些的二轴联动数控机床，可以借助夹具的转位、翻转等功能弥补机床性能的不足，保证在一次装夹条件下完成多面加工。所以，要求夹具的机动性能要好。

5. 夹具在机床坐标系中坐标关系明确，数据简单，便于进行编程坐标的转换计算

数控机床均具有自己固定的机床坐标系，而装夹在夹具上的工件在加工时，应明确其在机床坐标系中的确切位置。为了简化编程计算，一般多根据工件在夹具中的定位装夹位置，明确编程的工件坐标系相对机床坐标系的准确位置。所以，要求数控机床上的夹具定位系统应指定一个明确的零点，表明装夹工件的位置，并据此选择工件坐标系的原点。为使坐标转换计算方便，夹具零点相对机床工作台原点的坐标尺寸关系应简单明了，便于测量、记忆、调整和计算。有时也直接把工件坐标系原点选在夹具零点上。

6. 部分数控机床夹具应为刀具提供明确的对刀点

数控机床加工中，每把刀具进入程序均应有一个明确的起点，称为这一刀具的起刀点（刀具进入程序的起点）。若一个程序中要调用多把刀具对工件进行加工，需要使每把刀具都由同一个起点进入程序。因此，各刀具在装刀时，应把各刀的刀位点都安装或校正到同一个空间点上，这个点称为对刀点。

对于镗、铣、钻类数控机床，多在夹具上或夹具中的工件上专门指定一个特定点作为对刀点，为各刀具的安装和校正提供统一依据。该点一般应与工件的定位基准，即夹具定位系统保持明确关系，便于刀具与工件坐标系关系的确立和测量，以使不同刀具能精确地由同一点进入同一个程序。

当刀具由于磨损、重装等原因而偏离这一依据点时，可以通过改变刀具相对该点的坐标偏移补偿值自动校正各刀的走刀路线参数值，而不需改动已经编制好的程序。

1.5.7 数控车床常用夹具

1. 车床常用夹具

车床常用夹具一般包括卡盘类、顶尖类、心轴类三大类。

三爪自定心卡盘是数控车床最为常用的夹具之一，是一种自动定心夹紧装置。图 1-66

是三爪自定心卡盘的定心夹紧结构原理图。用卡盘扳手的方榫转动任意一个卡爪 4 的驱动锥齿轮 2 时，带动大锥齿轮 3 转动，如图 1-66c 所示。图 1-66d 显示，大锥齿轮 3 的反面是一个平面螺旋齿盘 5，齿盘 5 的转动可以同时带动三个卡爪径向移动，达到对工件定心夹紧和松开的作用。

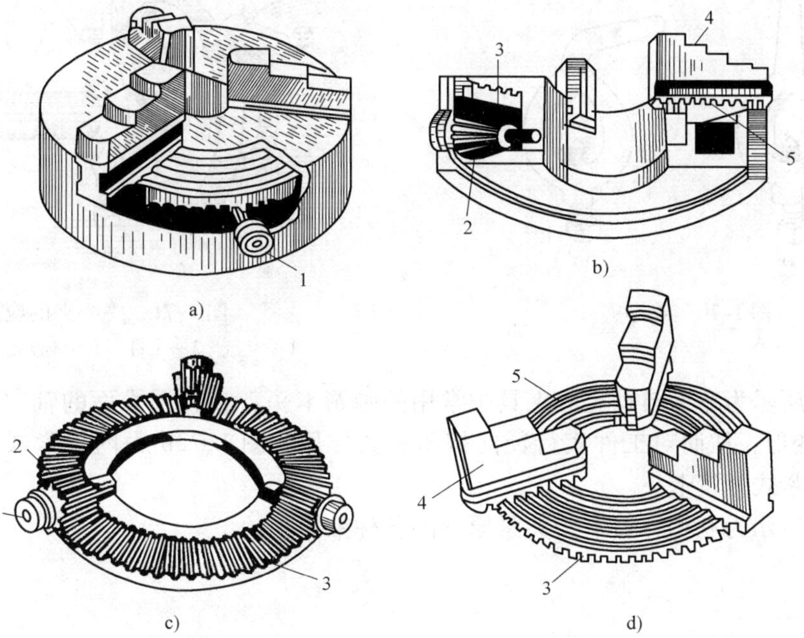

图 1-66　三爪自定心卡盘

1—卡盘扳手孔　2—锥齿轮　3—大锥齿轮　4—卡爪　5—平面螺旋齿盘

三个卡爪在平面螺旋齿盘 5 上分别占据着各自的位置，其底部的平面螺纹位置也有所区别。所以，三个卡爪各自具有相应编号。在对卡爪进行清洗拆卸和安装时，应分别对号入座，不要装错位置。

图 1-67 是四爪单动卡盘。单动是指卡盘每一个卡爪的驱动各自独立，可对每一个卡爪单独调整。所以，单动卡爪的卡盘可以装夹外形轮廓复杂的工件，包括各种偏心件和异形工件。图 1-68 所示为四爪卡盘的应用。

图 1-69 所示为三种常用顶尖，图 1-69a 是普通顶尖，图 1-69b 是反顶尖，图 1-69c 是活动顶尖。

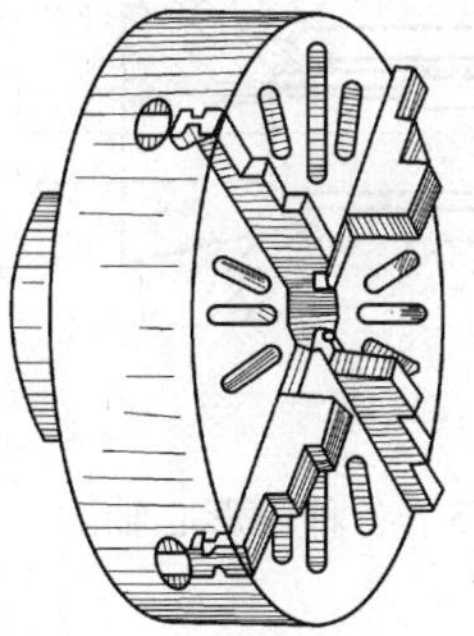

图 1-67　四爪单动卡盘

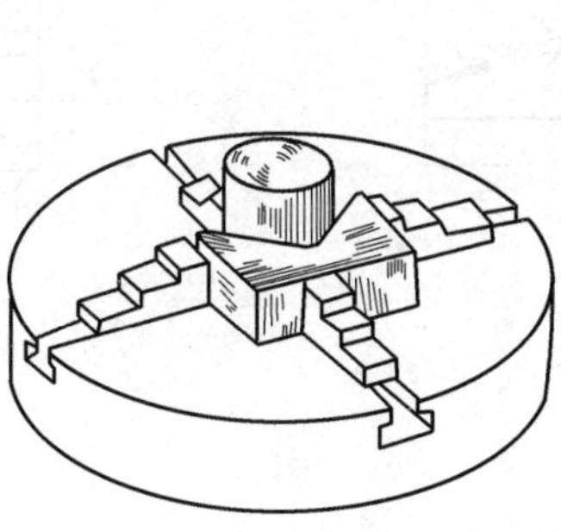

图 1-68　四爪单动卡盘的应用

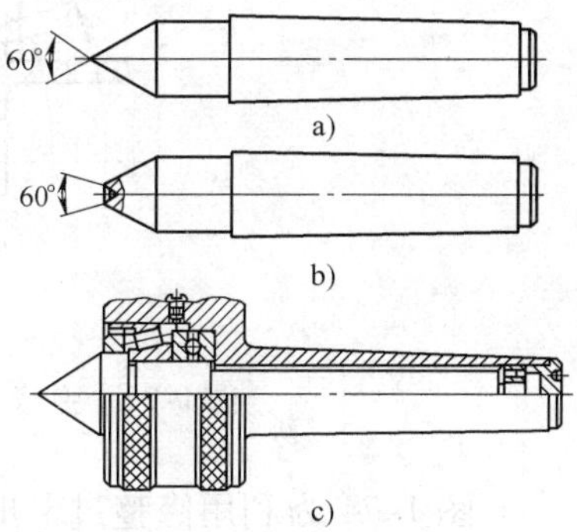

图 1-69　三种常用顶尖

图 1-70 所示为两种鸡心夹，图 1-71 是鸡心夹的一般应用方法。

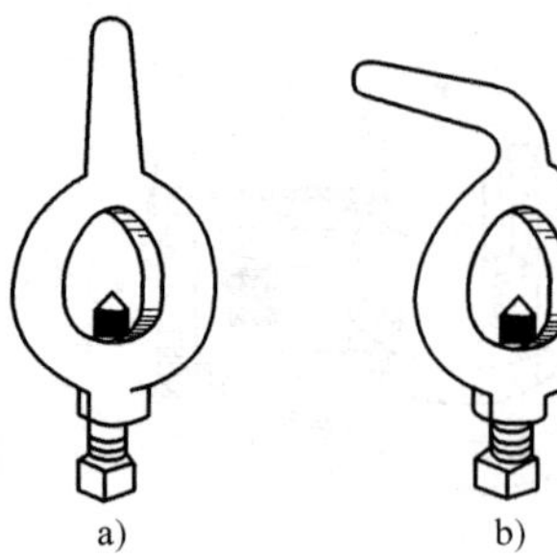

图 1-70　鸡心夹

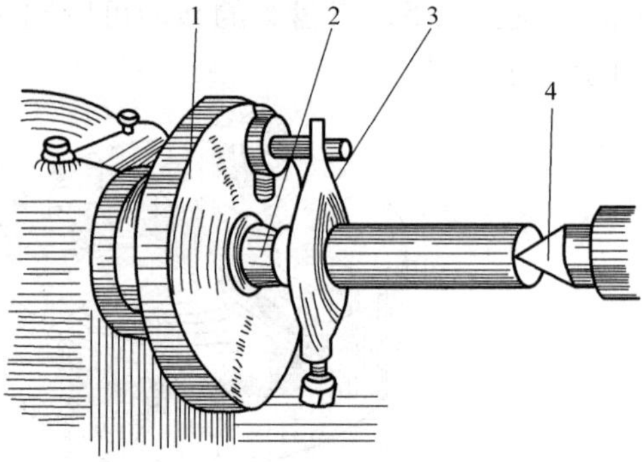

图 1-71　鸡心夹的应用

1—卡盘　2—工件　3—鸡心夹　4—顶尖

图 1-72 所示为车床自动定心夹具中常用的弹簧卡头。它利用锥面的轴向移动产生弹性卡头的径向变形，从而对工件实行径向挤压夹紧作用。图 1-72b 为内拉紧式弹簧卡头，图 1-72c为外压紧式弹簧卡头。

图 1-73 所示为利用弹簧卡头夹紧原理的各种锥形心轴。

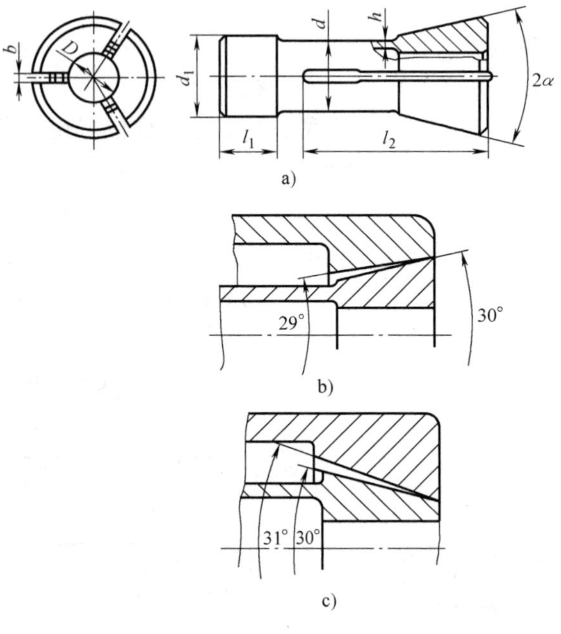

图 1-72　弹簧卡头

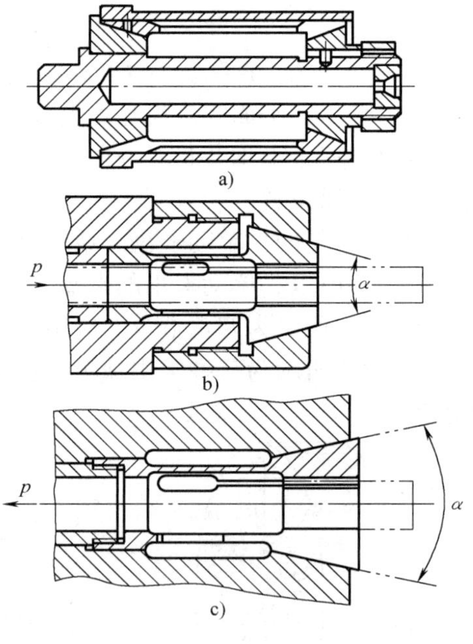

图 1-73　各种锥形心轴

图 1-74 为利用修整过卡爪的两爪卡盘夹紧各种不同形状的工件。

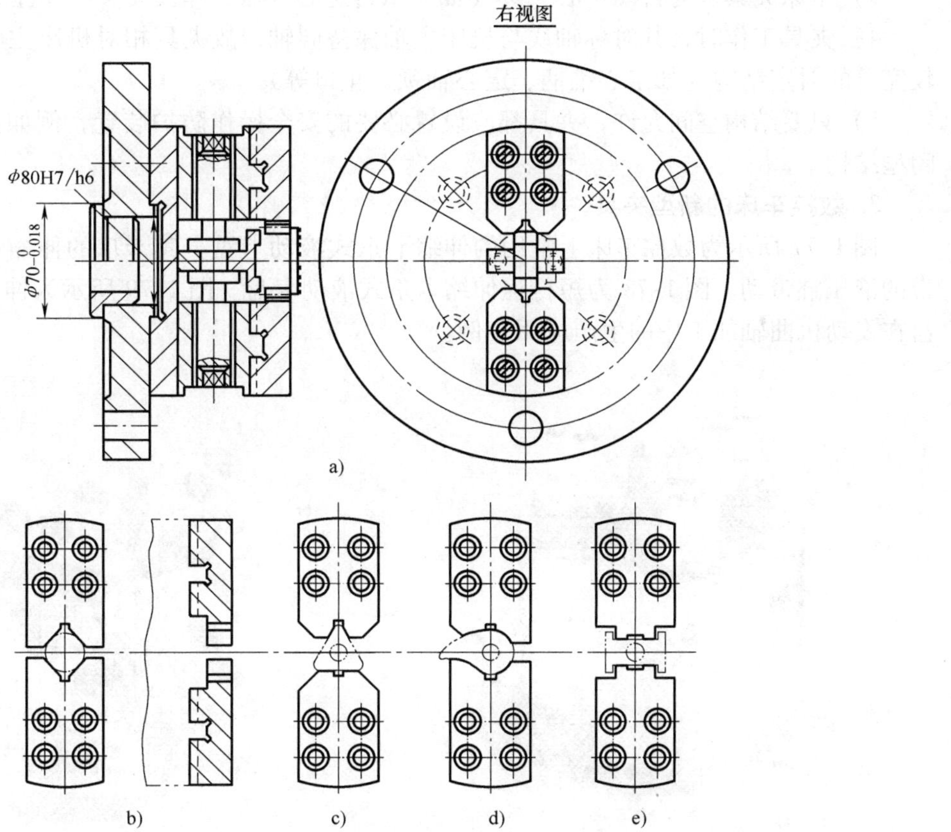

图 1-74 两爪卡盘

图 1-75 所示为跟刀架在车床上的应用。图 1-76 是中心架在车床上的应用。

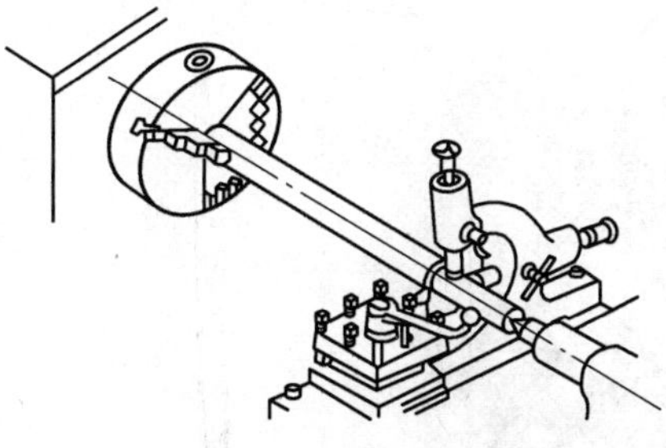

图 1-75 跟刀架的应用

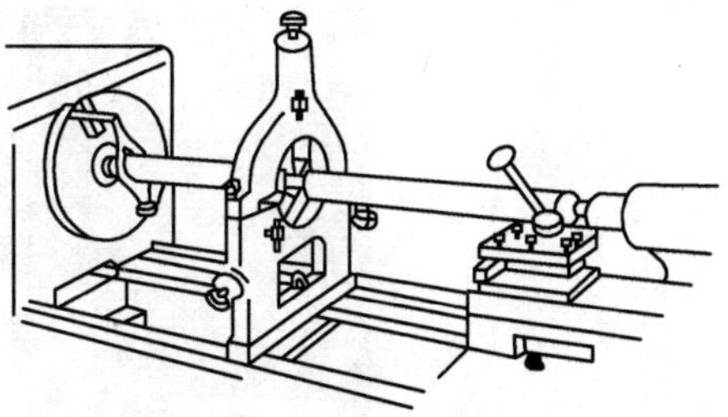

图 1-76 中心架的应用

2. 车床夹具的特点

卧式车床上常用的三爪自定心卡盘、四爪单动卡盘、各类顶尖及通用夹头等夹具在工作时，大多需要与车床主轴一起带动工件进行高速回转，所以，车床夹具一般具有下述特点：

1）车床夹具多具有足够的强度、刚性和可靠的夹紧装置，以保证能牢固夹持工件随同主轴高速回转，并克服离心惯性力和切削力。

2）车床夹具一般都具有较匀称的结构，以减少高速回转时的不平衡离心惯性力。当夹具总体结构不能保持比较匀称（如花盘角铁类结构）时，夹具上多设置有专门的静平衡结构（配重铁、平衡块等），以便进行回转静平衡调整。

3）车床夹具多为自动定心夹具（如三爪自定心卡盘、弹性夹头、弹性胀套等）。

4）夹具工作时，其对称轴线与机床主轴保持同轴，故夹具相对机床主轴的安装多具有较完善的对定结构（如定心锥柄、定心轴颈、止口等）。

5）只要结构空间允许，夹具都应设置必要的安全操作防护装置，例如护板、护罩及封闭型结构。

3. 数控车床的新型夹具

图 1-77 所示为数控车床上常用的伸缩卡爪式液动卡盘。其卡爪的伸缩动作靠卡盘内自带的液压缸带动。图 1-78 为短行程伸缩卡爪式液动卡盘。图 1-79 所示为伸缩卡爪式液动卡盘在发动机曲轴加工中的生产应用实例。

图 1-77 伸缩卡爪式液动卡盘

图 1-78 短行程伸缩卡爪式液动卡盘

图 1-79 数控车床伸缩卡爪式液动卡盘

图 1-80 为自带液压缸的径向移动卡爪式液动卡盘，它可以使机床主轴结构更加紧凑，使用灵活、方便。图 1-81 所示为数控车床上使用的新型气动卡盘。

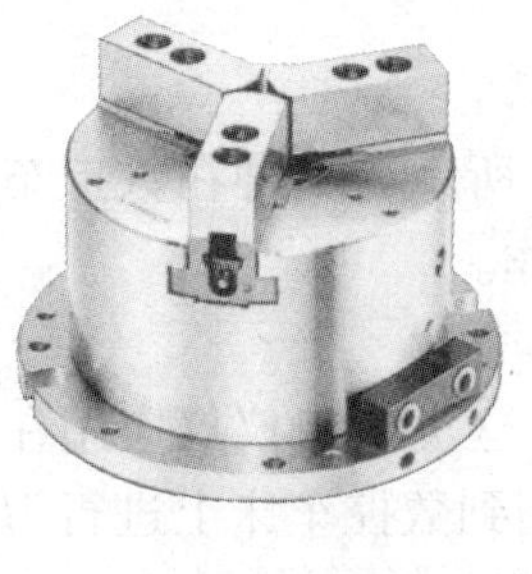

图 1-80　移动卡爪式液动卡盘

图 1-81　气动卡盘

图 1-82 所示为一种强力超薄型三爪自定心卡盘。图 1-83 是一种四爪超薄型强力方形卡盘。这两种卡盘的结构更加紧凑，工件切削加工过程中的高速运动性能更加平稳，特别适合于对复杂、小型零件的装夹。

图 1-82　超薄型三爪自定心卡盘

图 1-83　超薄型四爪单动卡盘

除了上述标准夹具外，数控车床还经常采用各种模块化拼装专用夹具。图 1-84 所示为一种利用钢球锁紧装置进行快速锁紧的拼装平面卡盘。在平面卡盘的前面安装一块带有快速锁紧装置的球锁基础板，再在其前面安装夹具板，并用四只球锁将夹具板锁紧，即可在夹具板上安装工件。整个夹具系统结构紧凑，安装方便，定位准确，夹紧牢靠。

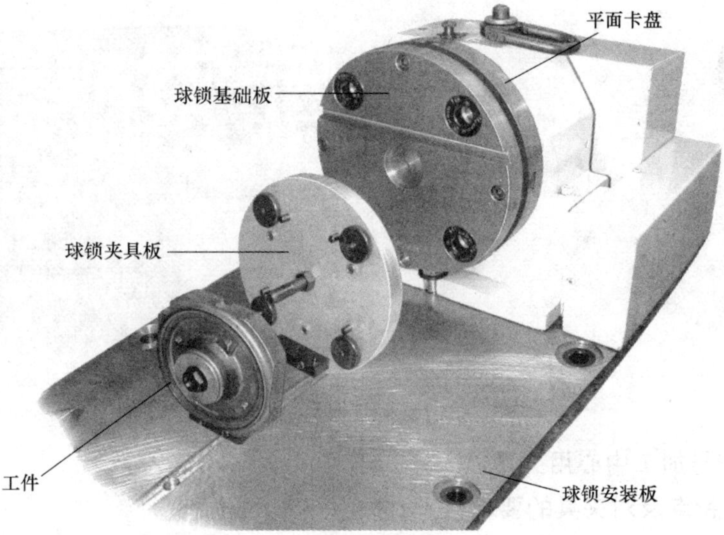

图 1-84　利用钢球锁紧装置的快速拼装平面卡盘

1.5.8 数控车床常用其他夹具与附件

1. 液动中心架

在数控车床上，有时也用到跟刀架和中心架。图 1-85 所示为一种在数控车床上应用的液动中心架。使用它可以实现对工件的自动化支承装夹操作。

2. 数控车床用对刀仪

图 1-86 所示为一种数控车床用的新型对刀仪。以往，这类对刀仪仅应用在数控铣床上进行铣刀 Z 轴方向的对刀，现在将其工作面转位 90°，应用到数控车床上进行刀尖位置偏移参数的精确测量。它属于机床测量辅具。

图 1-85　一种液动中心架

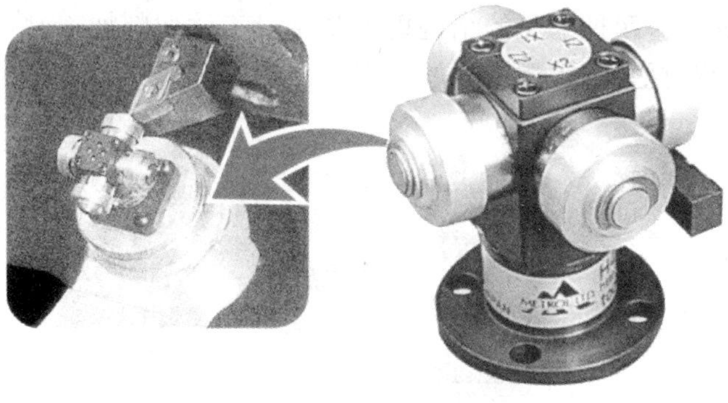

图 1-86　一种数控车床用对刀仪

3. 数控尾座

图 1-87 所示为一种安装有伺服控制系统的数控机床尾座，该尾座可以通过程序来随机控制其伸出的位置并控制其顶紧压力，为工件的自动化装卸和加工提供了更加严格的控制和保障。

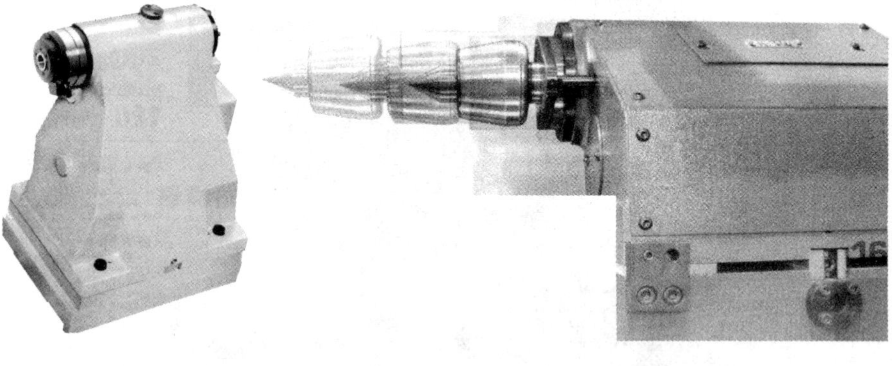

图 1-87　数控尾座

1.5.9 数控铣床与加工中心用夹具

1. 铣削加工特点及对夹具的要求

铣削加工具有以下特点：

（1）铣削加工是一种冲击、振动很大的切削加工　铣刀为多刀齿切削刀具，而且每一个刀齿的切削都是周期性的断续切削、循环加工的过程。由于切削厚度始终在变化，每一刀齿切削时的切削面积与切削力也时刻发生变化。所以，铣削加工过程是切削力不稳定的变化过程，加工中伴随着强烈的冲击和振动。

（2）铣削加工的切削力较大　铣削加工是一种高效切除加工，所以经常采用较大的切削用量，切削力较大，使铣削加工成为一种重负荷加工。

针对铣削加工的以上特点，铣床夹具应该具备足够的强度和刚性，以适应对工件重负荷切削加工的需要。铣床夹具都备有强大而稳定可靠的夹紧系统，以保证夹具的夹紧具有良好的自锁性和抗振性，满足振动切削条件下对工件的可靠夹紧。

铣床夹具的夹紧动力经常采用比较可靠的螺旋夹紧和液动夹紧，而较少采用气动夹紧和偏心夹紧。

2. 数控铣床夹具的结构特点

图 1-88 所示为数控铣床液动夹具，用于镗削工件上 A、B、C 三个孔。夹具为孔系基础

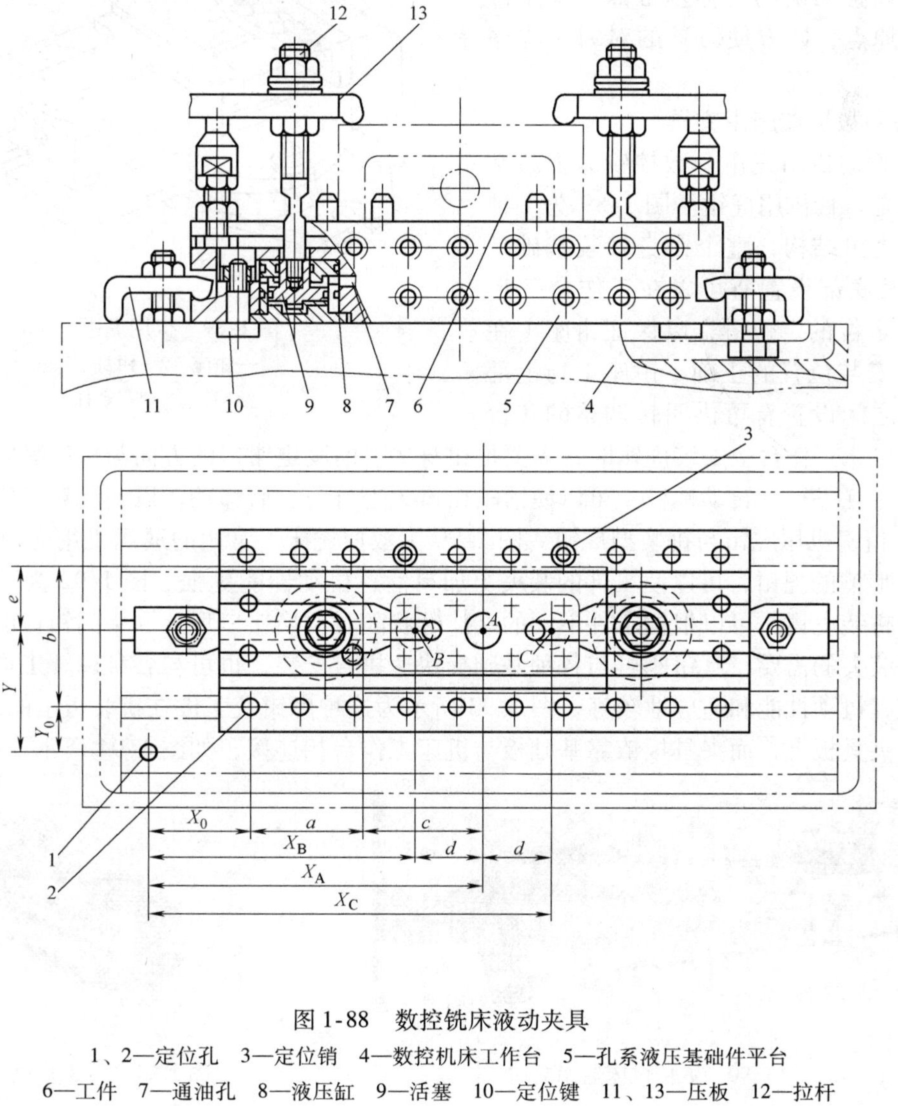

图 1-88　数控铣床液动夹具

1、2—定位孔　3—定位销　4—数控机床工作台　5—孔系液压基础件平台
6—工件　7—通油孔　8—液压缸　9—活塞　10—定位键　11、13—压板　12—拉杆

板拼装夹具，基础件为孔系液压基础件平台 5。三个定位销 3 安装在平台上平面的孔系中，与平台上平面一起形成了夹具的六点定位系统；夹紧机构由装在基础平台内的两个液压缸 8，通过拉杆 12、压板 13 组成，可在压力油控制下对工件实现快速或自动夹紧。

夹具零点设在基础平台 5 左下角的定位孔 2 的轴线处，而机床工作台的坐标原点取在定位孔 1 的轴线处，二者间的坐标尺寸关系为 X_0 和 Y_0。夹具的三个定位销相对夹具零点的位置尺寸为 a、b，反映了工件在夹具中的定位位置。

在编制数控加工程序时，可以选择工件的中心点 A 点作为工件坐标系的设置原点，从而明确工件坐标系在机床坐标系中的坐标位置。刀具对工件的加工有了新的坐标依据，便可直接按照工件的设计结构尺寸编写加工程序，可以简化对刀具移动坐标点的位置换算，并可直接按照工件系的坐标值编写程序和进行刀具的走刀移动，对工件的 A、B、C 孔及其他内容进行自动走刀加工。

可见，数控铣床夹具上应该为工件的装夹定位设置明确的坐标基准点，即工件坐标系的原点，以方便刀具的对刀和程序的编写。

3. 各种数控铣床用夹具

（1）普通机用虎钳　数控铣床上最常用的夹具是各种机用虎钳。图 1-89 为一种常用机用虎钳结构，整个钳身安装基础是钳座 1，其底部设置有可以在工作台 T 形槽中进行定位的定位键，以保证钳座 1 在工作台上安装位置的正确。钳座 1 与上部的钳身 2 之间设置有可供回转调整的转台结构，在机床工作台上安装虎钳时，需要把钳身 2 上的固定钳口的方向与机床纵向导轨的方向校正为相互平行。转动螺杆 4 可以使活动钳口 3 进行前、后移动，以实现对工件的夹紧。

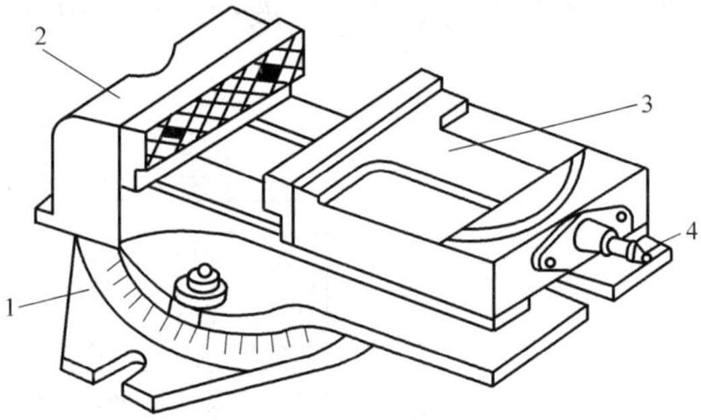

图 1-89　机用虎钳
1—钳座　2—钳身
3—活动钳口　4—螺杆

（2）精密机用虎钳与拼装型虎钳　图 1-90 为数控铣床上常用的通用机用虎钳。图 1-91 为带有 T 形槽的虎钳，可以使工件的装夹更加灵活，机动性能更强。图 1-92 为可以更换中间钳口的拼装虎钳，可以根据工件不同的夹持形状随时调换钳口形状和中间钳口的数目，以满足多件装夹的需要；其钳座可与各种基础板快速拼接安装，也可与各种回转工作台灵活的拼接安装，机动性能和适应性较好。图 1-93 所示为这种虎钳及工件在拼装板上的组合安装。虎钳装在夹具板上，而夹具板依靠基础板与机床工作台相连接，如图 1-94 所示。基础板靠

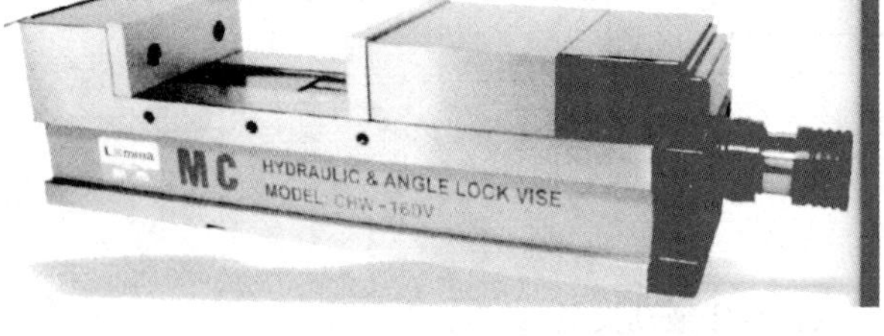

图 1-90　数控机床通用虎钳

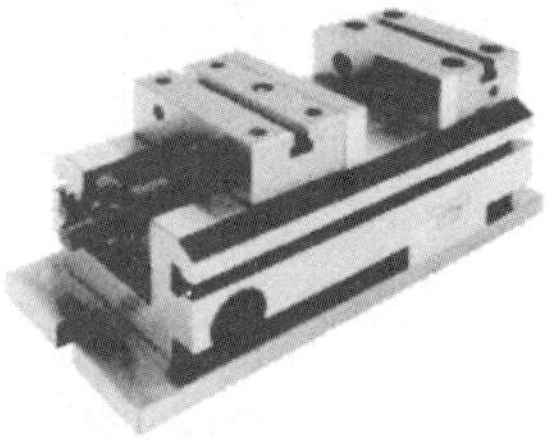

图 1-91　带 T 形槽的虎钳

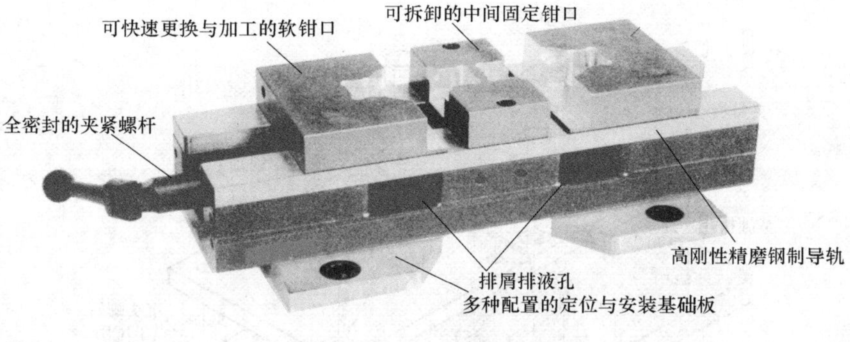

图 1-92　快速装夹的拼装虎钳

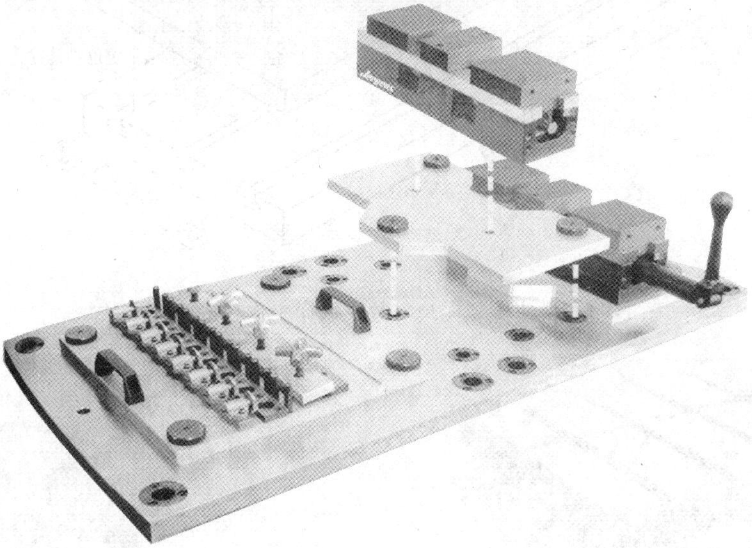

图 1-93　拼装虎钳在安装板上的组合安装

T 形槽定位键与机床工作台保持严格的定位关系，而夹具板依靠定位、锁紧的球锁装置与基础板模块保持定位关系。所有连接都是依靠快速装夹的模块结构来实现，夹具的组合性和机动性极强。

（3）各类回转台　各种类型的回转台是数控铣床非常重要的夹具，借助于工作台的回转，可以扩大对工件的加工方位，实现一次装夹条件下对工件的多面加工。许多加工中心借助于工作台的回转，实现对工件的三维空间插补，以完成复杂的空间曲面加工。

图 1-95 为一种精密回转工作台，可以实现工件在铣削加工过程中的回转进给运动。图 1-96 是一种立式和卧式两用回转工作台，可以很方便地安装在立式铣床和卧式铣床工作台上，也可与其他基础板和模块相拼接，组合成加工安装所需要的配置形式。图 1-97 所示为一种数控回转工作台模块，可以实现第三轴的插补控制，实现空间曲面的加工。图 1-98 所示为一种气体浮动回转台，靠空气动力实现工作台面的悬浮支承。图 1-99 是一种超精密液压驱动回转台，可以实现精密的转动插补运动。图 1-100 是具有两个回转轴的转台，可以完成两个转动轴的插补控制，用以加工复杂的空间曲面轮廓工件。

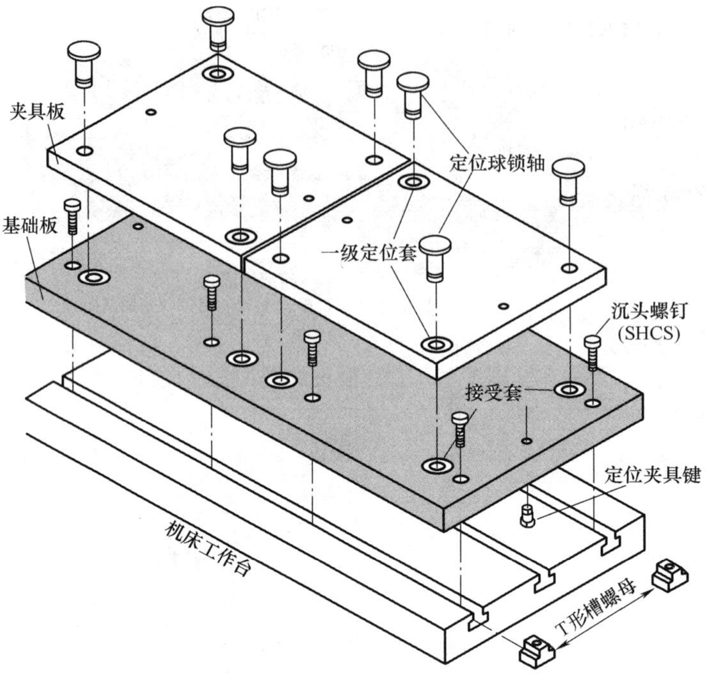

图 1-94 快速拼装夹具与数控铣床工作台的连接方法

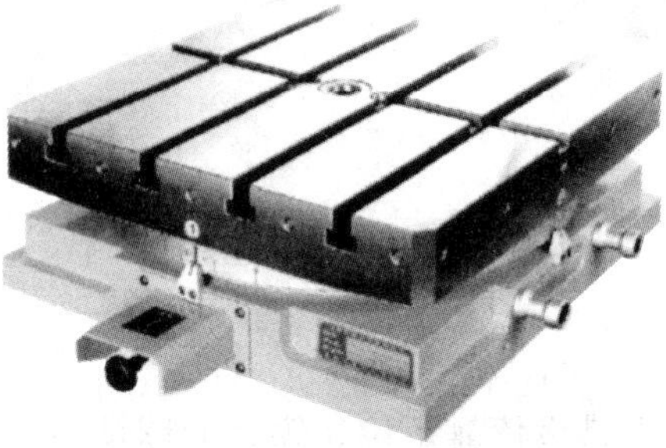

图 1-95 加工中心精密回转工作台

图 1-96 立卧两用回转工作台

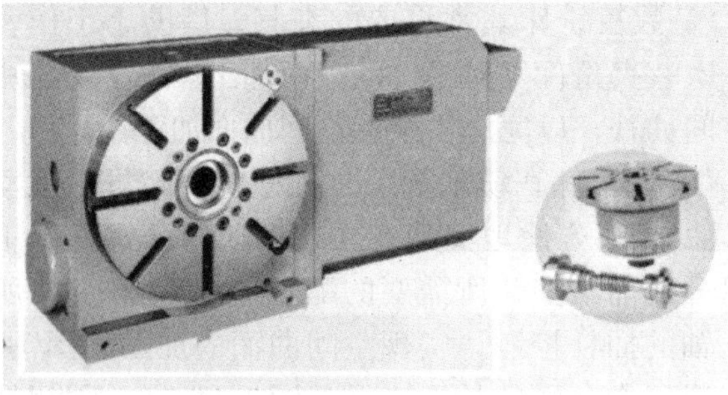

图 1-97 数控回转工作台模块

图 1-98 气体浮动回转台

图 1-99　超精密液压回转台

图 1-100　双轴可倾斜转台

（4）各种机械手　图 1-101、图 1-102、图 1-103 所示为几种夹持工件和刀具用的机械手，分双指型与三指型的不同类型。这三种机械手在 0.6MPa 的气动压力条件下，可以产生 8～16kN 的夹持力，能够提起 80kg 质量的重物。在加工中心和生产自动线上，承担着重要的自动输送和安装任务，是更复杂机器人的发展基础。

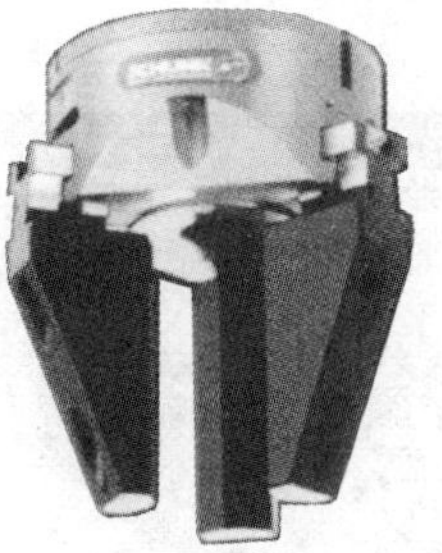

图 1-101　三指定心式机械手

图 1-102　二指平动式机械手

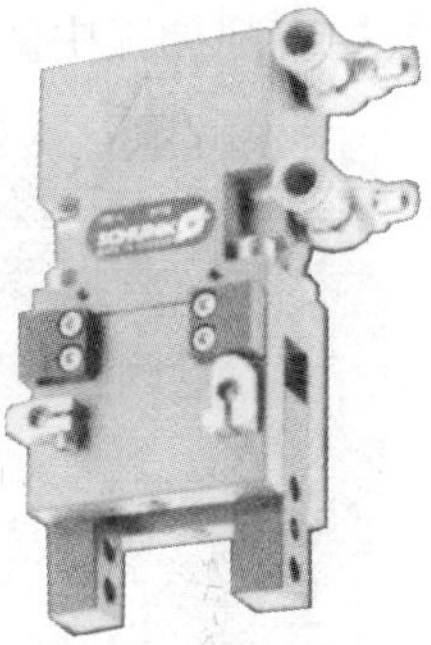

图 1-103　二指张开式机械手

【思考与练习】

1. 对夹具的夹紧装置有哪些基本要求？
2. 在设置夹紧力方向时，应该注意哪些问题？
3. 对夹紧力的作用点应该如何正确考虑？
4. 对薄壁套筒类工件应该怎样进行夹紧？需要掌握什么原则？
5. 数控加工对夹具提出了哪些基本要求？
6. 车床夹具一般包括哪几大类？
7. 车床夹具具有哪些特点？
8. 数控车床使用的新型夹具有哪些？
9. 铣削加工对夹具有哪些基本要求？
10. 数控铣床和加工中心上使用哪些新型夹具？

模块二　数控加工用刀具

课题 2.1　数控切削加工对刀具材料的基本要求和刀具材料种类

【学习目标】

1. 了解数控切削加工对刀具材料的基本要求，了解数控加工刀具材料的发展方向。

2. 了解数控加工常用刀具材料的基本分类。会正确运用数控加工常用刀具材料的牌号、特点及其适用的场合。

【学习任务的提出】

图 2-1 所示为数控车床广泛使用的模块化标准刀具。它能够适应现代数控切削加工对刀具材料所提出的基本要求，与传统的硬质合金焊接式车刀相比，在使用性能上有很大改进和提高，在切削性能方面具有许多焊接车刀所不具备的优点，是目前数控切削加工广泛采用的新型刀具。这种刀具上的刀片为不重磨的可转位标准刀片，图 2-2 所示为这种新型可转位刀片在数控车削加工中的应用。

图 2-1　数控车削应用的模块化刀具

图 2-2　可转位刀片的应用

现代化数控高效切削加工对刀具材料的基本要求，目前数控切削加工所采用刀片材料的主要分类，各种新型刀片材料的牌号与应用场合是本课题的主要学习任务。

2.1.1　数控切削加工对刀具材料的基本要求

现代化的数控切削加工对刀具材料提出了如下基本要求：

1. 材料的高温硬度要高（热硬性高）

材料的高温硬度反映了材料耐高温的性能，在切削加工刀片材料的研究中，称其为刀具材料的红硬性。在现代高效、高速切削加工中，一般的刀尖温度在 1000℃ 以上，刀片材料在高温条件下要保持其硬度，以维持刀尖的几何形状，保持锋利的刀刃和良好的切削状态。另一方面，还要求材料在高温条件下，具有稳定的化学性能，即不与其周围介质发生化学反应和材料抗氧化、抗粘结的能力。刀片材料的高温硬度是对现代刀片材料的首要要求。

2. 材料的耐磨性要好

刀片材料的耐磨性是第二项基本要求。为了满足材料耐磨的要求，采取各种方法提高刀具材料硬质颗粒的显微硬度，并尽力细化材料的晶粒度，使之分布均匀，以便达到高精度切削加工对刀片材料磨损限度的基本要求。

3. 材料的强度与韧性要高

刀具材料在切削过程中承受着巨大的压力和冲击振动，对强度的要求也是一项基本条件，对冲击韧性的要求更显得比较突出。越硬的材料性质就越脆，高硬度的刀具材料冲击韧性相对较差，是新型刀具材料研究的一大难题。高效能陶瓷刀具材料冲击韧性的提高已经成为陶瓷刀具发展的重大课题，并且已经取得巨大成果。

4. 材料的加工工艺性要好

刀具材料要宜于轧制、锻造、焊接、切削等加工，并具有良好的磨削性，以便于制造成形。

要使刀片形成所需要的刀尖形状，需要对刀尖进行必要的成形，对高硬度且高韧性刀尖的加工是十分矛盾的问题。高硬度硬质合金刀具的刃磨一直是小企业里一项很头痛的工艺问题，目前的解决办法仍是依靠专业化刀片生产厂商对硬质合金刀片直接进行精密热成形，提高刀片的使用寿命。生产过程中产生的大量已经磨损的可转位刀片的回收利用也是目前刀具行业的一项研究难题。

5. 刀片材料的价格要合理，经济性要好

刀片材料的取材要广泛，经济性要好。用合成金刚石材料和立方氮化硼逐渐取代天然金刚石材料也是刀具行业重要的发展方向。

以上五条要求是对新型刀具材料的基本要求，也是新材料领域的重要研究课题。

【其他相关知识】

2.1.2 数控切削加工中常用刀具材料的分类

数控切削加工中所使用的刀具材料可以分为高速钢、硬质合金、陶瓷材料和超硬材料四个大类。

1. 高速钢

（1）高速钢的定义和特点　高速钢是含有较多 W、Cr、Mo、V 等元素的合金工具钢。高速钢俗称白钢、锋钢。

刀具材料的四个大类中，高速钢材料的工艺性最好。但其硬度相对最低，刀具寿命最差。其允许的切削速度在 30m/min 范围内，切削温度一般控制在 750℃以下。

（2）常用高速钢刀具材料　有普通高速钢和高效能高速钢两个大类。

W18Cr4V 是普通高速钢刀具材料的典型代表，是最常用的高速钢刀具材料。

W6Mo5Cr4V2 是以 Mo（钼）代 W（钨）的一种改进型高速钢，其抗弯强度比 W18 钢提高 30%，冲击韧度提高 70%，且热塑性很好，麻花钻头和铰刀等复杂刀具多用其制造。

W14CrMnRE 为含有稀土元素（RE 类）的高速钢，充分利用了我国的稀土资源（我国稀土资源的储量占世界储量的 85%）。

高性能高速钢是在普通高速钢中添加了较多的 C、V、Co、Al 等元素以进一步提高材料性能。典型牌号如下：9W18Cr4V 为高碳高速钢，W6Mo5Cr4V3 为高钒高速钢；W6Mo5Cr4V2Co8

为含钴高速钢；W6Mo5Cr4V2Al 为含铝高速钢。

国外多以高钴、高钒为高速钢的主要发展趋势；由于我国钴资源较缺乏，主要发展无钴高速钢。

由于高速钢材料的成形性和工艺性较好，一些复杂曲线轮廓的刀具目前仍用高速钢制造，例如数控铣床所使用的各种立铣刀和键槽铣刀，成形铣刀均为高速钢。

为了提高刀具寿命，多在高速钢刀具表面进行涂层强化处理。如图 2-3 所示，在铣刀表面涂覆金刚石涂层，使铣刀寿命提高数十倍。图 2-4 所示为在钻头表面涂覆 TiN 涂层后，可以使刀具寿命提高近十倍。图 2-5 为带有表面强化涂层的高速钢齿轮滚刀，使用寿命可提高 7～10 倍。图 2-6 为涂覆 TiN 的铣刀。

图 2-3 带有石墨强化涂层的铣刀

图 2-4 表面涂覆有 TiN 的钻头

图 2-5 带表面强化涂层的齿轮滚刀

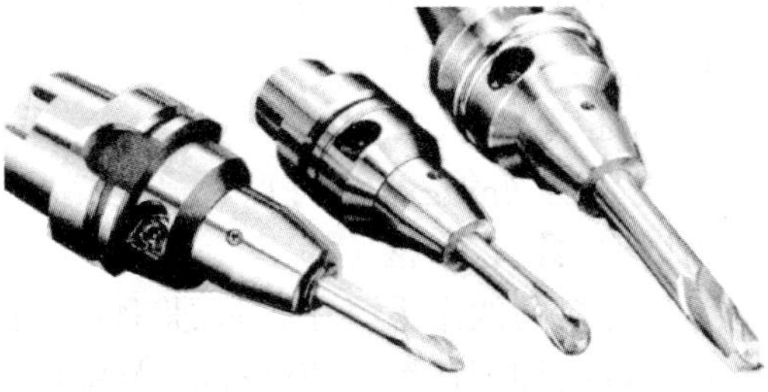

图 2-6 在高速钢表面涂覆 TiN 涂层的铣刀

2. 硬质合金

(1) 硬质合金的定义与特点

1) 定义。硬质合金是一种粉末冶金制品，是将高硬度、高熔点的硬质碳化物（WC、TiC、TaC 等）粉末用金属粘结剂（Co、Ni、Mo）经高温烧结并压制成形的材料。

硬质合金中的硬质碳化物称为硬质合金的硬质相；金属粘结剂称为硬质合金的粘结相。材料中的硬质相比例越高，材料的硬度越高，脆性越大；材料中的粘结相比例越大，材料的韧性越好，但硬度和耐磨性降低。

2）特点。硬质合金刀片材料是目前应用最广泛的金属切削加工刀片材料。其硬度高，冲击韧性好，红硬性比较理想，可以经受1200℃的切削高温。其材料的来源比较广泛，价格较低廉，是目前世界上用于切削加工刀片材料的主流材料。

（2）常用硬质合金刀片材料的种类及其应用特点

1）钨钴类硬质合金（YG类）。其硬质相是WC，粘结相是Co；这种刀片材料钴的含量较高，抗冲击性较好，适合于切削脆性材料，例如铸铁、铸铝等。常用牌号是YG3、YG6、YG8等，分别对应于ISO标准中的K01、K10、K20刀片。

2）钨钛钴类硬质合金（YT类）。其硬质相中含有一定比例的TiC；硬度比YG类的刀片高，但抗冲击性差些，适合于切削高硬度的塑性材料，是切削普通碳素钢的主要刀片材料。典型牌号是YT5（含5% TiC）、YT15（含15% TiC）、YT30等，分别对应于ISO标准中的P01、P10、P20刀片。含TiC的比例越高，刀片的硬度越高，脆性越大。

3）钨钛钽（铌）钴类硬质合金（YW类）。称为万能类刀片材料。它既具有较高的抗冲击性；又具有足够高的硬度；即可以切削高硬度的淬火材料，又可以切削高强度难切削的高强度钢。所以称为万能类刀具材料。

（3）常用硬质合金刀片材料的选用

1）粗加工：宜选用含钴量高的刀具材料YG8、YT5等硬质合金刀片。

2）精加工：宜选用含钴量少，硬度较高的刀具材料YG3、YT30等刀片。

3）切削脆性材料：选择YG类材料，比较抗冲击和抗振动。

4）切削塑性材料：选择YT类材料，硬度高，耐磨性好。

5）切削难加工材料：选择YW类刀片。

（4）其他新型硬质合金

1）碳化钛基硬质合金（YN类）。这种刀片材料的硬质相主要是TiC，粘结相是Mo和Ni。其应用特点：硬度非常高，为HRA90～95；耐磨性很高；但韧性较差；导热性差。

2）YE类（钢结硬质合金）。以高速钢为粘结剂，性能介于高速钢和硬质合金之间，应用于制造复杂刀具。

3）YH类（超细晶类）。WC颗粒的粒度在1.5μm为细晶，0.2～1μm为超细晶，主要应用于制造齿轮滚刀。

（5）涂层硬质合金

1）定义。涂层硬质合金是一种利用化学气相沉积工艺在硬质合金刀片表面涂覆一层或数层强化层的刀具。是目前发展最快，在数控加工中应用最广的一类新型涂层刀具材料。

在一片硬质合金可转位刀片的表面利用物理气相沉积（PVD）法或化学气相沉积（CVD）法涂覆一层TiN，可以使刀片的耐用度提高5～10倍。切削普通材料时可提高数十倍。可见涂层刀具具有极好的经济效益。

2）常用涂层。目前常见的涂层有TiC、TiN、Al_2O_3、TiB_2等：

① TiC层。切削速度可以提高40%，刀具寿命提高3～5倍；但TiC与硬质合金刀片基体的线胀系数差别较大，容易造成脱层。

② TiN 层。其硬度比 TiC 稍差些，但与金属切屑的亲和力小，润滑性好，放在复合涂层的外层可以防止粘刀，有良好的抗后刀面磨损和抗月牙洼磨损能力，大幅度提高刀片的使用寿命，是目前最主要的刀片涂层。其颜色呈金黄色。习惯上称其为镀钛刀片。

③ TiC－TiN。复合涂层，内层以 YiC 作为基础，外层为 TiN，可提高表层的强度和硬度。

④ Al_2O_3 层。又称陶瓷层，具有极高的硬度和抗氧化安定性，摩擦因数小，不粘刀，高温条件下不发生扩散磨损。但其抗冲击性差，性质较脆。

⑤ TiC－Al_2O_3。习惯上称为金属－陶瓷复合涂层。把 Al_2O_3 涂层复在 TiN 基层外面，可以有效防止刀具材料在高温下的粘刀和扩散磨损。

⑥ 金刚石涂层。也称为石墨涂层。硬度极高，但高温性能差。易于干切削加工。

⑦ C3N4 涂层。刀片涂层技术的最新技术成果是利用复合沉积法在刀具表面涂覆 C_3N_4 薄膜，也叫氮化碳技术。C3N4 涂层是超硬材料，与铁族元素呈惰性，故这种刀具可加工钢铁材料，可补充金刚石刀具之不足。在高速切削领域中，大有取代 TiN 涂层的趋势。C_3N_4 有着非常广阔的发展前景。

3. 陶瓷类刀具材料（Ceramic）

传统陶瓷是无机非金属材料，其性质硬而脆。作为刀具材料的陶瓷主要是含有金属氧化物或氮化物的陶瓷，例如氧化铝 Al_2O_3，是典型的陶瓷类刀具材料。它是普通砂轮的主要成分，砂轮即为一种典型的陶瓷刀具。现代陶瓷刀具材料大多为复合陶瓷，主要以氧化铝基陶瓷和氮化硅基陶瓷应用最多。

（1）陶瓷刀具材料的类型

1）氧化铝陶瓷。主要成分是 Al_2O_3。

2）氧化铝－碳化物类。也称复合陶瓷，约有 30%（质量分数）的 TiC、WC 等金属碳化物成分。

3）氧化铝－碳化物－金属系。又称为陶瓷－金属复合刀具材料。

这类材料以 Al_2O_3 为基体，加入一定 WC、TiC 硬质相，再加入适量 Ni、Mo、Co、W、Fe 等金属元素做添加剂，以改善材料的韧性和抗振性。

氧化铝基陶瓷比较适合于切削高硬度铸铁、淬硬钢、工具钢、不锈钢等工件材料。

4）氮化硅基陶瓷。其主要成分是 Si_3N_4 氮化硅。特点是硬度高达 5000HV（维氏硬度）。氮化硅基陶瓷材料更适合于高速加工耐热合金及铸铁合金、冷硬铸铁等高硬度脆性材料。

（2）陶瓷刀具材料的性能特点　陶瓷刀具材料具有很高的硬度和耐磨性，具有良好的高温力学性能和极好的化学稳定性，在 1200～1400℃时仍能保持 80HRC 的硬度；其化学惰性大，轻易不与工件材料发生亲合；陶瓷刀具材料的最佳切削速度比硬质合金高 5～10 倍。可以应用于高速切削、干切削和硬切削。陶瓷刀具尤其适合于高速切削高硬度的冷硬铸铁和淬硬材料。

陶瓷类刀片材料比硬质合金硬得多，其高温性能明显优于硬质合金；但其最大弱点是脆性大，不抗冲击，对切削振动非常敏感，刀刃遇到冲击容易崩碎。加强陶瓷刀片材料的抗冲击性成为非常重要的研究课题，陶瓷－金属复合材料就是该课题的产物。

为了避免刀尖的冲击崩裂，陶瓷刀具的刀尖一般都做成负前角，或者刀尖带有较大负倒棱，以增强刀尖的安全性。另外，切削工艺系统的刚性和抗冲击性要好，切削过程要平稳。

4. 超硬类刀片材料

超硬类刀具材料主要是指金刚石材料和立方氮化硼两种材料。

（1）金刚石材料　金刚石是自然界最硬的材料，目前作为刀具使用的主要有天然金刚石和人造金刚石两类。

1）天然金刚石。资源紧缺，价格昂贵，为单晶体结构，呈各向异性。所以，刀刃的方向选择很关键。分割时采用破断技术，刃面加工采用研磨与抛光技术。

2）人造聚晶金刚石 PCD（Poly Crystalline Diamond）。是在合金的触媒作用下，由石墨微粉聚合成的多晶体结构，所以其晶体排列无规则，性质呈各向同性。其显微硬度达 HV 10000，具有极高的耐磨性。在铝、铜合金切削加工中，PCD 的刀具寿命是硬质合金刀具的几十倍甚至几百倍。在对刀具的寿命要求较高的专业化生产线上，金刚石刀具的应用明显优于硬质合金。PCD 刀具的刀刃可以磨得非常锋利，刀刃钝圆半径可达 0.1～0.5μm，能够胜任超薄切削和超精密加工。

金刚石刀片如果需要焊接，应注意温度不要超过 800℃。

3）复合金刚石刀片。是在硬质合金刀片的基体上烧结一层厚度约为 0.5mm 的金刚石层。其性质为碳的同素异形体，硬度极高，维氏硬度为 HV9000～10000；刃口极为锋利，能够完成极微量的切削。多应用于加工硅片、玻璃等硬性材料。缺点是与铁的亲合力强，故不易切削铁系金属；耐热性差，工作温度不能超过 700～800℃；刃尖的刃磨较困难，加工工艺性差。

以上三类金刚石刀具目前主要应用在铝合金、铜合金、光学玻璃、纤维增强塑料等非铁金属材料的高速精加工中，广泛应用于航空、航天、汽车制造行业和仪器仪表行业。

金刚石的热稳定性较差，其高温硬度只能维持到 800℃左右。金刚石刀具不适合加工钢铁类铁碳合金材料，金刚石中的碳元素与铁元素有较强的化学亲合性，在高温下容易发生化学变化而还原为石墨结构，影响刀片的使用寿命。

（2）立方氮化硼 CBN 刀具　立方氮化硼由软质白石墨（六方氮化硼）在高温、高压及特定催化条件下转化而成，是一种极有前途的新型刀具材料。立方氮化硼具有极高的硬度 8000～9000HV，其硬度仅次于金刚石。它在 1500℃条件下仍然不发生相变，能够胜任淬硬钢（45～65HRC）、轴承钢（60～62HRC）、高速钢（62HRC）、工具钢、冷硬铸铁的高速切削加工，也能够胜任高温合金、硬质合金等难加工材料的高速切削，可以实现以车代磨，大幅度提高加工效率。

由于制造大颗粒的 CBN 仍较困难，目前主要应用聚晶立方氮化硼（PCBN）。PCBN 具有优良的化学稳定性，与铁系元素在 1300℃温度下也不发生化学反应，而且其高温性能极好，耐热性可达 1500℃，比金刚石几乎高出一倍。所以，PCBN 被广泛应用于高硬度淬火材料、耐磨铸铁、硬质合金、钛合金等难加工材料的切削加工中。当以 1000m/min 以上的高切削速度加工铸铁时，PCBN 是最佳刀具材料。PCBN 的缺点是只宜干切削，在高温时遇水会起化学变化。

陶瓷刀片、CBN 刀片和金刚石刀片的外形及其应用可参见图 2-38。

2.1.3　车刀的基本角度

各种刀具的基本角度均由外圆车刀的基本角度演化而来。所以，外圆车刀角度是学习刀具角度的基础。

1. 外圆车刀刀尖的结构组成

如图 2-7 所示，外圆车刀刀尖切削部由以下六大要素组成：

（1）前刀面 A_γ　前刀面是切削过程中切屑流动所经过的表面。

（2）主后刀面 A_α　主后刀面是刀具与工件上的加工过渡表面相对的刀具表面。

（3）副后刀面 A_α'　副后刀面是刀具与工件上已加工表面相对的表面。

（4）主切削刃 S　前刀面与主后刀面的交线。

（5）副切削刃 S'　前刀面与副后刀面的交线。

（6）刀尖 Nose　主切削刃与副切削刃的交点。

以上六大要素简称为外圆车刀的三面、两刃和一尖。

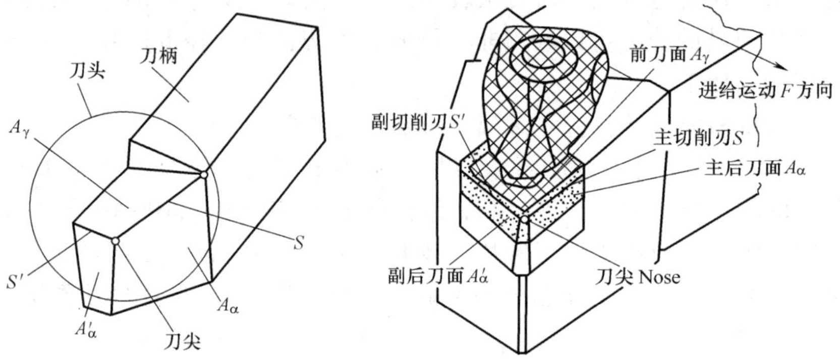

图 2-7　外圆车刀刀尖组成的六大要素

2. 刀具角度的静态参考系

刀具角度静态参考系是刀具设计、制造、刃磨和测量几何参数时所使用的空间参考系。在该坐标系中确定的几何参数（刀具角度）称为刀具静态参数（角度），即刀具的标注角度。

（1）刀具角度参考系常用的空间辅助平面

① 基面 p_r　是过切削刃上的选定点，并垂直于点的主运动方向的平面，如图 2-8 所示。

② 切削平面 p_s　是过切削刃上选定点，与主切削刃相切并垂直于基面的平面。

③ 正交平面 p_o　是过切削刃选定点，垂直于刀刃在基面上投影的平面。正交平面同时垂直于基面和切削平面，是旧刀具图中最为常用的测量参考平面，习惯上也称为主平面。

④ 法平面 p_n　是过切削刃选定点，垂直于切削刃的平面。如图 2-8 所示。当刀具的前刀面倾斜较大时，用法向平面测量和表达刀具角度比较准确。

⑤ 进给平面 p_f　是过切削刃上的选定点，并平行与该点的进给运动的平面。

⑥ 切深平面 p_p　是过切削刃上的选定点，与点的进给运动相垂直的平面。切深平面也称为背平面。

由这些参考平面，在空间组成了刀具角度测量最常用的三种静态参考系。

（2）三种常用的刀具角度静态参考系

① 正交系 $p_r - p_s - p_o$　由基面 p_r、切削平面 p_s、正交平面 p_o 所组成的空间测量系称为

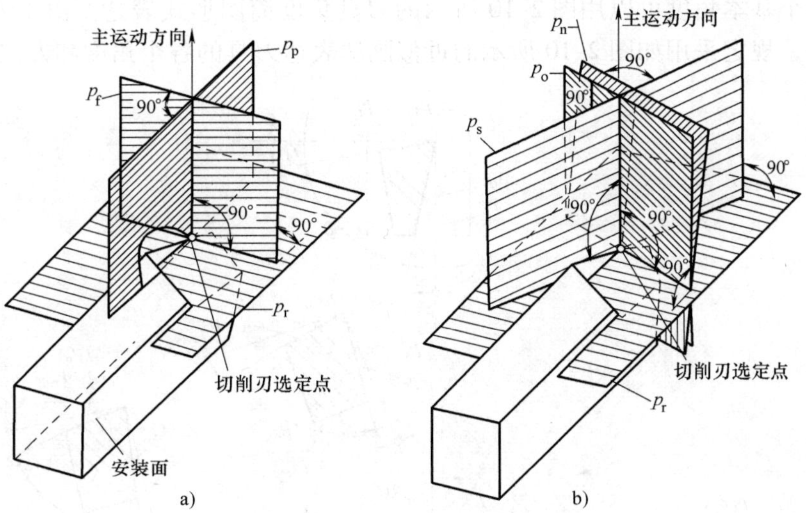

图 2-8　刀具的三种静态参考系

正交系。如图 2-8 所示。刀具正交系是旧刀具图中应用最多的参考系，正交系习惯上也称为主剖系。

② 法平面参考系 $p_r-p_s-p_n$　由基面 p_r、切削平面 p_s 和法平面 p_n 所组成的空间参考系。法平面参考系也称法剖系，在刀具前刀面倾斜较大时采用。

③ 纵横系 $p_r-p_f-p_p$　由基面 p_r、进给平面 p_f 和切深平面 p_p 所组成的空间参考系。

纵横系是一种新型刀具角度测量系统，如图 2-9 所示。由于这三个参考平面在空间的相对位置与数控机床直角坐标系正好对应，适合于在数控加工系统中应用，即具有直角三坐标测量系统的各类数控机床上最适宜于应用纵横系。

在计算机绘图系统中绘制刀具图时适合于应用纵横系，在数控工具磨床上加工刀杆时适合于应用纵横系，在三坐标测量机和对刀仪上都适合于使用纵横系。

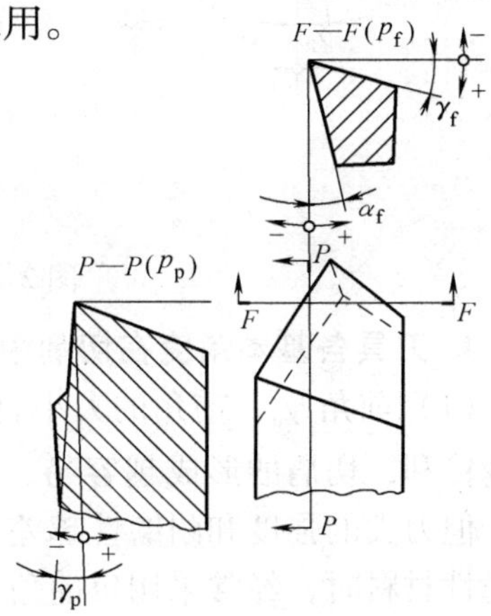

图 2-9　刀具纵横参考系

3. 刀具的六大基本角度

由于旧的刀具角度多以正交系角度表示，所以在此仍以正交系角度对刀具的基本角度进行命名。

（1）前角 γ_o　切削刃上选定点的前刀面与基面间的夹角。如图 2-10 所示。

（2）后角 α_o　切削刃选定点的后刀面与切削平面间的夹角。

（3）副后角 α_o'　副切削刃上选定点的切削平面与副后刀面间的夹角。

（4）主偏角 κ_r　切削刃在基面内的投影线与进给平面间的夹角。

（5）副偏角 κ_r'　副切削刃在基面内的投影线与进给平面间的夹角。

（6）刃倾角 λ_s　主切削刃在切削平面内的投影线与基面间的夹角。

刀具的基本角度确定以后，其他角度均可由基本角度导出。

刀具的各个基本角度可以用图 2-10 所示的刀具角度简图形式表达。由于刀具的各个角度一般都很小，规定采用如图 2-10 所示的近似画法表达刀具的各个角度和方位。

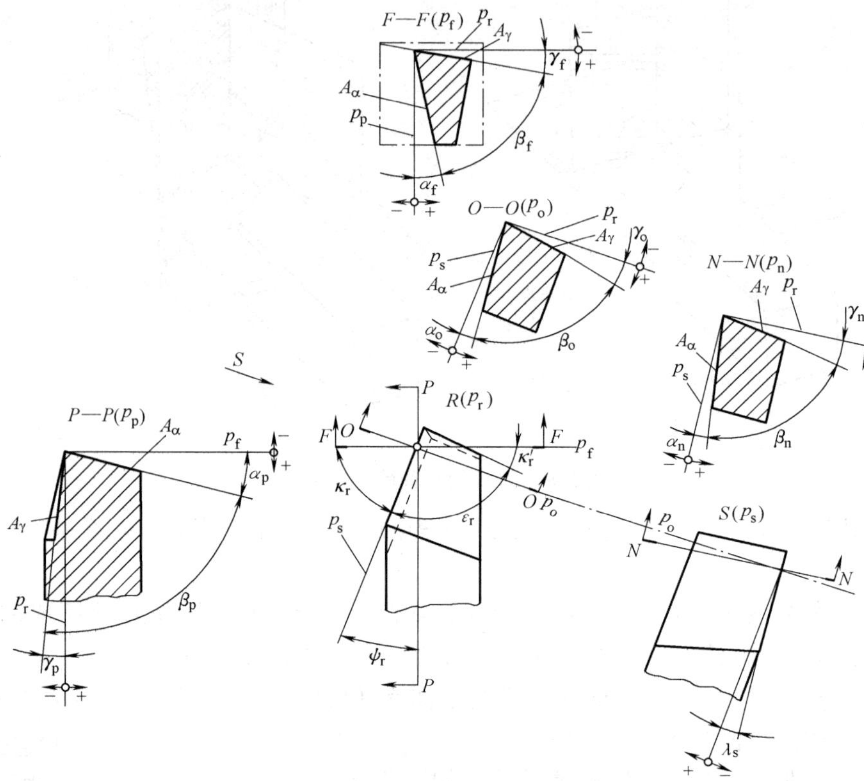

图 2-10 外圆车刀的基本角度及其表达法

4. 刀具各基本角度在切削中的主要影响和作用

（1）前角 γ_o 前角的大小直接影响切屑的形成过程和排出时的流畅性。前角越大，刀尖越锋利，切屑的形成越容易，排屑越通畅，切削变形越小，切削阻力就越小，有利于切削；但刀尖的强度和耐磨性越差。刀尖不抗冲击，遇到断续切削时容易发生崩刃破损。在切削脆性材料时，经常采用负前角刀尖，以增强刀尖的强度和抗冲击性能。在切削塑性材料和低强度材料时，经常采用大的正前角。

外圆与内孔的正、负前角加工如图 2-11 所示。刀尖前角一般在 -15° ~ +20°，根据锋利程度和抗冲击性进行选择。

（2）后角 α_o 后角的大小主要影响到刀具的后刀面与工件正在加工的表面（称工件加工面或过渡面）之间的微小间隙。如果刀具的后角过小，会导致刀具后刀面直接与工件加工面相互挤压摩擦，从而破坏基本的切削条件。所以，后角不能为负角是基本切削条件。后角过大会削弱刀尖强度。一般，后角可在 +3° ~ +10°范围内选择。

（3）主偏角 κ_r 主偏角的大小直接影响刀具施加给工件切削力的方向。主偏角越小，工件所受到的径向分力越大，工件容易发生弯曲变形。所以，切削刚性较差的细长轴类工件时，常采用 90°主偏角的偏刀。主偏角一般在 45° ~90°之间选择。

（4）副偏角 κ_r' 副偏角的大小影响切削表面的粗糙度质量。如图 2-12 所示，副偏角

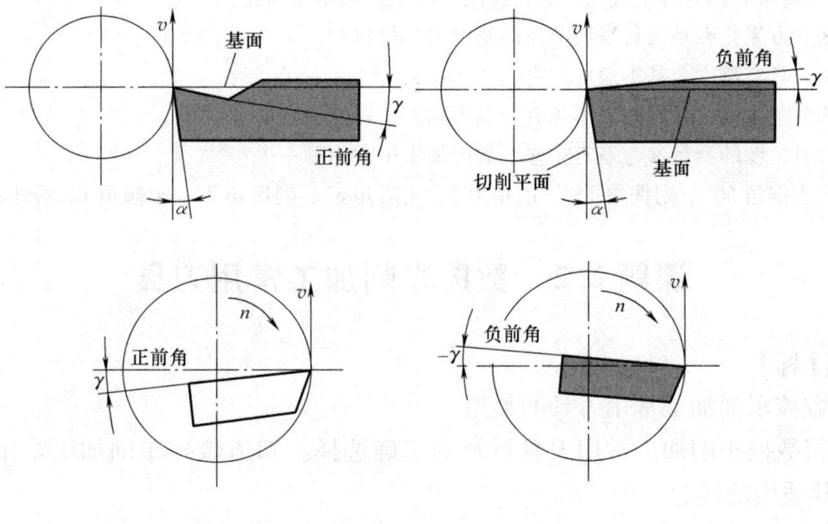

图 2-11 外圆及内孔的正前角加工和负前角加工

不等于0°的车刀切削时会形成切削残留，副偏角越大，切削残留高度越高，已加工表面的表面粗糙度质量越差。所以，对表面粗糙度质量有较严格要求的精加工车刀，副偏角应尽量取小值，一般选择带有一定宽度的修光刃刀片进行精加工。

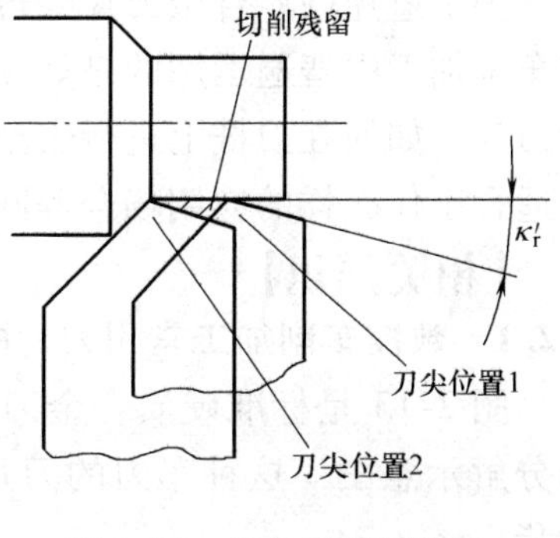

图 2-12 刀具的切削残留

（5）刃倾角 λ_s 刃倾角的正和负影响刀尖的强度和抗冲击性。刃倾角 λ_s 为正值时，刀尖处于刀刃最高点，该点首先进入切削区域，最容易受材料冲击，刀尖强度最差。刃倾角 λ_s 为负值时，刀尖处在最低点，抗冲击性最好。所以，切削脆性材料或具有较大冲击时，应采用负的刃倾角。

刃倾角的正与负还影响切屑排出时的流向。当刀尖取负值时，切屑流向已加工表面，易造成划伤。所以，精加工应选择零倾角和正倾角的刀片，刃倾角一般在 $-5° \sim +10°$ 之间选择。

2.1.4 课堂小结

本课从数控加工对刀具的基本要求出发，介绍了数控加工中常用刀具材料的分类、牌号及其应用特点，是数控加工刀具应用的基础。

【思考与练习】

1. 数控加工对刀具材料提出了哪些基本要求？
2. 数控加工常用刀具可分为哪几大类？
3. 什么叫高速钢？高速钢具有哪些切削特点？常用牌号有哪些？各适用于什么场合？
4. 什么叫硬质合金？什么是硬质合金的硬质相？其含量的高低对刀片性能有什么影响？
5. 硬质合金具有哪些特点？常用硬质合金分为几类？各有什么特点？各适合于什么场合下应用？
6. 硬质合金目前常用哪些涂层？这些涂层各有什么特点？
7. 陶瓷刀具材料具有哪些特点？使用时应注意什么问题？
8. 常用陶瓷刀具材料有哪两大类？各有什么应用特点？

9. 金刚石刀具材料具有哪些应用特点？使用时应主注意哪些问题？
10. 为什么立方氮化硼是极具发展前途的新型刀具材料？
11. 外圆车刀具有哪六个基本角度？它们如何定义？
12. 刀具的各基本角度对切削加工各有什么影响？
13. 常用刀具角度的测量参考系有哪些？数控加工中常用哪一个？
14. 试画出主偏角 50°、副偏角 35°、前角 10°、主后角 8°、副后角 7°、刃倾角 12°的外圆车刀简图。

课题 2.2 数控车削加工常用刀具

【学习目标】

1. 知道数控车削加工常用刀具的类型。

2. 会进行数控车削加工常用刀具材料的正确选择。知道数控车削加工常用刀具的夹紧结构特点及其适用的场合。

【学习任务的提出】

为了避免硬质合金刀片经过焊接后所产生的巨大内应力给刀片带来的不利影响，目前数控车削加工中普遍运用的是如图 2-13 所示的机械夹固式标准车刀，针对各种不同形状的成形刀片，如何在刀杆上进行安全的装夹；标准刀片的牌号是如何规定的，不同牌号的刀片各自适合于什么样的应用场合等问题将是本课题所要讨论和解决的主要任务。

【相关知识】

2.2.1 数控车削加工常用刀片的牌号

图 2-13 是标准硬质合金刀片在标准刀杆上的夹固情况。图 2-14 所示为这种夹紧结构的分解示意图。这种车刀的刀片和刀杆均为标准结构，由专业化标准件生产企业生产和供货。

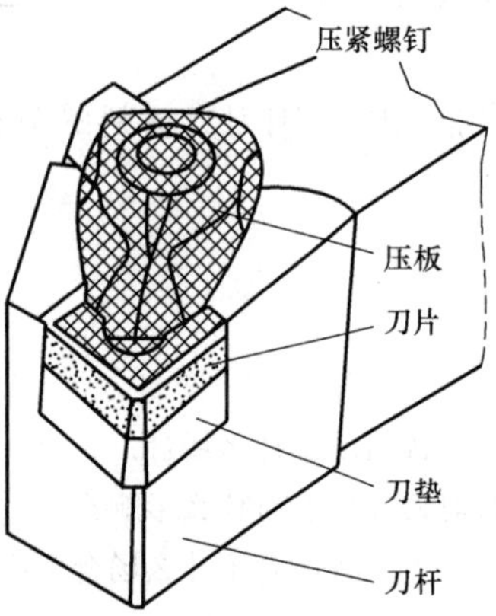

图 2-13 刀片的机械夹紧

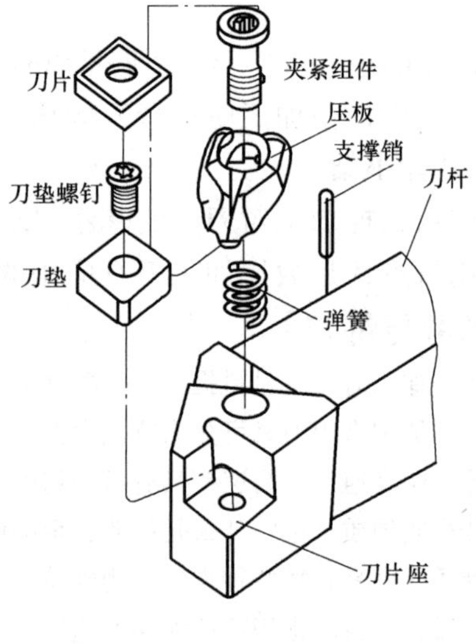

图 2-14 夹紧结构的分解示意

数控加工中的常用刀片结构与形状如图 2-15 所示，是可以进行方便拆卸和装夹的多刀刃硬质合金刀片，称为硬质合金可转位标准刀片。

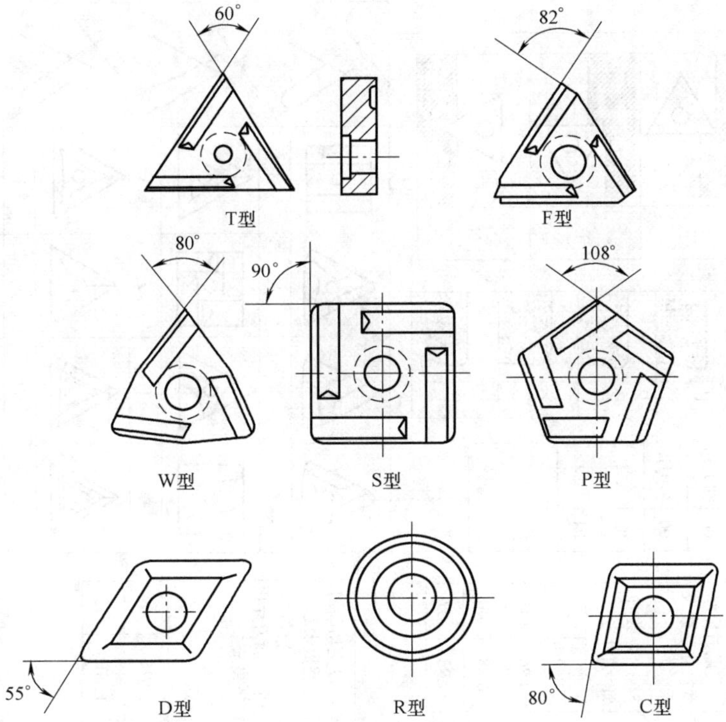

图 2-15　常用硬质合金可转位标准刀片

可转位车刀的刀片是标准刀片，具有多个切削刃，使用、更换切削刃和刀片都很方便。刀片不需要刃磨，节省了大量的磨刀辅助工时。其严格精密成形标准刀的刃具有良好的切削性能和耐磨性。刀杆也是标准件，不需要自己制造和加工。对刀具的使用提供了极大方便，降低了刀具的制造成本，节约了大量刀具制造和修磨准备工时，尤其是可以完成刀片的快速更换和对刀操作，极大提高了工作效率。所以，目前数控切削加工中广泛采用这种高性能标准刀具。

硬质合金可转位刀片的标准代号由 10 个号位的字母和数字所组成，如图 2-16 所示。这 10 个号位各自所代表的含义分别如下：1 号位表示刀片的几何形状及刀尖角；2 号位表示刀片主切削刃后角（法后角）；3 号位表示刀片内接圆直径 d 与厚度 s 的精度级别；4 号位表示刀片型式、紧固方法或断屑槽；5 号位表示刀片的边长或切削刃长度；6 号位表示刀片厚度；7 号位表示刀尖圆角半径或者主偏角或者修光刃后角；8 号位表示切削刃状态，刀尖切削刃或倒棱切削刃；9 号位表示进刀方向或倒刃宽度；10 号位表示厂商的补充符号或倒刃角度。

这 10 个号位具体代码所表达的意义如图 2-17 所示。

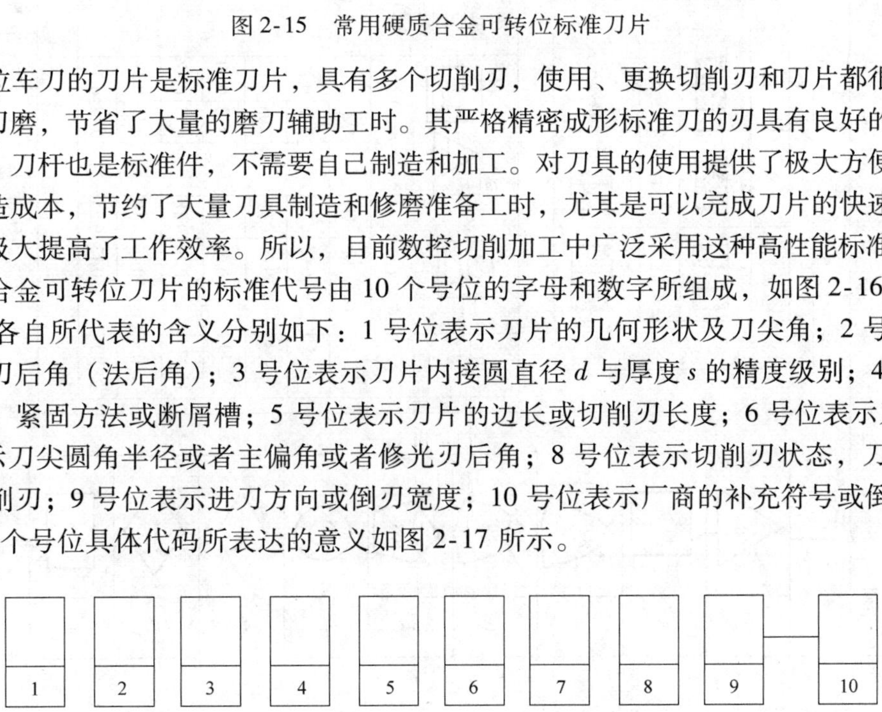

图 2-16　可转位刀片的 10 个代码号位

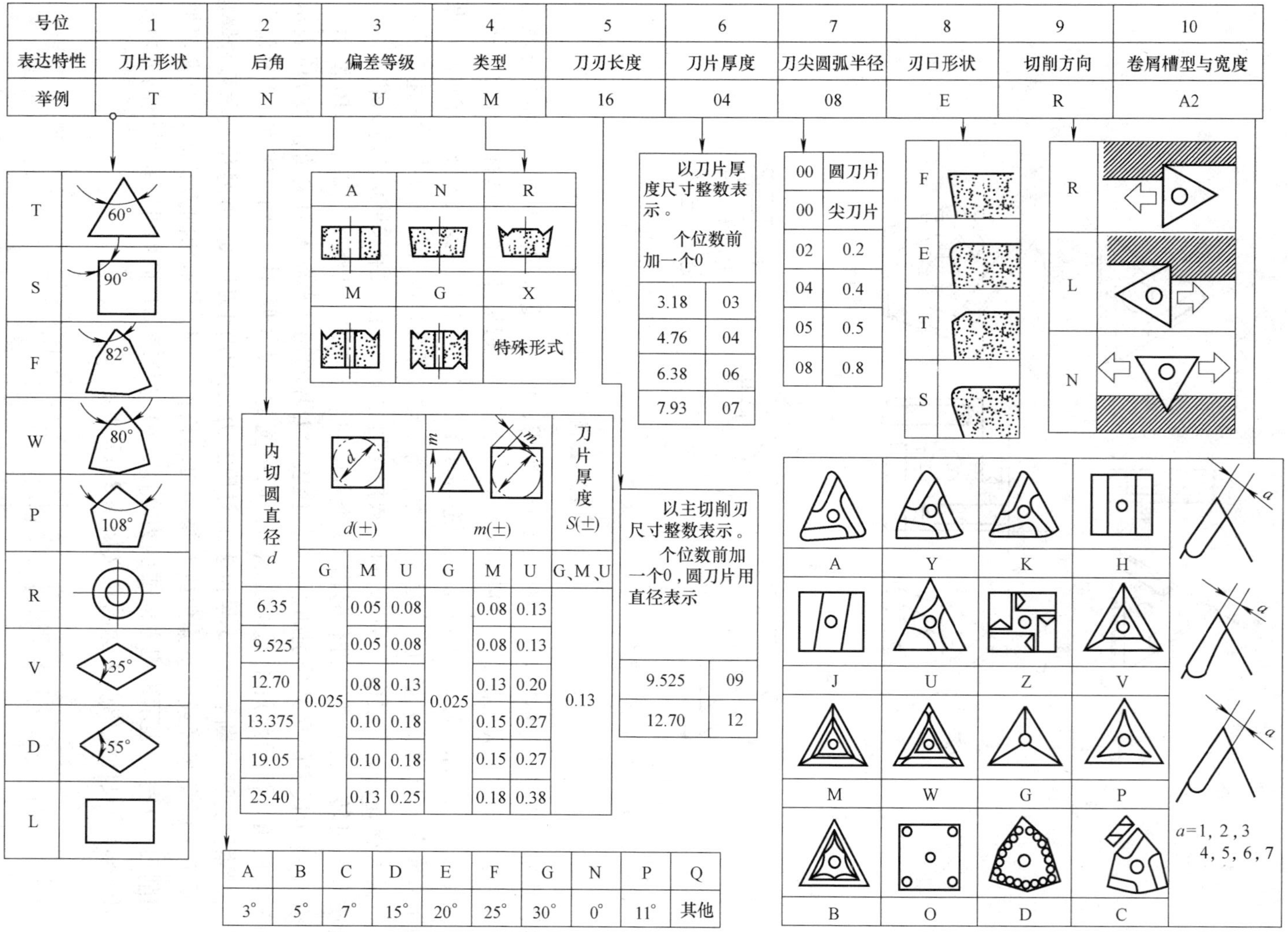

图 2-17 可转位刀片的代码含义

图2-18所示为常用刀片形状的具体表示方法。图2-19所示为刀片的后角代号表示法。图2-20为刀片的安装类型代号，反映了刀片是否具有中间孔以及是单面还是双面刀片。图2-21所示为数控车削加工中常用的刀片型号示例。

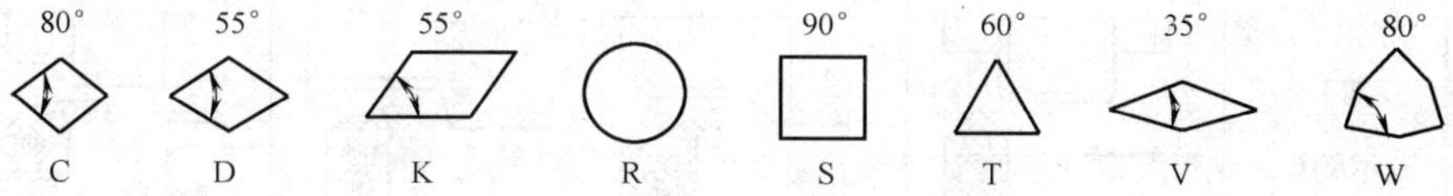

图2-18　常用可转位刀片的形状代号

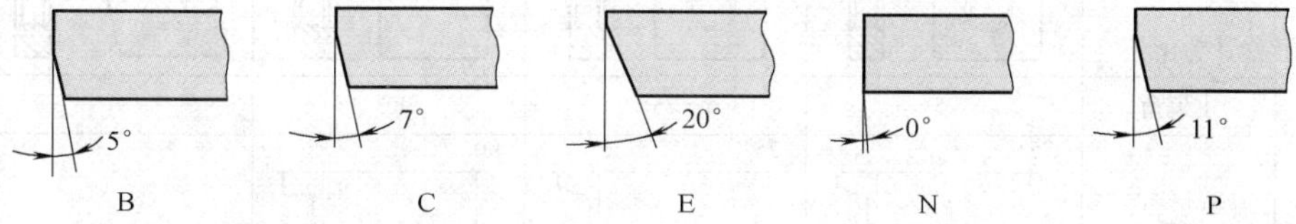

图2-19　刀片的后角代号

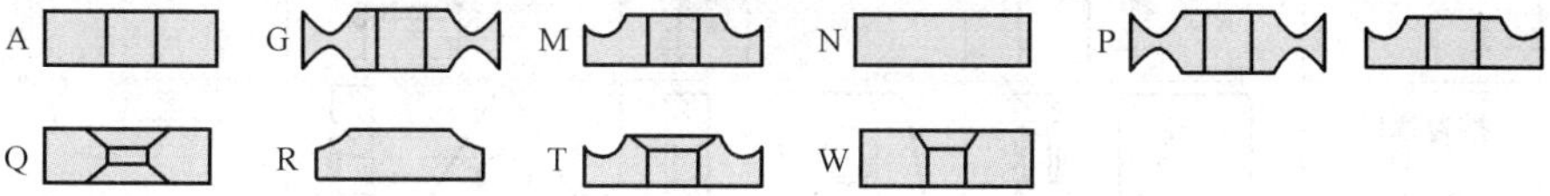

图2-20　刀片安装类型代号

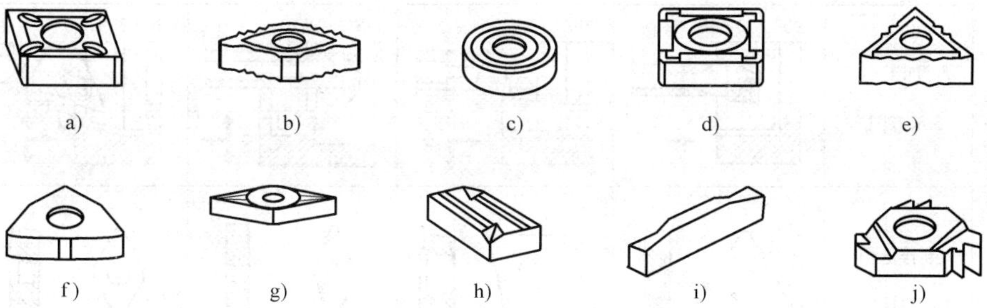

图2-21　数控车削常用刀片类型

硬质合金标准刀片的代号表示法如图2-22所示。

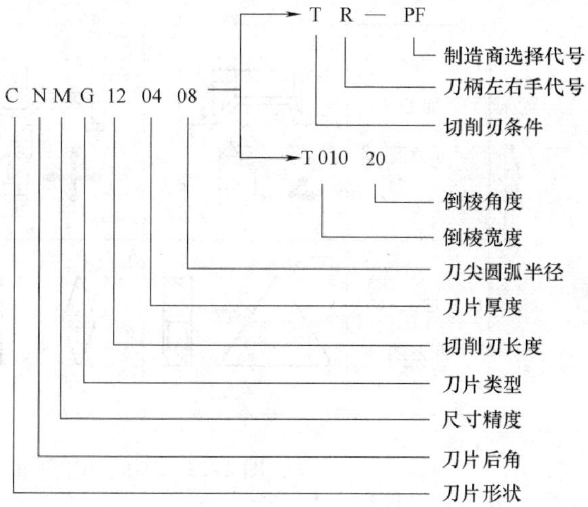

图2-22　硬质合金标准可转位刀片的代号表示法

2.2.2　标准可转位刀片的一般应用

硬质合金标准可转位刀片需要根据不同的加工情况具体选择。图2-23所示为各种型号及角度的可转位刀片在不同应用场合下的选择。

2.2.3　可转位刀片的装夹

标准可转位刀片均采用机械夹固方式装夹在标准刀杆上，如图2-24所示。标准刀杆具有各种标准夹紧方式，图2-24所示为一种杠杆式刀片压紧方式。图2-25所示为其刀片被压紧后的内部结构示意图。

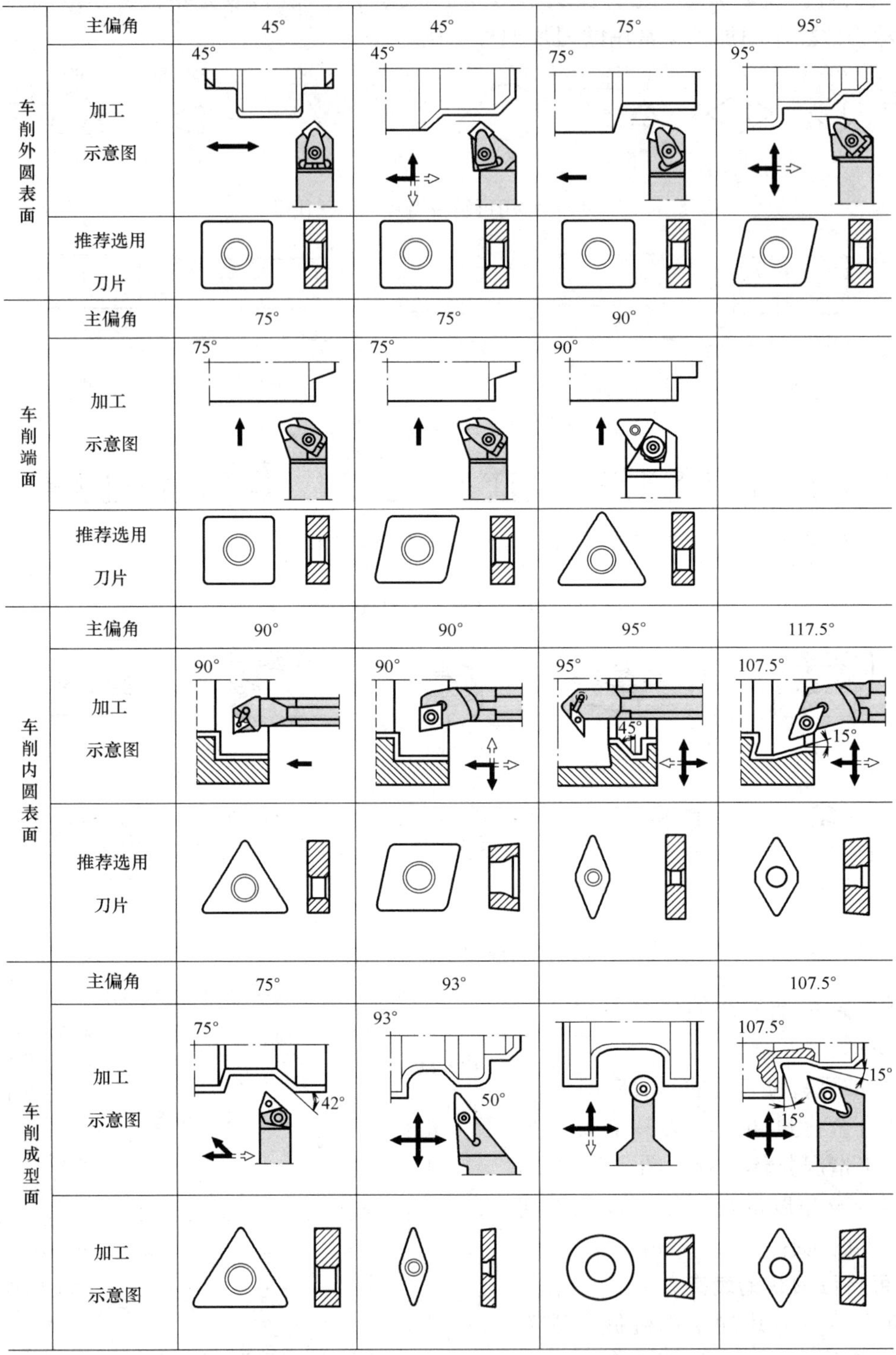

图2-23 不同加工表面所适合应用的刀片

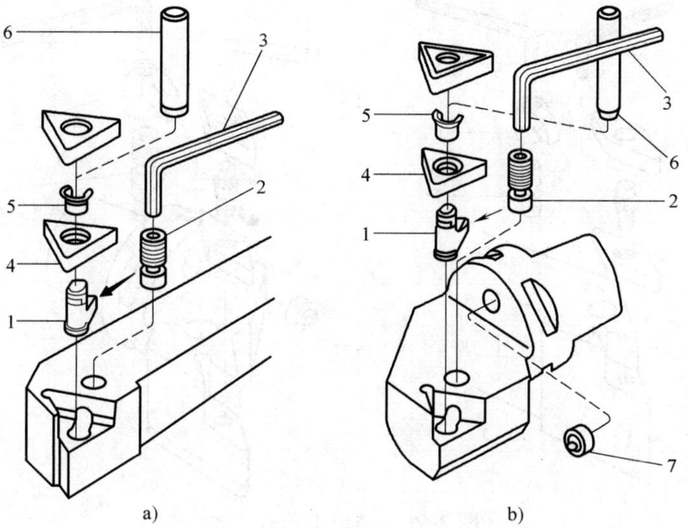

图 2-24　杠杆式刀片夹紧结构

a）外圆车刀　b）内圆镗孔车刀

1—压紧杠杆　2—压紧螺钉　3—扳手　4—刀垫　5—弹簧套　6—工具冲头　7—冷却喷嘴

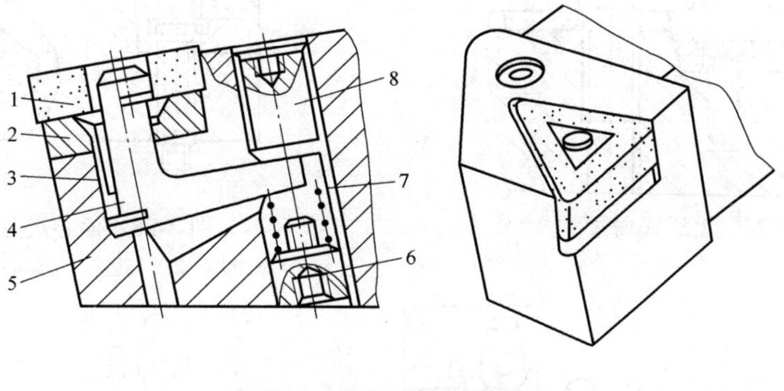

图 2-25　杠杆式夹紧示意图

1—刀片　2—刀垫　3—弹簧套　4—压紧杠杆　5—标准刀杆

6—调节螺钉　7—弹簧　8—压紧螺钉

图 2-26 为螺钉上压式刀片夹紧结构。

图 2-27 为这种上压式夹紧机构的内部结构示意图。图 2-28 所示为一种偏心式的刀片夹紧方法。图 2-29 为这种偏心夹紧机构的分解结构示意图。图 2-30 为楔块式夹紧方式的分解结构示意。图 2-31 为楔块式夹紧机构的内部结构示意图。

图 2-32 为一种杠销式夹紧方法。

这几种不同的夹紧方法各有不同特点，各自适用于不同的应用场合。

杠杆式夹紧式的夹紧结构比较可靠，但内部结构复杂，制造较困难。

偏心式夹紧的结构较简单，但夹紧不太可靠，偏心销轴的旋松和紧固都不方便。

上压式夹紧方式适合于夹紧中心无孔的刀片，有利于提高刀片强度，夹紧也比较可靠。

杠销式夹紧的夹紧力较大，但刀杆内部结构较复杂，制作不便。

刀片的不同夹紧方式，其夹紧代号也不同，图 2-33 为几种刀片的夹紧代号示例。

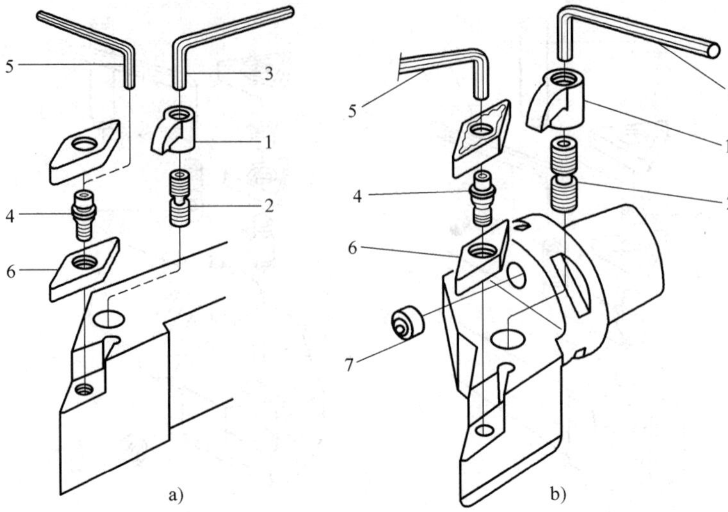

图 2-26 螺钉上压式夹紧

a）外圆车刀 b）内圆镗孔车刀

1—夹紧压板 2—夹紧螺钉 3—扳手 4—缩紧销 5—紧销扳手 6—刀垫 7—冷却喷嘴

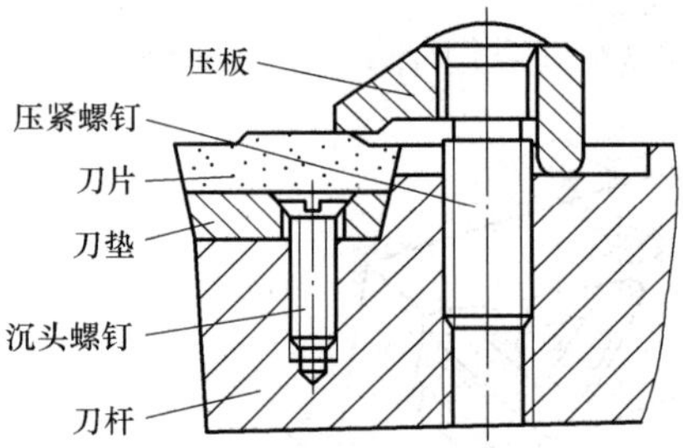

图 2-27 上压式夹紧

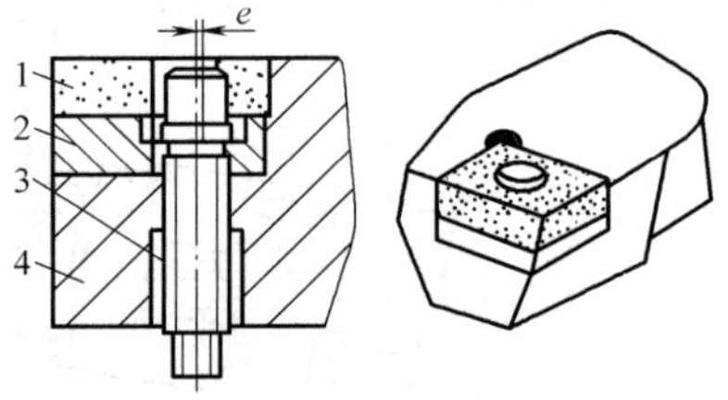

图 2-28 偏心式夹紧法

1—刀片 2—刀垫 3—偏心轴 4—刀杆

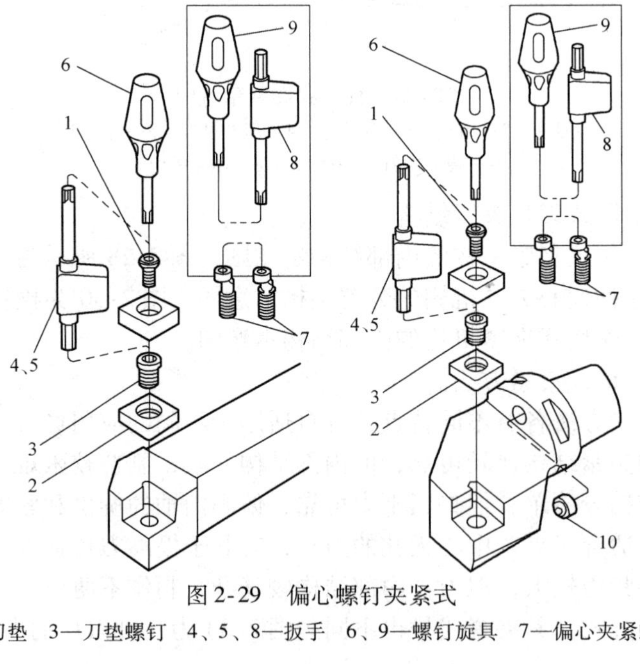

图 2-29 偏心螺钉夹紧式

1—刀片螺钉 2—刀垫 3—刀垫螺钉 4、5、8—扳手 6、9—螺钉旋具 7—偏心夹紧螺钉 10—冷却喷嘴

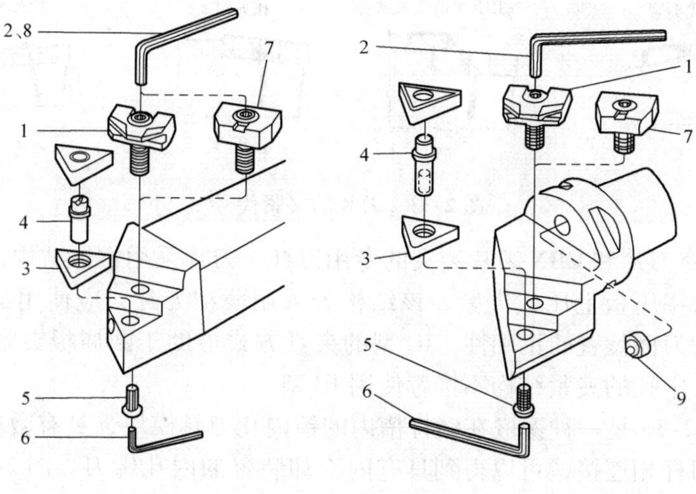

图 2-30　楔块夹紧式

1—夹紧楔块　2、6、8—扳手　3—刀垫　4—支承销　5—螺钉　7—楔块组件　9—冷却喷嘴

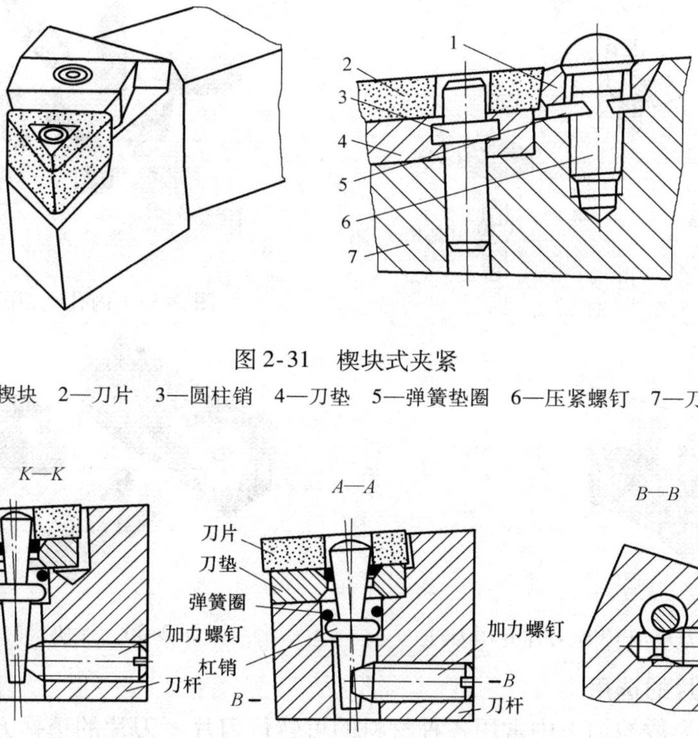

图 2-31　楔块式夹紧

1—楔块　2—刀片　3—圆柱销　4—刀垫　5—弹簧垫圈　6—压紧螺钉　7—刀杆

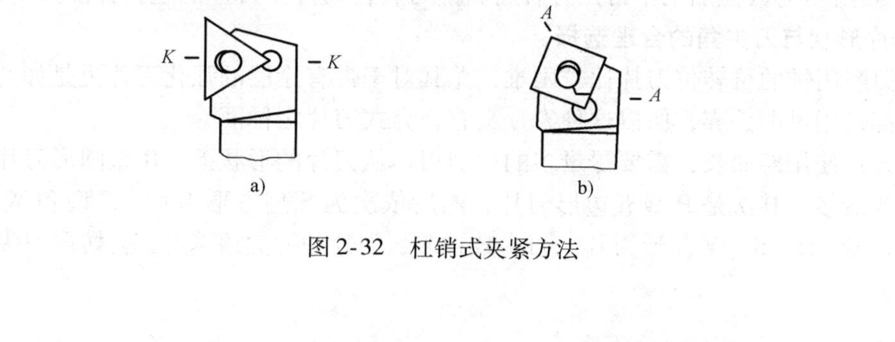

图 2-32　杠销式夹紧方法

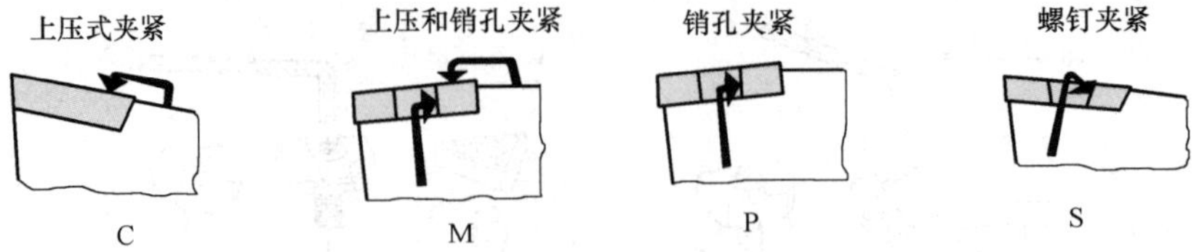

图 2-33　刀片的夹紧代号

图 2-34 为陶瓷刀片和 CBN 刀片装夹的专用刀杆。刀片采用整体结构，有助于提高刀片强度。夹紧机构采用压板上压式夹紧。该结构若采用薄型刀片，应使用与之相对应的厚刀垫，以保证刀片前刀面位置的正确性。IC 型的夹紧方式借助于断屑板夹紧。ID 型直接利用压块夹紧刀片。带中孔的夹紧结构不推荐使用 IP 型。

图 2-35 和图 2-36 是一种镶嵌在镗杆槽内的镗内孔刀具模块，具有微量调节作用。把刀头模块与专用镗刀杆相连接，可以得到具有内冷却装置的内孔镗刀。图 2-37 所示为数控车削加工中常用的标准模块刀具。借助于标准的方刀座或圆刀套，可将刀具固定在数控车床的转塔刀架上。

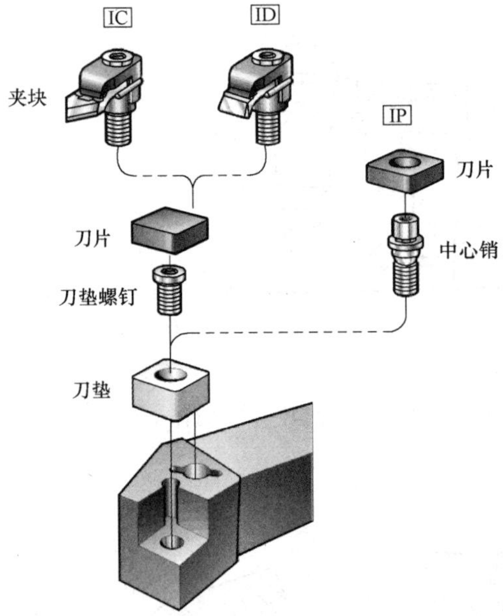

图 2-34　陶瓷刀片与 CBN 刀片专用刀杆

图 2-35　内孔镗刀的刀头模块

图 2-36　模块式内冷却镗头

2.2.4　可转位刀片的选用

图 2-38 所示为数控加工中常用各种材料的可转位刀片。刀片的选择方法如下：

1. 刀片形状与刀尖角的合理选择

重新刃磨用钝的可转位刀片比较困难，尤其对于带有涂层的强化刀片更是如此。目前大多数企业都是用过即丢弃，所以这种刀片又有舍弃式刀片之称。

要使刀片使用寿命长，需要尽量多的切削刃。从刀片的形状上，R 型圆形刀片具有的可用切削刃数最多，其次是 P 型五边形刀片，然后依次为 S 型方形刀片、T 型和 W 型三角刀片，最后是 C、D、K、V 菱形刀片。刀尖数越多，刀片的刀尖角越大，会妨碍刀尖在其有限

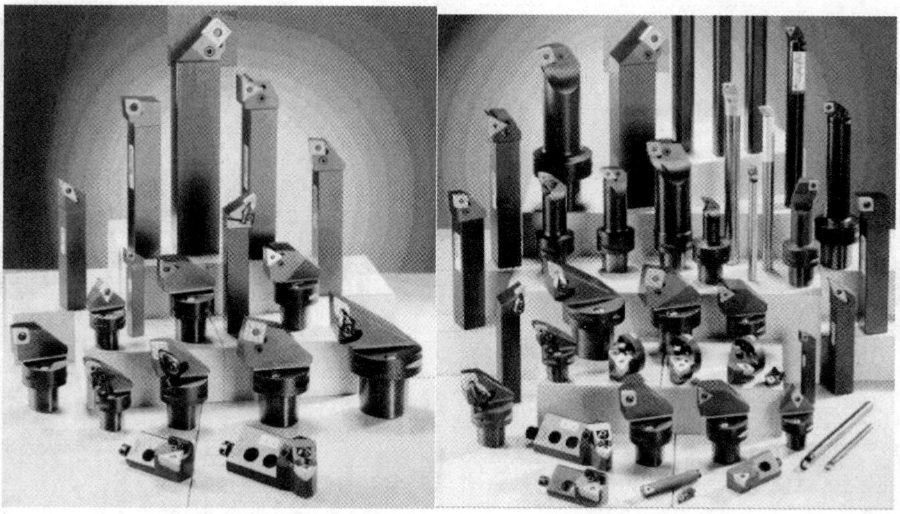

a)　　　　b)

图 2-37　数控车削常用标准模块刀具

a)　　b)　　c)　　d)

图 2-38　各种刀片材料

a）硬质合金刀片　b）陶瓷刀片　c）CBN 刀片　d）金刚石刀片

工作空间的正常切削。所以，刀片形状的选择主要受制于刀尖角的大小，而刀尖角又直接影响刀尖的强度和耐用度。在刀尖切削空间条件允许的情况下，刀尖角越大越好；而在对复杂曲面形状的切削加工中，刀尖角越小越好。在实际使用中，多以刀具的主、副偏角为主要选择依据。一般，刀尖副刀刃与工件加工表面间不得小于2°。

刀片形状的选择如图 2-39 所示。刀尖强度由高到低依次为圆、方、三角和菱形；而刀尖对工件加工接近性好的则由右至左排列。

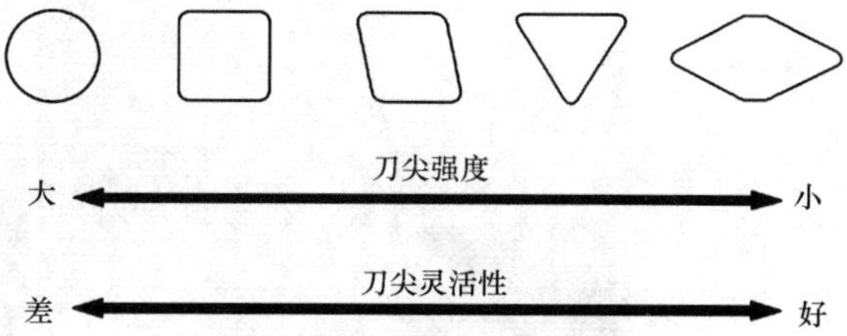

图 2-39　刀片形状的选择

2. 刀片材料的合理选择

根据 GB2076—87 刀片牌号的材料特性，一般，YG 类合金刀片较适合于加工铸铁等脆性材料，对应 ISO 标准中的 K 类刀片材料；YT 类合金材料比较适合于加工钢等塑性材料，对应 ISO 标准中的 P 类刀片；YW 类属于万能类、通用类刀片，适合于加工高强度的奥氏体不锈钢、钛合金等高硬度难加工材料，对应 ISO 标准中的 M 类和 W 类刀片，如图 2-40、图 2-41 和图 2-42 所示。

a) b)

图 2-40 P 类刀片应用于塑性材料的切削

a) b)

图 2-41 W 类刀片应用于奥氏体不锈钢等材料的切削

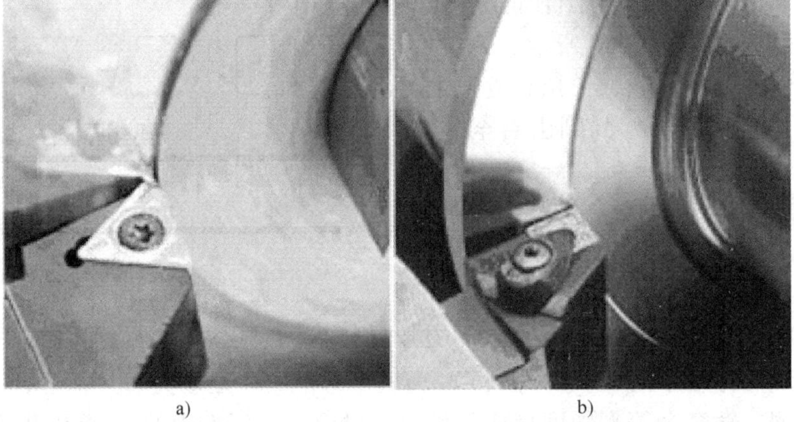

a) b)

图 2-42 K 类刀片应用于脆性材料的切削

ISO 刀片根据切削负荷的大小和对加工表面不同的修光程度将刀片分为粗切刀片 R 型、精切刀片 F 型和普通加工 M 型等几种不同的使用场合，如图 2-43 ~ 图 2-48 所示。

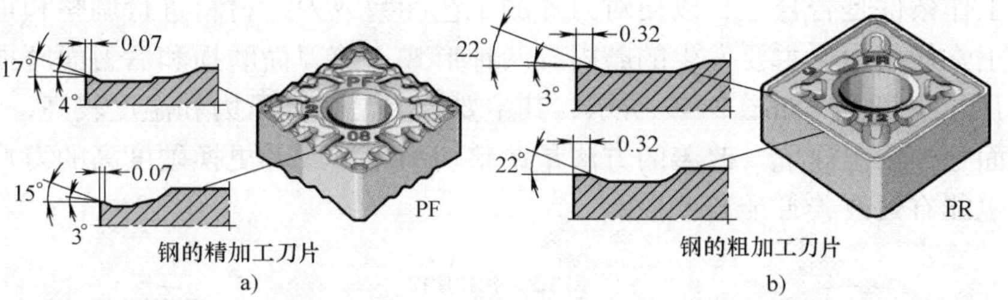

图 2-43　钢的精加工 PF 型刀片和钢的粗加工 PR 型刀片

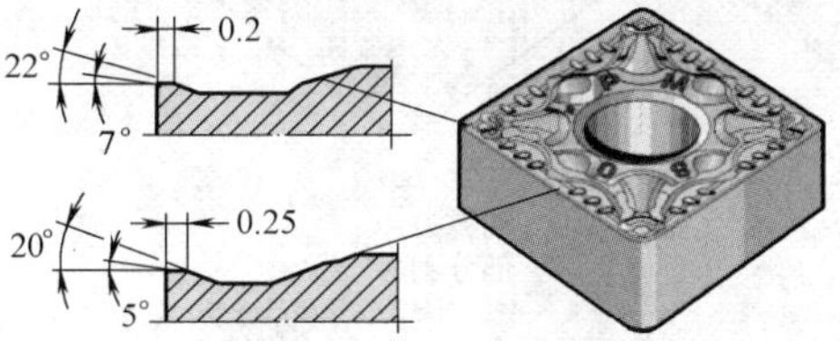

图 2-44　钢的普通加工 PM 型刀片

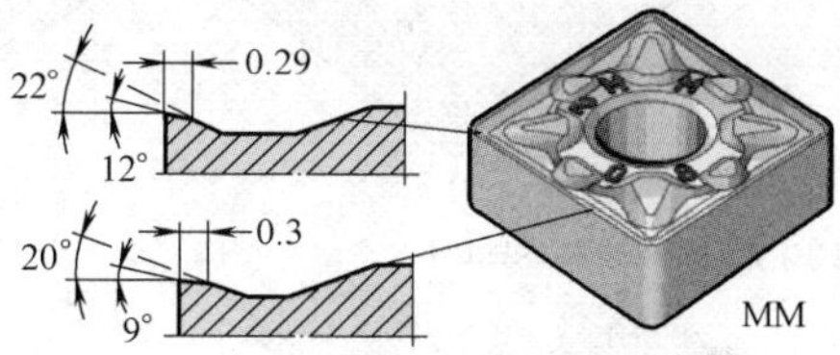

图 2-45　不锈钢的普通加工 MM 型刀片

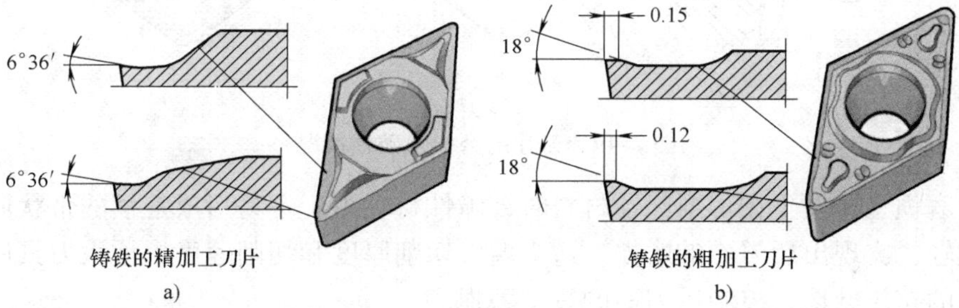

图 2-46　铸铁的精加工 KF 型刀片和铸铁的粗加 KR 型刀片

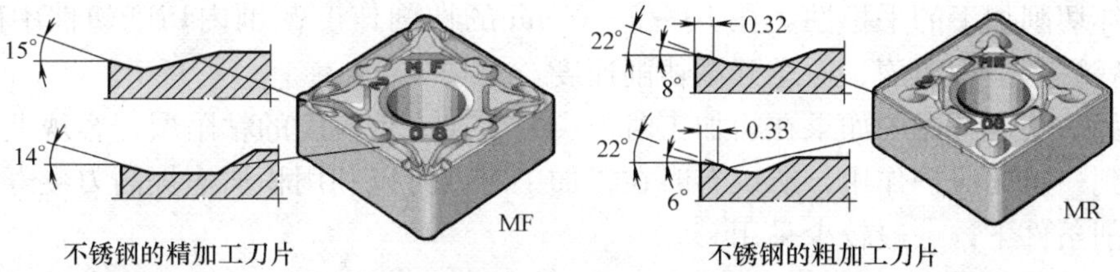

图 2-47　奥氏体不锈钢的精加工 MF 型刀片和粗加工 MR 型刀片

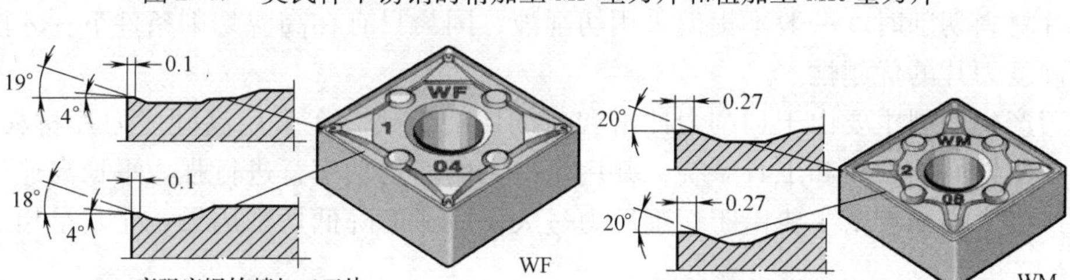

图 2-48　高强度钢的精加工 WF 型刀片和普通加工 WM 型刀片

3. 刀片的磨损与破损

刀片在正常使用中的磨损不可避免，但如果经常发生意外破损，应该考虑刀片在使用过程中的各项工作条件是否合适，以便对刀片的工艺参数或刀片材料进行调整和重新选择。

刀片在正常使用中，主要发生的磨损有两种形式：前刀面磨损和后刀面磨损。前刀面磨损的形式是月牙洼磨损，如图 2-49 所示，其主要原因是切削压力和温度较高，切削量过大，切屑在前刀面处冲刷出洼坑。改善的方法是调整切削用量或者更换硬度高的刀片；适当减小切削厚度，也能有效改善月牙洼磨损。

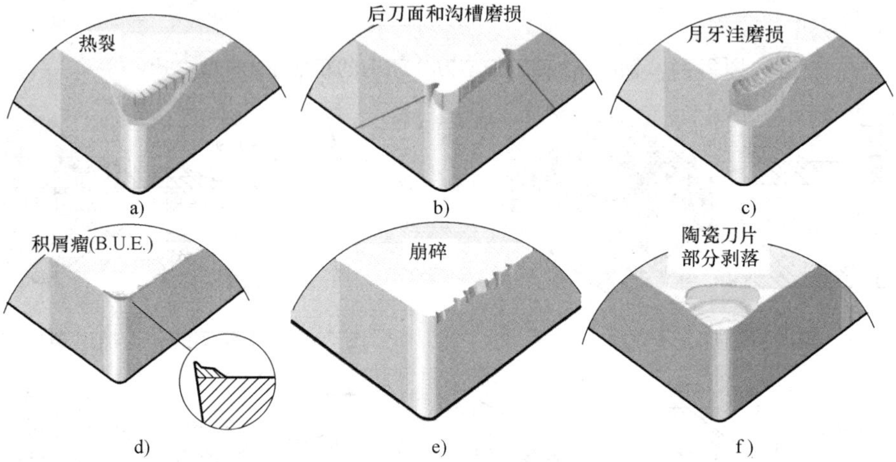

图 2-49 刀片的磨损与破损情况

后刀面磨损主要发生在切削脆性材料时，脆性材料由于不易形成连续的带状屑，对前刀面的摩擦较轻，突现出后刀面的磨损。适当增大切削厚度和切削速度，增大刀具后角，可以减小后刀面的挤压摩擦，控制后刀面的过度磨损。

刀尖在切削过程中会粘附高硬度瘤体，称为积屑瘤。积屑瘤严重影响精加工的表面质量，并破坏切削加工的平稳性。在 10 ~ 25m/min 的切削速度范围内切削塑性中碳钢和低碳钢时，最容易产生积屑瘤，应避开该切削速度。

但从另一角度考虑，如果在粗加工时刀尖处生成一定厚度的粘附层，客观上可以对刀尖的磨损起到一定的保护作用，所以有时在粗加工时，可以利用积屑瘤提高刀尖寿命。但这是在低速切削条件下，一般较少采用。

刀尖发生热裂纹现象的主要原因多半是由于高温切削条件下的急剧冷却所致。在采用高硬度的刀片材料切削时，一般不提倡采用切削液，因为只有在高温切削条件下，才能够充分体现出高硬度刀片的优越性。

切削刃产生崩裂主要由于切削力冲击和断续切削所致。在采用高硬度刀片材料切削时，一定要使用刚性好的刀杆和工具系统，并用足够大的切削功率，进行强力平稳高速切削。

刀尖产生大面积剥落主要由于切削压力过大，应考虑降低切削用量，尤其是粗加工背吃刀量 a_p。

2.2.5 课堂小结

数控加工中广泛应用各种标准可转位刀片。刀片的夹固可采用杠杆式、上压式、楔块式等标准夹紧结构的刀杆。各种夹紧结构分别具有夹紧稳固或结构紧凑的不同特点，可以根据企业的生产需要具体选择。

刀尖切削时的实际工作角度由成形刀片的压制成形角度和刀片在刀杆定位槽中的安装角度最终形成。在刀具的具体使用中应根据对切削角度的不同要求对刀片和刀杆类型具体选择。

切削铸铁等脆性材料一般采用 YG 类硬质合金刀片；切削钢塑性材料一般选择 YT 类刀片；切削难加工的冷硬铸铁、淬火钢和奥氏体不锈钢可采用 YW 类刀片。这三种 GB 牌号的标准刀片分别对应 ISO 标准中的 K 类刀片、P 类刀片和 M 类刀片。在 ISO 标准刀片中，还根据刀片前刀面卷屑槽的成形角度以及不同的刀片材料，给出了适合于切削塑性材料的粗加工刀片 PR 型、精加工 PF 型和普通加工 PM 型的牌号。切削脆性材料的粗加工 KR 型刀片、精加工 KF 型刀片和一般加工 KM 型刀片，以及适合于切削奥氏体不锈钢和钛合金等难切削材料的粗加工刀片材料 MR 类、精加工刀片 MF 类和普通加工 MM 类型的牌号，以方便用户选择。

高速钢刀具材料的成形性和工艺性较好，在数控加工中一般用于制造具有复杂切削刃形状的刀具，例如齿轮刀具、螺纹刀具、铣刀、铰刀和麻花钻头等。这些高速钢刀具一般都经过表面强化涂层处理，以提高其耐用度。

由于陶瓷刀具优良的耐高温性能，陶瓷刀片在数控高速切削加工中逐渐得到较好应用。随着数控加工高速切削技术的不断发展，切削加工速度的不断提高，陶瓷刀具的优势在高速加工领域中逐渐展现。

金刚石刀具材料具有极高硬度，其刀尖可以刃磨得极其锋利，加工出相当光滑的表面，广泛应用于光学玻璃、硅片等高硬度材料的切削中。由于它在高温下易与碳元素发生化合反应，所以不宜切削铁碳合金。

立方氮化硼具有良好的高温性能，大有取代金刚石刀具材料的趋势。

【思考与练习】

1. 可转位刀片常用哪几种装夹方式？
2. 硬质合金可转位刀片的标准代号怎样组成？各个号位表示什么参数？
3. 常用可转位刀片的形状代号有几种？
4. 硬质合金可转位刀片的形状选择应兼顾哪些问题？
5. PF 类刀片适合于什么应用场合？与 PR 刀片有什么应用区别？
6. MF 类刀片与 MR 类刀片有什么区别？适用于什么场合？
7. 刀片的正常磨损形式主要有几种？
8. 什么情况下较易发生前刀面磨损？如何减轻或避免前刀面磨损？
9. 什么情况下较易发生后刀面磨损？如何减轻或避免后刀面磨损？
10. 积屑瘤对切削加工有什么危害？如何避免产生积屑瘤？

课题 2.3　数控铣削加工常用刀具

【学习目标】

1. 了解数控铣削加工常用铣刀的类型；熟悉整体式和模块式工具系统的使用场合与使用方法。

2. 了解车铣复合加工中心上所使用的各种新型孔加工刀具。

3. 明白立铣刀和键槽铣刀在数控加工中的应用与区别；会正确地应用模具铣刀；知道7:24 锥度刀柄中的四大标准结构。

【学习任务的提出】

数控铣削加工刀具种类繁多，形状各异。数控加工中心具有典型的多工序加工特点，刀库中既有各种类型的铣刀，又有各种孔加工的镗刀、铰刀和钻头，甚至还有各种车刀和磨头。对不同类型的刀具进行装夹、紧固、定位、抓取和装卸，其有效管理是一项重要议题。

目前，数控铣削加工常用的铣刀类型、刀柄结构标准及刀具的接杆附件等标准是本课题讨论的主要问题。

【相关知识】

2.3.1 数控铣削加工常用铣刀类型

（1）面铣刀 面铣刀是一种高效率平面加工刀具，面铣刀如图 2-50 所示，主要用于加工各类平面。数控铣削加工一般采用机械夹固可转位硬质合金端面铣刀。

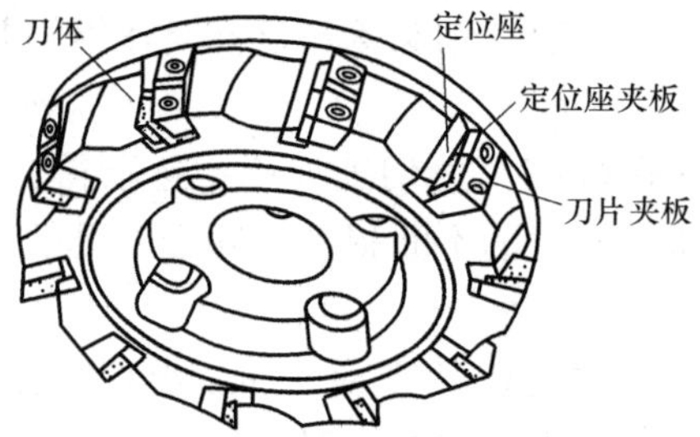

图 2-50 面铣刀

（2）立铣刀 各种立铣刀是数控铣削最常用的铣刀，如图 2-51 所示，广泛用于加工零件的各种平面、曲面和内、外侧面。图 2-51a 所示，立铣刀的端面切削刃较短，不通过中心，所以，立铣刀不能直接轴向进给，主要应用侧面切削刃铣削。立铣刀的圆柱切削刃主要发挥切削作用，端面刃只起修光作用。立铣刀工作时主要沿铣刀的径向进给，轴向进给仅利用刃尖进行清角处理。图 2-51b 是立铣刀铣削键槽的侧壁，图 2-51c 是立铣刀加工腔体内壁。立铣刀的夹持柄部有三种形式，直柄用于 ϕ20mm 以下的小直径铣刀，莫氏锥柄用于 ϕ14mm ~ ϕ50mm 直径范围的铣刀，直径较大的铣刀（ϕ25mm ~ ϕ80mm）一般采用 7:24 锥度的锥柄结构。

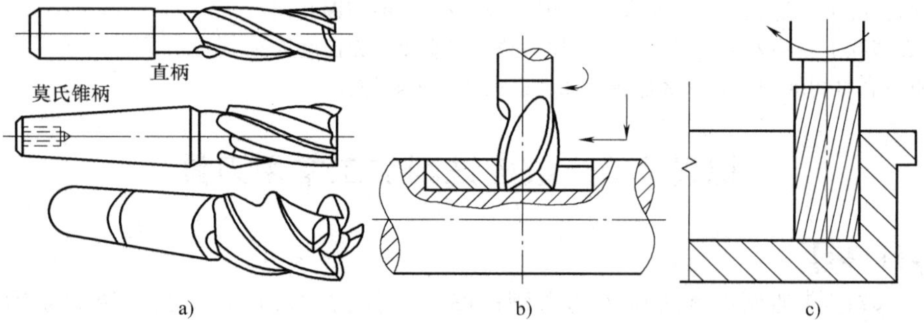

图 2-51 立铣刀

（3）键槽铣刀 键槽铣刀主要用于铣削键槽，是立铣刀的变形，如图 2-52 所示。键槽铣刀的端面切削刃中具有过中心的完整切削刃，可以直接沿轴向进给，用于对键槽深度直接加工，如图 2-53 所示。它的圆柱侧刃可以径向进给，用于加工各种类型沟槽。

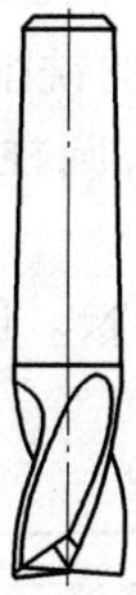

图 2-52 键槽铣刀和 T 型槽铣刀

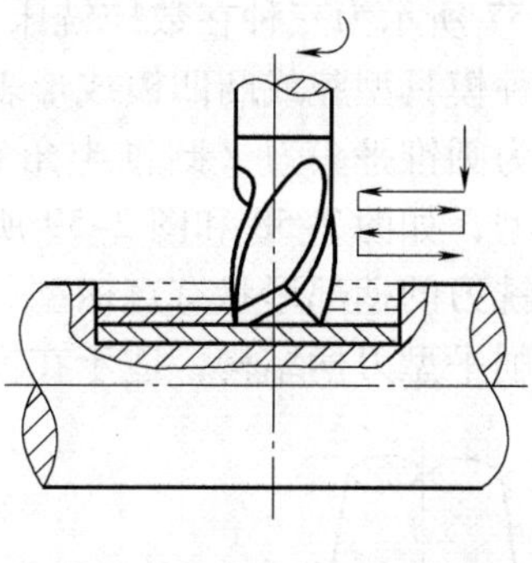

图 2-53 用键槽铣刀铣削键槽

（4）各种成形铣刀 如图 2-54 所示的各种成形铣刀专门用于加工各种圆锥表面、锥度侧壁和几何形面。图 2-54a 刀具加工特形齿槽；图 2-54b 刀具加工燕尾槽和倒锥面；图 2-54c 刀具可加工带锥度的侧面；图 2-54d 刀具用于挖腔体内的空刀槽；图 2-54e 的球头成形刀用于加工圆弧曲面的圆角部位；图 2-54f 是锥度铣刀铣削带起模锥度的铸件侧壁表面。

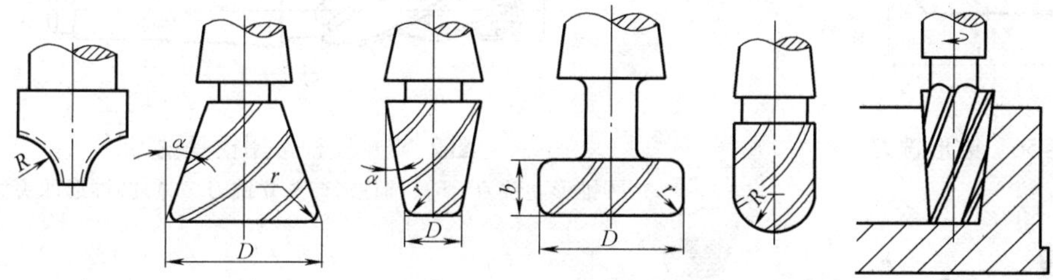

图 2-54 成形铣刀

（5）模具铣刀 模具铣刀适合于加工各种曲面的铣刀，主要用于对复杂形面的模具凸模和凹模加工，包括圆柱形、圆锥形和鼓形等不同外形的铣刀，而其切削刃头部又有球头、平头、圆弧头等几种不同的过渡圆角形式，以适应各种腔体过渡圆角的加工。如图 2-55 所示分别为球头刀、环形刀、鼓形刀、锥形刀、盘形刀，分别用于不同场合。

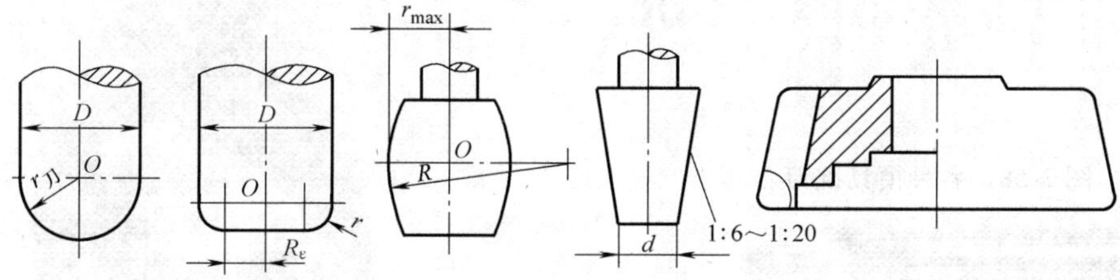

图 2-55 模具铣刀的外形与刃尖

a）球头刀 b）环形刀 c）鼓形刀 d）锥形刀 e）盘形刀

图 2-56 为鼓形铣刀，其切削刃分布在球形表面上。该切削刃适于加工复杂模具的三维空间曲面，较少产生接刀痕迹。其端面为平面形，没有切削刃，不具备切削功能。这种刀具的重新刃磨比较困难，价格也比较高。

图 2-57 所示为三种在数控铣床上常用的模具铣刀，其直径在 4 ~ 16mm 范围内。主要用于加工各种模具型腔或凸凹模成形表面的精加工，在三维空间曲面的铣削加工中得到广泛应用。它分为圆锥平头刀（圆锥半角有 3°、5°、7°、10°几种规格）、圆柱球头刀和圆锥球头刀三种类型，如图 2-58 和图 2-59 所示。

模具铣刀的柄部形状有直柄型、直柄削平型和莫氏锥柄三种形状。图 2-60 的铣刀即为一种直柄削平型刀柄结构，适于在模块式标准工具接杆上夹紧。

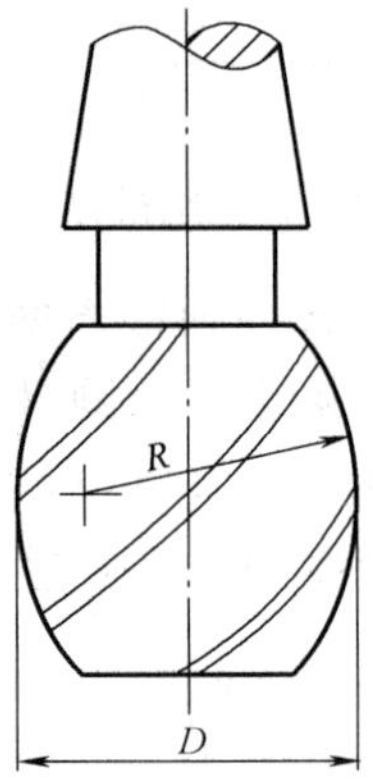

图 2-56 鼓形铣刀

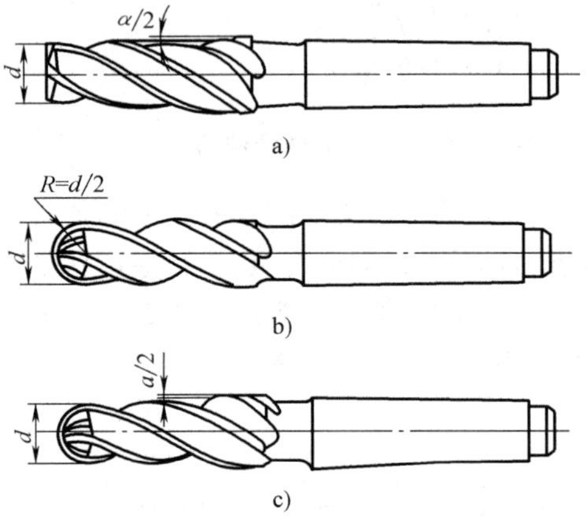

图 2-57 三种常用模具铣刀

a）圆锥形立铣刀 b）圆柱形球头立铣刀 c）圆锥形球头立铣刀

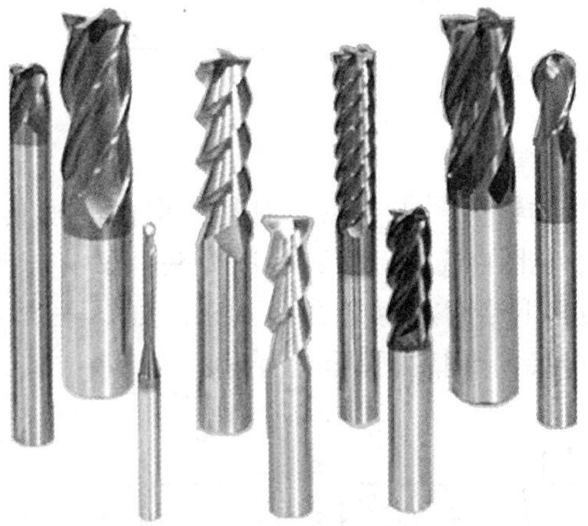

图 2-58 各种模具铣刀

图 2-59 球头模具铣刀

图 2-60 直柄削平型铣刀

模具铣刀的结构特点是球头或端面与圆周都具有切削刃。圆周刃与球头刃圆弧连接，使刀具可径向和轴向进给。铣削加工曲面灵活、方便，不产生明显的接刀痕迹和节点过渡痕迹，是空间曲面加工较为理想的刀具。

（6）钻孔扩孔复合刀具　为了解决普通麻花钻刚性不足、钻出的孔易引偏、钻削效率低等缺陷，目前在数控铣床上进行高效率钻孔时，常采用图 2-61 所示的钻、铣复合结构刀具。受硬质合金扁钻结构启发，目前在数控铣床上广泛采用镶嵌可转位刀片的钻孔、扩孔、铣孔复合刀具，如图 2-61a 和图 2-62 所示。

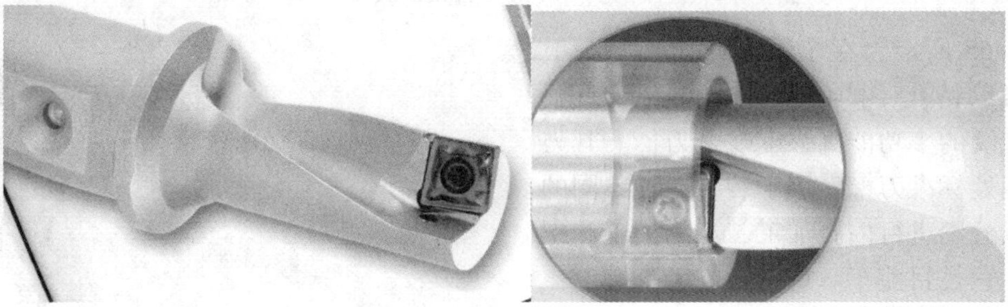

a)　　　　b)

图 2-61　钻、铣复合结构刀具

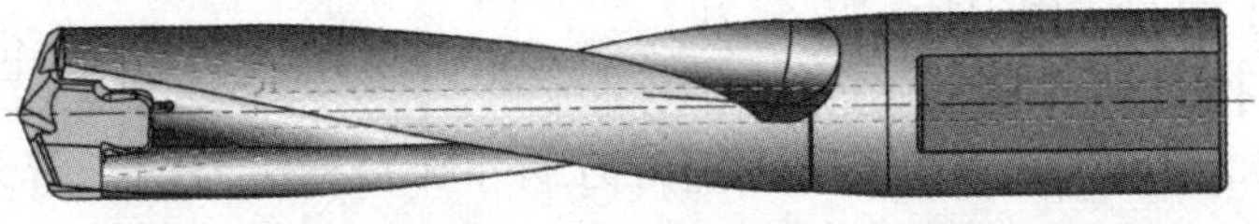

图 2-62　快换刀头式强力复合钻

这类刀具既能够直接打孔，又能够扩孔和车削孔口端面。图 2-61b 为该刀具钻孔。图 2-63 为用其扩孔和车削端面。刀杆采用高刚性抗振结构，利用镶嵌的可转位刀片，可以实现高速切削和进给，达到对孔的高精加工。

图 2-64 所示为带快换刀头的强力进给复合钻，其钻孔效率数倍于普通麻花钻，可以直接钻削高硬度奥氏体不锈钢和马氏体不锈钢，公差等级达到 IT6。

图 2-63　复合刀具车端面和车内孔

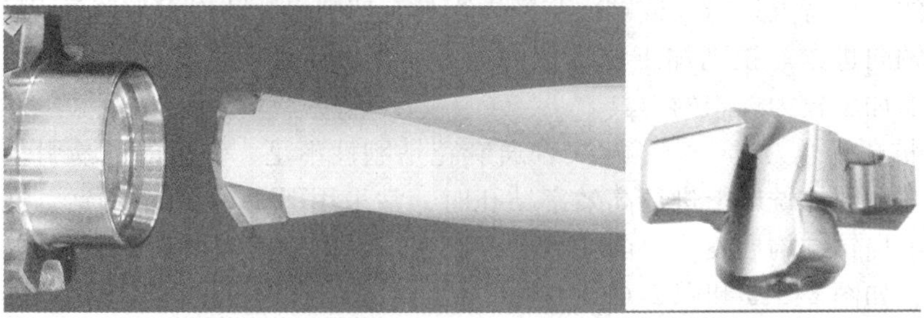

图 2-64 整体快换刀片式复合钻及其硬质合金刀头

图 2-65 所示为在车铣复合加工中心上使用的可以钻孔、扩孔、镗孔、挖空刀槽、并加工螺纹的多功能高强度复合刀柄。其刀尖部有四处标准刀槽，用于装夹四种不同的刀片，以分别进行内孔加工、车削加工和螺纹加工。它是目前车、铣复合加工中心上比较流行的高强度高效率快速刀柄，可以实现一柄多刀或一柄多刃的复合切削加工。

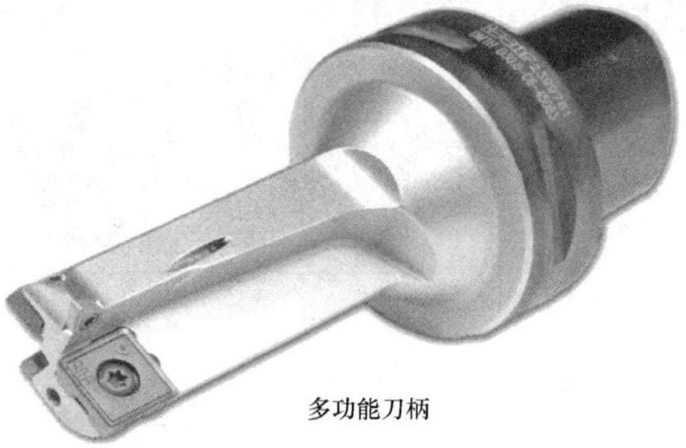

图 2-65 一种车、铣复合加工中心上的多功能刀柄

2.3.2 数控铣刀的标准刀柄

数控铣削和加工中心常用刀柄主要分为钻孔刀具刀柄、镗孔刀具刀柄、铣刀类刀柄、螺纹刀具刀柄和直柄刀具类刀柄（立铣刀刀柄和弹簧夹头刀柄）等多种类型。刀柄的结构和规格的标准化将直接影响机床性能的发挥。刀柄规格与结构的配置和选择也直接影响生产费用。为了使加工中心的各类刀具能够在同一个刀架或刀库中灵活调用，需要进行刀柄的标准化和系列化。

为了满足机床自动换刀装置对刀具的储存、定位、拉紧、抓取和对位装卸等各种刀具操作和管理使用的要求，加工中心刀柄已系列化、标准化。加工中心标准刀柄结构参见图 2-66。该刀柄中主要包含四大标准结构。

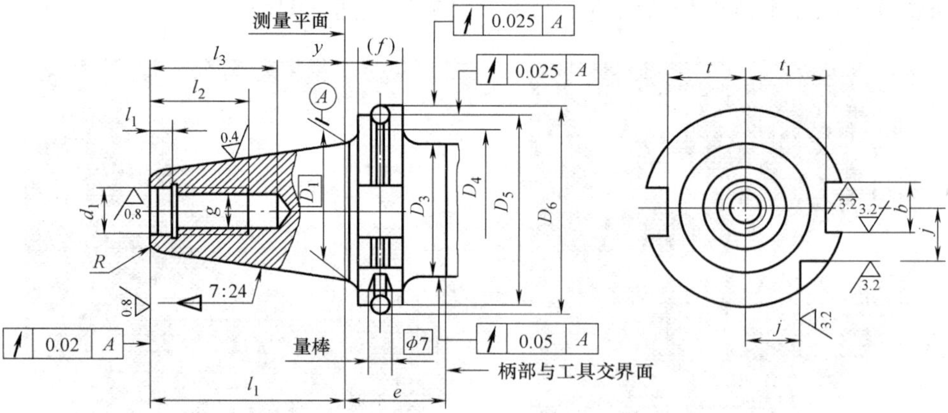

图 2-66 加工中心标准刀柄结构

1. 7∶24 标准圆锥

加工中心需要进行自动换刀，所以刀具与机床主轴的定位圆锥不能够采用带有自锁性的莫氏锥柄。目前非高速主轴普遍采用不自锁的 7∶24 标准锥柄，可以基本满足刀具在主轴上定心和快速安装的要求。

2. 拉钉螺孔

锥柄尾端设置的内螺纹用来安装拉紧螺钉。当刀柄在机床主轴中被夹紧时，依靠刀具拉紧螺钉的作用实现夹紧。拉紧螺钉简称为拉钉，拉钉内螺孔的制造精度和结构强度是重要的安全因素。

3. V 形定位槽

刀柄外径处的 V 形槽是在换刀机械手爪抓取刀柄时对其定位和卡紧。它涉及对刀柄的精密定位和可靠抓取，以便于准确地向主轴和刀库装刀。

4. 端面键槽

铣床和加工中心上，主轴强大的转矩靠主轴前端面上的端面键传递给刀柄。所以，刀柄上设置有相应的键槽，这是刀柄的第四大标准结构。

刀柄前端面与刀具相连接的结构根据刀具的具体情况设置。它是一个庞大系统，习惯称之为数控加工的工具系统。

图 2-67 和图 2-68 所示为安装在刀柄尾部用于拉紧刀柄的标准拉钉。图 2-67 为用弹簧卡头拉紧，图 2-68 为利用钢球拉紧。二者间的主要结构区别是拉钉左端的拉紧凸缘稍有差别，钢球拉紧的拉钉其凸缘表面采用 R 圆弧面，而用弹簧卡头夹紧的拉钉采用 45°圆锥面结构。

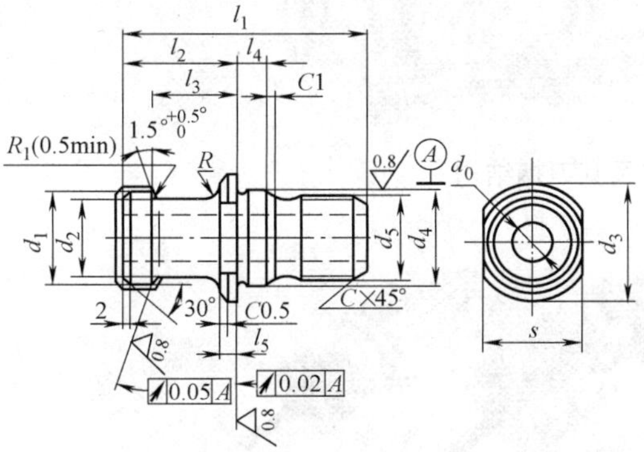

图 2-67　用弹簧卡头拉紧的拉钉结构

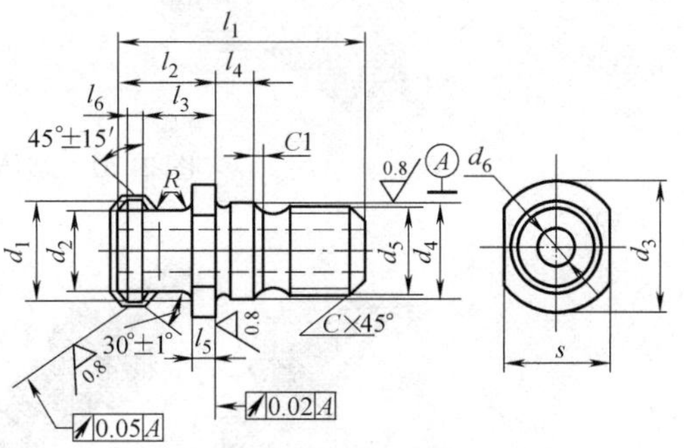

图 2-68　用钢球拉紧的拉钉结构

2.3.3　数控铣削加工的工具系统

数控加工中的工具系统是指为适应多工序加工和刀具快速更换的要求而发展的标准刀具及其安装系统。除各类刀具本身外，还包括为实现刀具快速更换所必需的定位、夹紧、抓取及刀具保护等各种类型的接杆模块。20 世纪 70 年代，数控加工的工具系统以整体结构为主；80 年代初开发出车、铣专用模块式结构的工具系统；90 年代进入通用模块式结构工具系统应用阶段。由于各国数控机床发展的标准不一，数控加工的工具系统标准目前并不统一，世界上的模块式工具系统目前有几十种结构，其区别主要是模块间不同的定位方式和锁紧方式。国内目前主要分整体式和模块式两大类工具系统。

1. 整体式 TSG 工具系统

整体式工具系统是指把装夹刀具的工作部分与刀具的接杆部分做成一体，如图 2-69 所示。整体式刀柄具有结构简单、使用方便、刚性及可靠性强、刀具调换迅速等特点，但整体式工具系统的刀柄种类太多，同种类型不同长度的刀具不能通用，不能对刀杆灵活组装和调整，生产刀具与工具储备费用较大。图 2-70 为典型整体式铣刀及其刀柄结构，图 2-71 所示为 TSG 整体式工具系统的组成。这些刀具夹紧刀片的切削工作部都与接杆连成一体，中间不能进行长度的调节，影响了刀尖工作长度的灵活调整。

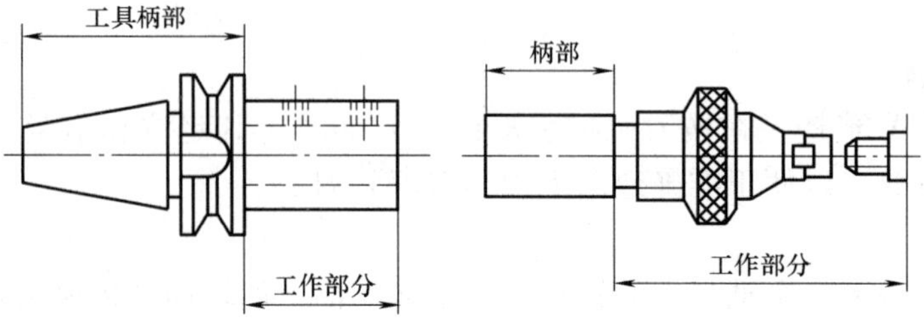

图 2-69 整体式工具系统结构组成

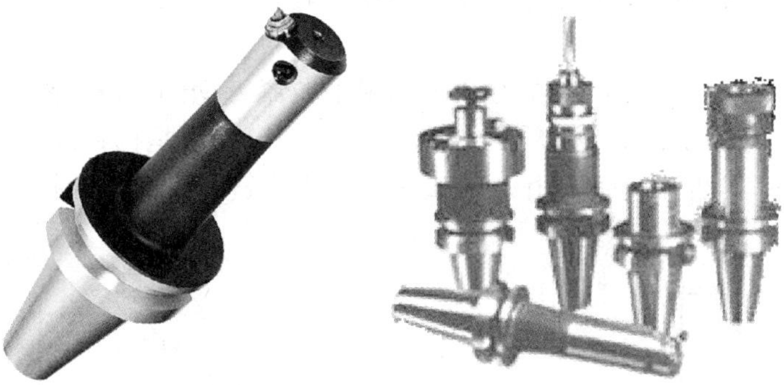

图 2-70 整体式铣刀及其刀柄结构

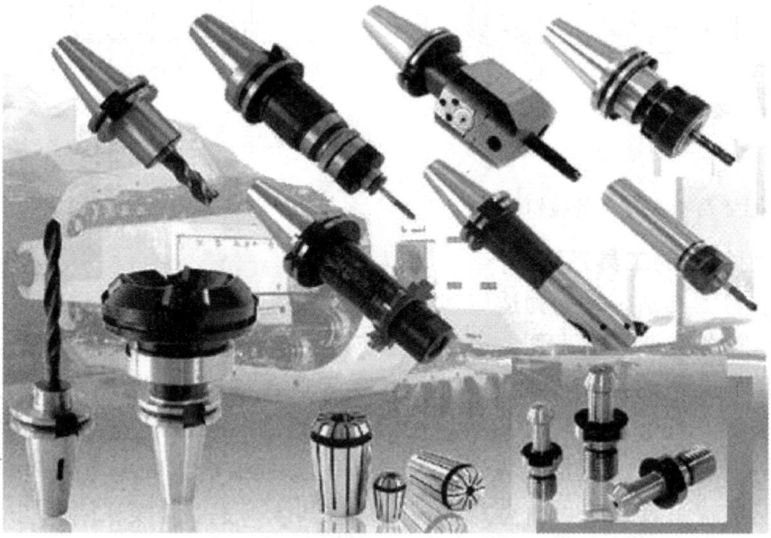

图 2-71 TSG 整体式工具系统的组成

TSG82 工具系统是国内应用比较普遍的一种工具系统，图 2-72 为 TSG82 工具系统的组成。

图 2-73 为整体式工具系统的部分代号，试对这些代号的表示方法进行解读。

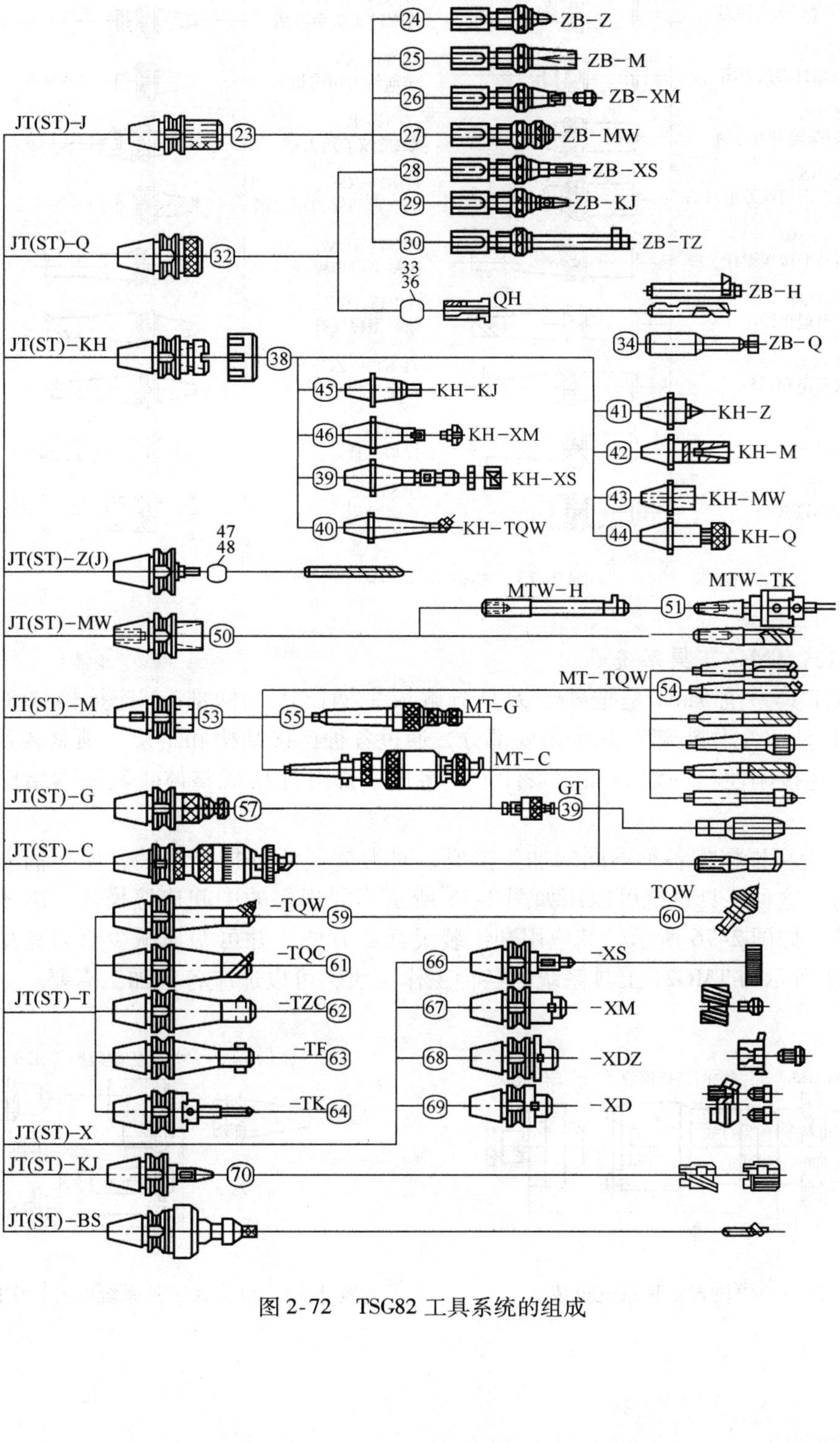

图 2-72 TSG82 工具系统的组成

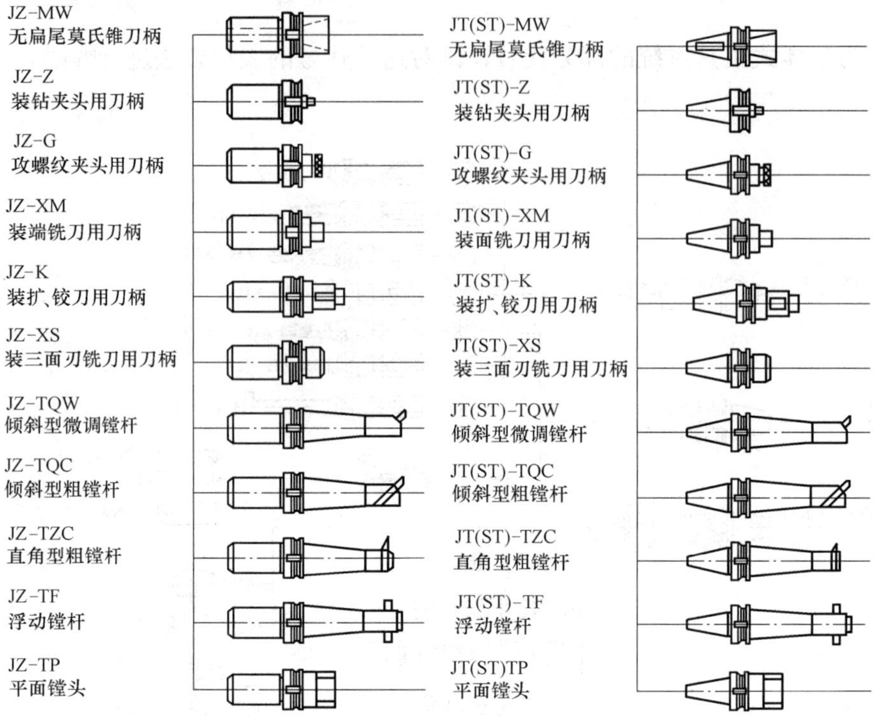

图 2-73 整体式工具系统的编号

2. 模块式 TMG 工具系统

模块式工具系统 TMG 是把整个刀具分解成主柄模块（柄部）、连接模块（中间连接杆）、工作模块（工作头部）三个主要部分，通过各种连接结构和定位、锁紧装置在一定的定位精度、连接刚性和一定的强度条件下，将这三部分连接成整体，其基本结构组成如图 2-74 所示。

TMG 系统可以根据各种不同的加工需要，对刀杆灵活选择和组装，而刀柄则采用统一的标准结构。这种工具系统可以用如图 2-75 所示不同规格的中间连接模块，组成各种用途的切削刀具，如图 2-76 所示。其应用和组装灵活、方便，并可明显减少对刀具品种的储备量。图 2-77 所示为 TMG21 工具系统的各种工作模块，可以适应各种加工需要。

图 2-74 模块式工具系统组成

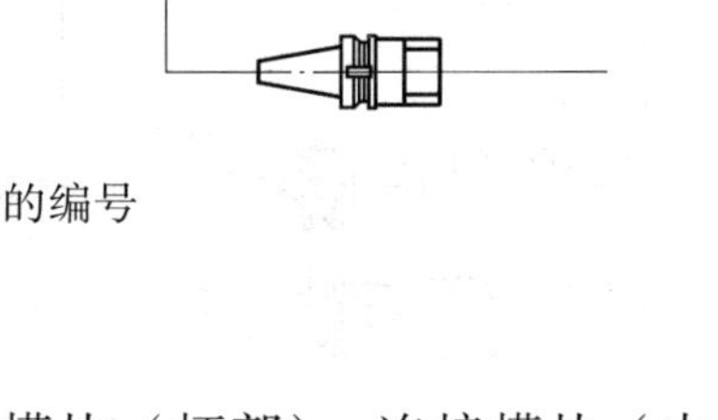

图 2-75 模块式工具系统的各种中间模块

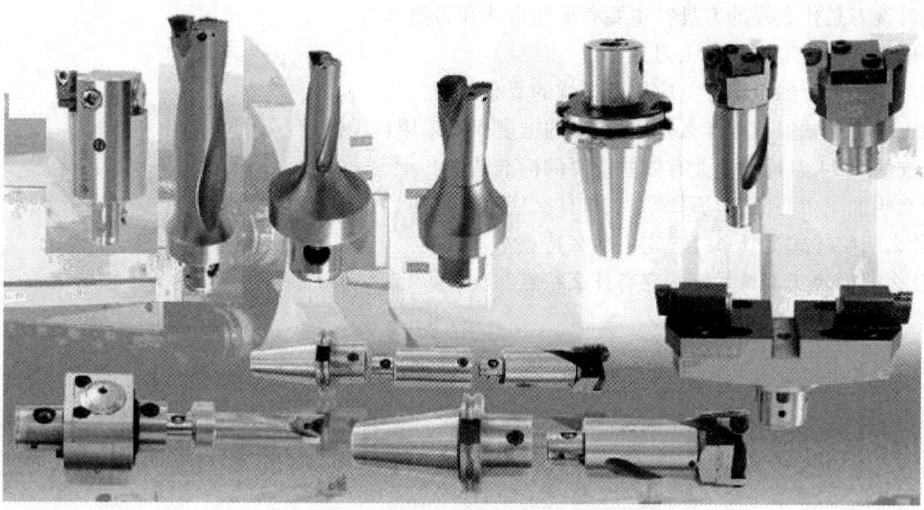

图 2-76　模块式工具系统的各模块

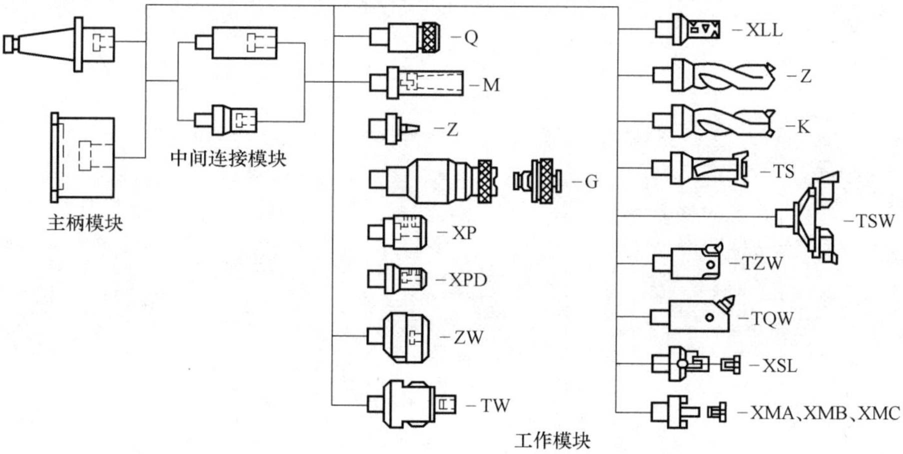

图 2-77　TMG21 工具系统的各种工作模块

2.3.4　课堂小结

在数控铣削加工中广泛应用各种端铣刀、立铣刀、键槽铣刀、成形铣刀、模具铣刀和各种新型的孔加工复合刀具。不同的刀具适用于不同的切削加工。立铣刀的端面不具有完整的径向切削刃，一般不宜于直接轴向进给；键槽铣刀可以适应各种类型键槽和腔体、复杂空间曲面的铣削加工，在复杂曲面的数控铣削加工中，各种键槽铣刀是最常使用的刀具。

为了减少标准铣刀的储备规格与数量，可采用模块式工具系统组成各种统一刀柄的切削刀具。在装备制造车间，哪些机床需要配置复杂的工具系统，以降低刀具配置的费用。

【思考与练习】

1. 数控铣削加工中常用铣刀有哪些类型？
2. 立铣刀与键槽铣刀有什么区别？
3. 常用成形铣刀主要有哪些形状？

4. 模具铣刀是什么样的刀具？主要有哪些形状和刃型？
5. 目前有哪些新型的孔加工刀具？
6. 在车、铣复合加工中心上应用什么样的复合刀柄？
7. 加工中心主轴锥孔为什么采用 7∶24 的锥度而不采用莫氏锥度？
8. 标准的 7∶24 刀具锥柄上有哪些重要的标准结构？
9. 什么叫加工中心的工具系统？它有什么应用优越性？
10. 什么叫整体式工具系统？它有什么特点？
11. 什么叫模块式工具系统？它有什么特点？

模块三　数控车削加工工艺

课题 3.1　数控机床坐标系设置规则

【学习目标】

1. 知道数控车床机床坐标系的设置规则。

2. 知道数控车床的机床原点位置；知道数控机床的机床参考点位置设置；会进行工作坐标系 G50、G92 的设置。

【学习任务的提出】

3.1.1　简单轴的数控车削程序

试对图 3-1 所示的轴进行数控车削加工最后精车程序的编制。机床的刀架为后置刀架形式，令工件坐标系原点设置在工件右端面中心 *W* 点位置。

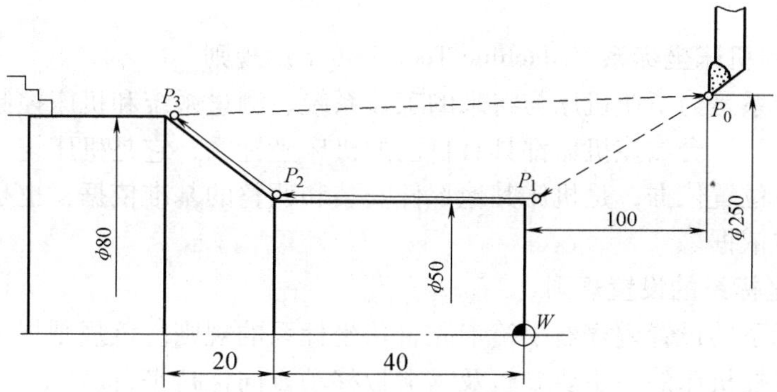

图 3-1　轴的数控车削加工

1）首先，机床返回参考点，刀具基准点与机床参考点重合。

2）用机床移动法对刀或者直接测量法测得刀尖至 *W* 点的纵向距离为 100mm，刀尖点的径向距离为直径 250mm。设当前精车刀为 01 号刀，将其刀尖偏移补偿值填入刀补参数库中。

3）小轴 NC 加工程序如下：

```
O0010   ;
N10   S500   M03   ;
N20   T0101   ;
N30   G50   X250.0    Z100.0   ;
N40   G00   X50.0     Z3.0   ;
N50   G01             Z-40.0   F0.25   ;
N60         X80.0     Z-60.0   ;
```

N70 G00 X250.0 Z160.0 T0100 ;

N80 M30 ;

4）对 NC 程序的有关解释

① T0101。在数控车削工艺中，程序字 T 为选刀指令，T01 表示选择 01 号刀具，后面的数码 01 表示同时调用 01 号刀具补偿参数库内的所有补偿参数，即在后面所有关于 01 号刀具的移动命令中，都要将 01 号刀具的有效偏移补偿值 ΔX_1、ΔZ_1 从移动距离中减掉。

② 第 N30 句 G50 X250.0 Z100.0；表示进行工作坐标系的设置，即以当前刀尖坐标位置为依据，将新工作坐标系的原点设置在刀尖点的 X－250.0，Z－100.0 的位置上。换言之，是将当前刀尖设置在新工作坐标系 X250.0，Z100.0 的坐标位置处。至此，刀尖进入 G50 所设置的工作坐标系中。

③ 保证工作坐标系设置的正确性，执行 G50 命令前，必须把刀尖移动到预定位置点，这个预定位置一般选择机床参考点。

④ N70 句中的 T0100，表示 01 号刀具在快速返回到参考点的运动中，需要把 01 号刀具正在调用的所有补偿参数都清除掉，即令返回参考点的应该是刀架上的对刀基准点，而不是当前的 01 号刀尖点。否则将是 01 号刀的刀尖返回到机床参考点，导致机床返回运动的超程，造成机床报警。

【相关知识】

3.1.2 数控机床的机床坐标系（Machine Tool System）规则

数控机床坐标系是为了使机床与将来的工作系统、测量系统和机床控制系统保持同步而设置的物理基准。每一台数控机床都具有自己的机床坐标系，它是机床统一其他各伺服系统和检测系统的基本位置依据，是机床其他部件安装和调整的基准依据，也是在机床上建立其他坐标系时的基本依据。

1. 数控机床坐标系的设置规则

数控机床坐标系的设置遵守右手笛卡儿直角坐标系的规则。该规则规定：机床坐标系的各个坐标轴应与数控机床的各主要导轨及其滑板移动方向保持平行。

右手笛卡儿直角坐标系规则在数控机床上的应用包括如图 3-2 所示的两项规定。

（1）右手直角规则　右手直角规则表示法可如图 3-2a 所示，用右手的拇指、食指和中指三个手指伸直成三个方向的空间垂直状态，分别表示机床坐标系三个移动坐标轴 X、Y、Z 的空间指向，其中：拇指的指向表示 X 移动坐标轴的空间正方向；食指的指向表示 Y 移动坐标轴的空间正方向；中指的指向表示 Z 移动坐标轴的空间正方向。

（2）右手螺旋法则　右手螺旋法则表示机床的三个转动坐标轴 A、B、C 的空间关系，应用右手螺旋规则，如图 3-2b 所示。当用右手的四指分别握住各个移动坐标轴时，拇指与四指的关系可以反映 A、B、C 三个转动坐标轴的正方向：当握住 X 坐标轴，而拇指指向 X 正方向时，四指的指向就是 A 转动坐标轴的正方向；当握住 Y 坐标轴，而拇指指向 Y 正方向时，四指的指向就是 B 转动坐标轴的正方向；当握住 Z 坐标轴，而拇指指向 Z 正方向时，四指的指向就是 C 转动坐标轴的正方向。

可见，右手笛卡儿规则在数控机床上共规定了六个坐标轴的正方向：三个移动坐标轴 X、Y、Z 和三个转动坐标轴 A、B、C。

机床上所建立的其他辅助坐标系的坐标轴方向应与机床坐标系各坐标轴保持平行。

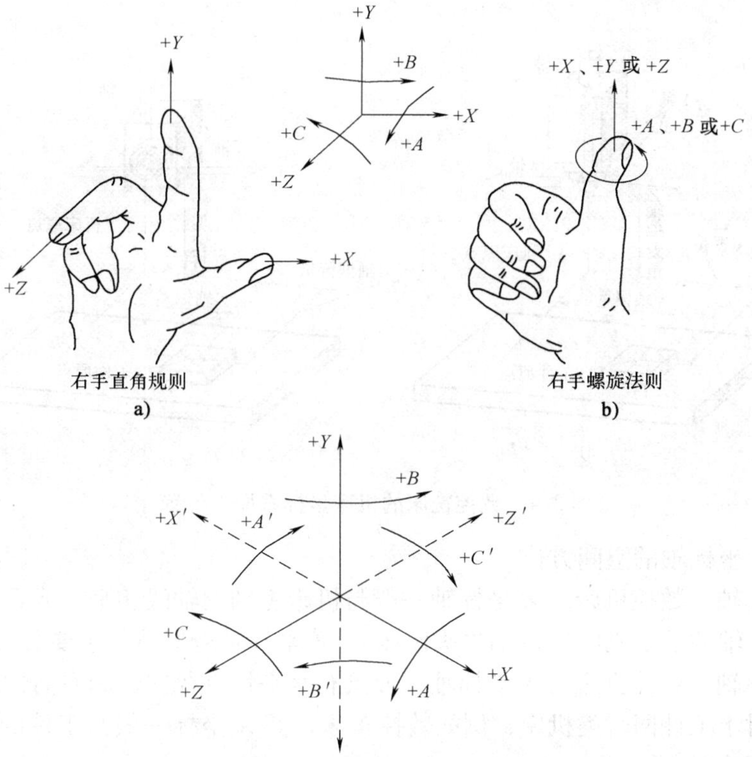

图 3-2　右手笛卡儿规则在数控机床上的应用

在数控机床坐标系中，出于工艺方便的需要，设置有多个工艺基准与参考位置点，其中最为重要的是机床坐标系原点 M、机床参考点 R 和工件坐标系原点 W 三个点。

2. 机床坐标系原点 *M* 的位置

机床坐标系的原点（Machine Tool Origin）是机床最重要的物理基准点，简称机床原点。为了与其他工艺基准点相互区别，规定该点用符号 M 表示。它是机床安装和调整工作中最重要的位置基准，其位置由机床制造厂商精确设定。机床原点一经设定，一般情况下不允许随意更动，除非是机床大修和重新调整主轴的轴承间隙。

机床坐标系原点设置在机床主轴前定位平面的几何中心处，图 3-3 所示为数控车床的机床坐标系原点设置位置，图 3-4 所示为数控铣床的机床坐标系原点位置。

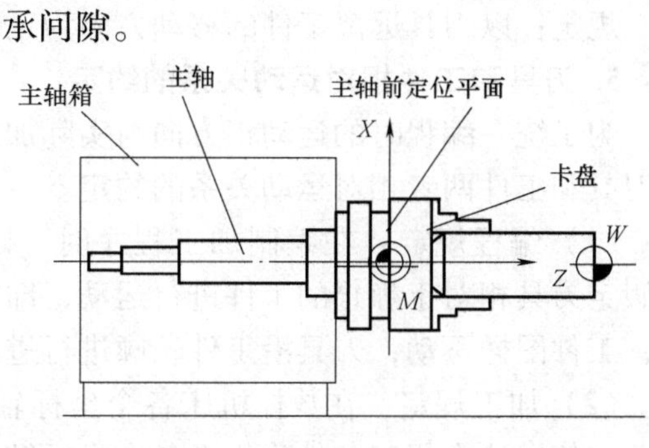

图 3-3　数控车床的机床坐标系原点设置位置

由于数控铣床和加工中心等许多数控机床的主轴大部分要移动，所以机床坐标系原点位置规定为当机床主轴退回到离工作区的最远位置时，机床主轴的前定位平面几何中心所占据的空间位置点。图 3-4 所示为机床主轴退回到离工作台最远位置时，数控铣床的机床坐标系原点的空间位置。

3. 数控机床各个坐标轴的空间方位规定

数控机床坐标系的各个坐标轴在机床上一般具有明显空间特征，借助这些特征可迅速判

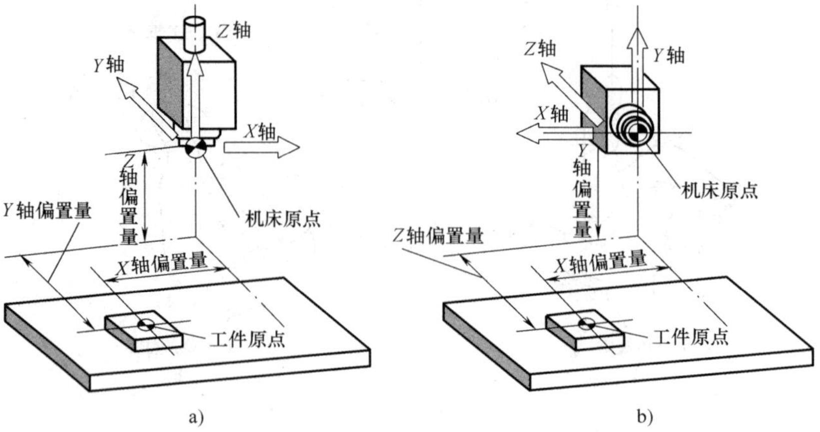

图 3-4　数控铣床的机床坐标系原点位置

明数控机床各个坐标轴的空间方位。

（1）*Z* 坐标轴　数控机床的 *Z* 坐标轴一般与机床主轴的轴线相平行或重合。

对于没有主轴的数控机床（例如牛头刨床），*Z* 坐标轴应保持与主要装夹面相垂直。

（2）*X* 坐标轴　数控机床的 *X* 坐标轴一般具有水平性、径向性和右向性三大特征。

径向性：对于工件回转类机床，例如数控车床，其 *X* 坐标一般与工件的径向保持平行，称其为 *X* 轴的径向特征。

水平性：*X* 轴在一般情况下，多保持水平状态。

对于径向滑板倾斜的数控车床，*X* 轴的方向服从于径向滑板的移动方向。

右向性：由操作位置或加工刀具位置看工件的被加工面时，*X* 轴均保持指向右方。这也符合设计师面对工件图样进行制图和编程时，*X* 轴应指向右方的习惯要求。

（3）*Y* 坐标轴　在 *X* 轴和 *Z* 轴均已经确定的前提下，*Y* 轴可以直接应用右手笛卡儿规则判断。

4. 三个移动坐标轴的正方向规定

规定：以刀具远离工件的移动方向为正方向，即退刀方向为三个移动坐标轴的正方向。

5. 刀具和工件相对运动关系的约定

为了统一编程时的运动正方向与实际加工时的正负运动方向关系，在上述正方向规定时有刀具和工件两者相对运动关系的约定。

（1）编程规定　在编制加工程序时，以假定工件静止不动，而刀具运动为先提条件。即假定刀具相对于静止的工件进行运动，即面对图样进行数控加工走刀路线设计时的设计条件，工件图样不动，刀具沿工件轮廓进行进给运动。

（2）加工规定　在数控机床各个坐标轴的设置中，同样规定刀具相对于工件做进给运动，并依据这个假定条件确定沿各个坐标轴运动方向的正负关系。如果在实际加工时，进给运动实际由工件完成（例如，在数控铣床和加工中心上的铣削加工），则机床的 *X*、*Y* 方向用符号“′”加以区别，即原来的 *X* 方向表示成“*X*′”，以表明现在的 *X* 进给运动由工件的移动完成。图 3-5 所示是各种数控机床的机床坐标系的设置。

需要说明，目前数控车床的刀架退刀方向有两种情况：一种是卧式车床经过数控化改造

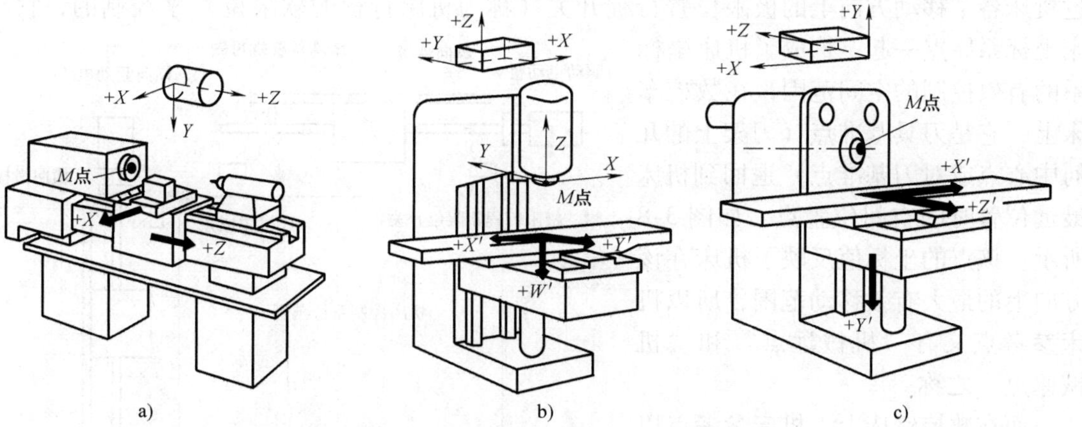

图 3-5 各种数控机床的机床坐标系设置

a）车床 b）铣床 c）卧式铣床

的前置刀架式简易数控车床，其 X 坐标的正方向如图 3-5 和图 3-6 所示。另一种是产品型数控车床，或者称功能型数控车床，其刀架配置多为后置刀架，这类车床的正 X 坐标方向应向后，与图 3-6 正相反。

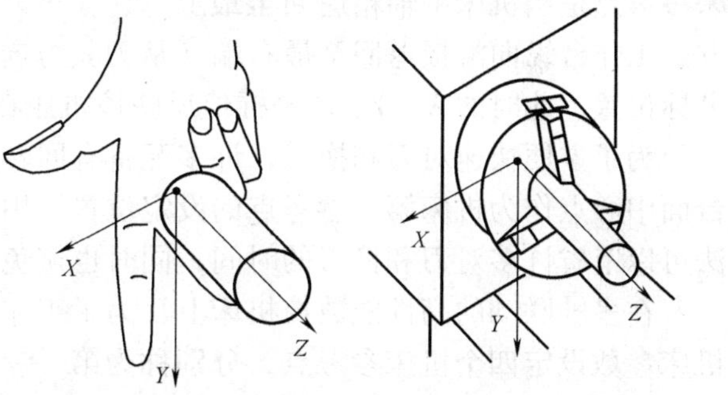

图 3-6 前置刀架数控车床的机床坐标系

3.1.3 数控机床的机床参考点 *R*（Reference Point）

1. 机床参考点 *R* 的意义

机床参考点是机床制造厂商对每台数控机床所设置的又一个特定点，机床以该点为依据建立工作基准，建立工作坐标系；也可以在该位置上换刀，即该位置也是所有刀具运动的起始点。所以，这个作为加工基准的参考点必须是刀具通过自动返回参考点功能可以很容易地自动执行到的点，这个特定点称为机床参考点（Reference Point），用 R 表示。

在数控机床出厂时，机床参考点与机床坐标系原点具有固定的坐标位置关系，该关系一旦建立始终保持不变，并且作为机床最重要的设置参数提供给用户。

2. 机床参考点的位置

数控机床的机床参考点 R 是数控机床上非常重要的工艺点。在数控车床上，它是该数控机床的机床坐标系中的最远点。机床参考点位置由通过机床的运动滑板在三个移动坐标轴方向上分别退回到其最远坐标位置来体现，如图 3-7 所示。

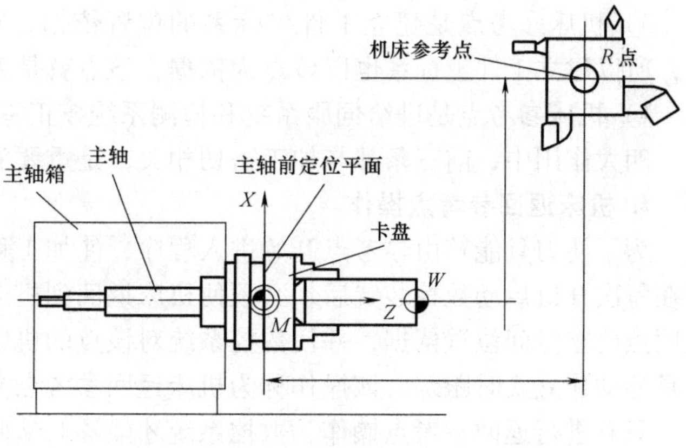

图 3-7 数控车床的机床参考点 *R*

一般情况下，机床参考点是通

过机床各个移动方向上的极限位置行程开关（称为机床行程的软限位）来控制的，它与机床坐标系原点一起，构成了机床坐标系的有效控制的空间范围，在数控车床上，它是刀具基准点（刀架上的几何中心点或对刀基准点）退回到机床最远位置时的空间位置点，如图 3-8 所示。该点的坐标值反映了机床在该方向上的最大有效移动范围，所以机床参考点又有“机械远点”和“机械原点”之称。

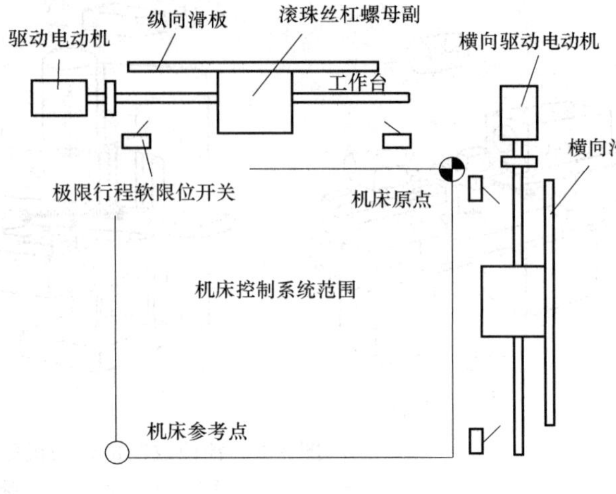

图 3-8 数控机床的机床参考点

而在数控铣床上，机床参考点以机床三个坐标负方向极限位置的软限位行程开关来体现，即数控铣床的机床参考点是当机床主轴箱退回至最上方、工作台纵向滑板退回至最右端（从刀具方向看工件），横行滑板退回至最外端时的机床坐标位置，此时的 X、Y、Z 坐标值反映该机床在三个方向上的最大行程能力。

为了方便快速对刀和换刀，许多配备有回转工作台的镗铣加工中心也常把回转工作台的台面中心点作为机床第二参考点的设定位置，用该点位置做参考设置换刀位置。这样的设置法可以节省许多对刀和换刀的时间，同时也避免坐标值换算的许多麻烦。

在多轴联动的高性能数控机床上，为了工作台转位后方便地建立基准点，最多可以通过机床参数设定四个机床参考点，分别称为第一参考点、第二参考点、第三和第四参考点。这些参考点的设置都是为了刀具进入程序而设置的起点，这些参考点也是刀具自动运动的参考起点和返回零点。

3. 机床参考点的作用

数控机床的参考点主要有四大作用：

1）机床参考点反映了机床各个行程的极限范围。

2）机床参考点是任何一把刀执行 NC 程序的起点，所以，又称为刀具起点、程序起点或者起刀点。

3）机床参考点是建立工件坐标系的位置依据，正因为参考点是刀具执行程序的出发点，所以建立工件坐标系也以该点为依据，该点就是刀具进入工作坐标系的出发点。

4）机床参考点是进给伺服系统和检测系统校正零点的位置依据。

四大作用中，前三条都与加工密切相关，是重要的工艺参考。

4. 机床返回参考点操作

为了使刀具能够由参考点开始进入程序，使加工程序能够进入正常的自动运行，数控机床在每次开机启动数控装置后，必须使机床返回到机床参考点位置，以便为刀具的出发点和返回点建立空间位置依据，并使数控系统对该点的机床坐标系坐标位置加以记忆，对以后的刀具移动建立实时跟踪。该操作称为机床返回参考点操作，习惯上也称为机床回零点操作。

只有进行返回参考点操作，数控系统才能够对从此刻开始的刀具移动建立连续的跟踪和位置记忆与控制。所以一些机床操作规程中，也把机床返回参考点后系统的坐标记忆称为机床坐标系的建立。

返回机床参考点有手动和自动两种方式，在机床数控系统没有建立起对刀具的自动跟踪之前，必须进行手动返回参考点操作。

在数控机床的操作面板的手动工作方式选择上都有手动返回参考点这项功能，手动返回机床参考点这一操作是通过手动工作方式把机床进给运动的执行元件（数控车床的刀架或数控铣床的工作台）分别沿三个移动坐标轴方向退回到最远坐标位置。此时 X、Y、Z 三个方向移动滑板下的零点限位行程开关（软限位）将被压下，X、Y、Z 三个零位指示灯会点亮。机床坐标显示器 CRT 显示此时的三个最大机床坐标值，在此位置上可以利用 G50 或者 G92 指令建立工件坐标系，并将刀尖的刀位点转入工件坐标系中。

在以下三种情况下必须重新进行返回机床参考点的操作：

① 机床关机以后重新接通电源开关时。

② 机床解除急停状态后。

③ 机床超程报警信号解除之后。

在上述三种情况下，数控系统由于失去了对刀具运动的连续跟踪记忆控制，因此必须使刀具返回零点，重新开始一个程序的执行。

3.1.4　工件坐标系（Working System）及其设置

直接利用机床坐标系编写工件的加工程序是一件很麻烦的事情，为了简化和避免工件在机床坐标系中的坐标换算，可以在机床坐标系中针对工件在夹具中的定位基准建立一个新的工作坐标系统，即直接针对机床上的工件建立一个加工坐标系，并令刀具直接进入该工作坐标系执行加工程序。这就是建立工件坐标系的根本原因。所以也把这个工作坐标系称为工件坐标系。

1. 工件坐标系的作用

有了工件坐标系，可以大大地方便编程时坐标尺寸的计算，同时也方便程序的阅读和检查，还可以避免工序基准与设计基准不重合，同时也统一了批量生产中各个工件的安装基准。所以，工件坐标系是工件加工必不可少的工作坐标系。

2. 工件坐标系的设定原则

工件坐标系的位置设定以方便编程和阅读检查为目的，同时又要避免工序基准与设计基准、定位基准的不重合，以免基准不重合误差的产生，这是工件坐标系设定的基本原则。

工件坐标系原点应该设置在工件的安装定位基准和设计基准上。另外，工件坐标系原点位置的选择要兼顾测量和对刀的方便，并照顾到刀尖的运行安全。

工件坐标系（Working System）的原点用 W 表示。出于绘图习惯，许多工程师习惯把坐标轴原点用数码 0 或者字母 O 表示，并简称其为零点。

3. 工件坐标系原点的设置位置

在数控车削加工中，工件的回转轴线与机床主轴轴线重合，所以工件坐标系的 Z 坐标轴应与机床主轴的回转轴线相重合。

在数控车床上，经常把卡盘的内端面或者完工工件的外端面作为工件坐标系的原点位置。如图 3-9 所示，可以把工件坐标系的原点设置在卡盘内端面 W_2 点，也可以按照完工零件的外端面位置 W 点设置工件原点。但比较方便的方法是把工件坐标系原点设置在工件的设计基准 W_1 点上较好。如何选择 W 点的位置，要视工件装夹定位和工件设计基准的位置具体确定。

如图 3-10 所示，工件的轴向设计基准在工件 ϕ60mm 的左台阶处，为了避免产生基准不重合定位误差，安装基准采用该台阶面。所以，编程工件坐标系原点也设置在该点，可避免编程的尺寸换算。图 3-11 所示为工件的尺寸设计基准处在工件的右端面，对于这种情况，工件坐标系的原点设置到工件右端面处比较合理。编程尺寸可以直接利用图样尺寸，不需要再进行尺寸换算。

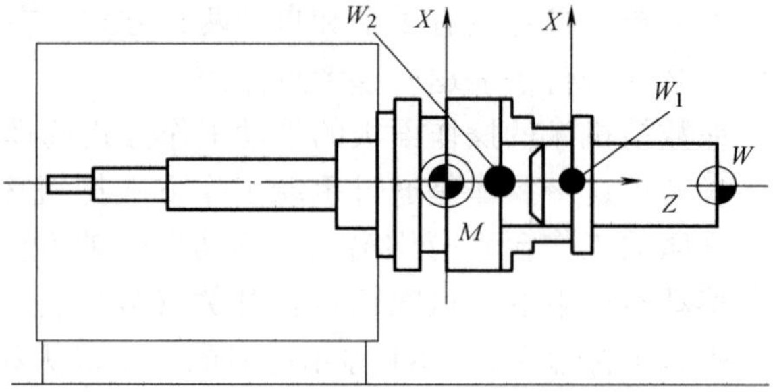

图 3-9　数控车床工件坐标系原点位置的选择

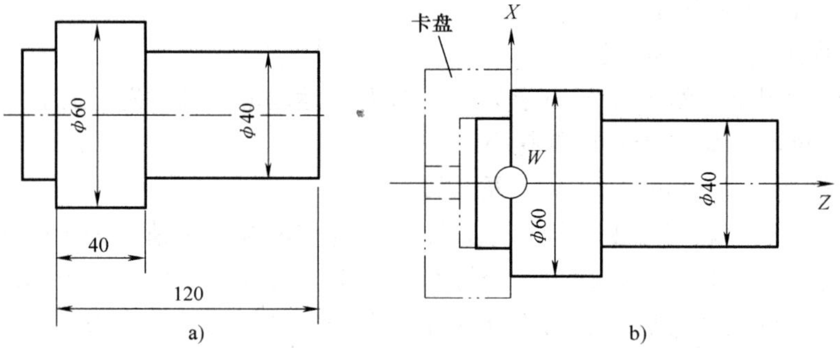

图 3-10　设计基准在工件内

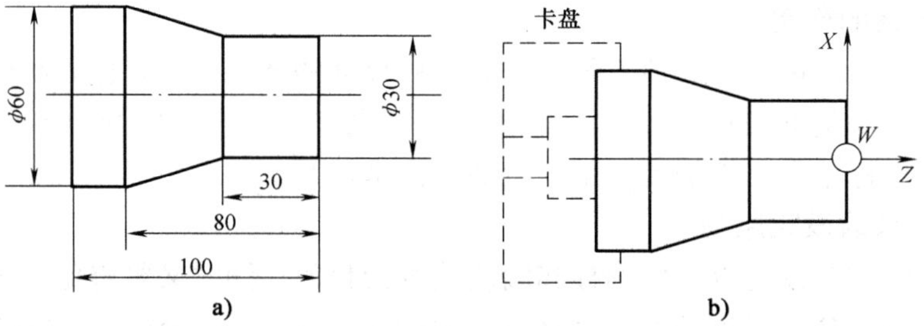

图 3-11　设计基准在外端面

【思考与练习】

1. 数控车床的机床坐标系原点设置在什么位置上？它有什么作用？
2. 什么叫机床参考点？有哪些作用？什么情况下必须进行返回参考点操作？
3. 右手笛卡尔规则中定义了哪些机床坐标轴？是如何规定的？
4. 如何利用 G50 设置工件坐标系？有什么前提条件？
5. 如何辨明一台数控机床的各个坐标轴？什么方向是其正方向？
6. 编写程序时，如何规定运动的对象？
7. 机床原点是操作者设置的吗？为什么？
8. 机械原点是什么意思？是哪个点？
9. 什么情况下，机床标牌上打有“X'”的符号？

10. 工件坐标系原点设置在什么位置比较合适？什么情况下将它设置在工件最左端的端面？

11. 不同刀架设置的数控车床，其机床坐标系有区别吗？

12. T0101 表示什么意思？它与 T0100 的区别是什么？什么情况下用 T0100？

课题 3.2　数控车削加工中的圆弧插补

【学习目标】

1. 知道数控车床上刀具位置偏移补偿的基本原理及其主要作用。
2. 能够对数控车床上 G02 与 G03 的应用进行正确判断。
3. 知道刀位点概念，会进行刀具的偏移补偿及其清除。

【学习任务的提出】

3.2.1　车床圆弧插补方向辨别

1. 任务

试完成图 3-12 所示零件 ϕ20mm 圆柱和 R10mm 圆角的精车加工程序。

2. NC 程序

零件的车削加工 NC 程序如下：

```
O0020 ;
N10   S500   M03    ;
N20   T0101    ;
N30   G50   X100.0   Z100.0    ;
N40   G00   X20.0    Z2.0    ;
N50   G01            Z-30.0   F0.3    ;
N60   G02   X40.0    Z-40.0   R10.0   F0.2    ;
N70   G00   X100.0   Z100.0   T0100    ;
N80   M30    ;
```

3. 对程序的相关解释

1）第 N60 句，G02　X40.0　Z-40.0　R10.0　F0.2；对工件进行圆弧插补切削加工，其中的 G02 为顺时针圆弧插补，刀尖由 c 点向 d 点进给，切出 R10mm 的凹圆弧过渡圆角。在此应用 G02 顺时针圆弧插补而不用 G03 逆时针圆弧插补，由数控机床坐标系的设置规则所决定。

2）圆弧插补程序段中的圆心条件，用 R10.0 的形式给出，数控系统根据刀尖 G02 时的当前位置、圆弧插补的目标点位置和 R10.0 三个圆弧参数条件可以自动求出该圆弧的圆心位置。R10.0 表

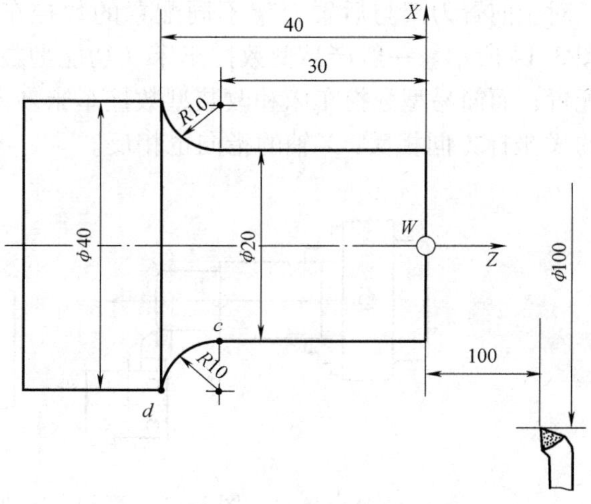

图 3-12　圆弧插补的方向

示由 c 点向 d 点顺时针进行小于180°的圆弧插补；如果圆弧插补需要大于180°，应该用R-10.0表示圆心矢量。

3）圆弧插补程序段中的进给量F反映刀尖沿着圆弧切线方向上的进给速度，在圆弧插补程序段中，一般应该给出F值。

【相关知识】

3.2.2 顺时针圆弧插补G02与逆时针圆弧插补G03的辨别

由于普通数控车床只有 X、Z 两个方向的实际运动控制轴，所以在圆弧插补编程时，经常忽视对顺时针与逆时针圆弧判断的正确视线方向的规则规定。而且不同的数控车床，刀架配置又分为前置刀架和后置刀架，往往造成圆弧插补顺时针与逆时针的应用混乱和判断错误。

数控车床上圆弧插补的顺、逆判断，应该依据编程规则首先明确视线方向的正确性。判明圆弧插补的顺、逆方向，应遵循图3-13所示的视线原则：即依据工件或工作图样进行编程时，应以垂直于加工面的正方向看视图，即以与垂直于加工平面的坐标轴的相反方向看视图，如图3-13所示。

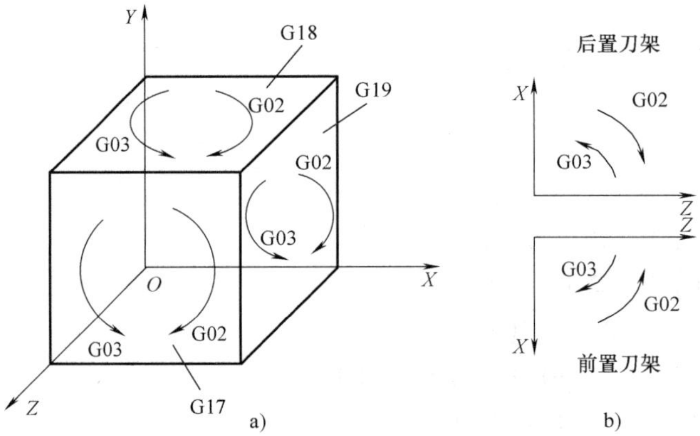

图3-13　顺时针与逆时针的判别

在数控车床的 $X-Z$ 平面上进行圆弧插补时，首先要辨明机床坐标系的第三轴 Y 轴的指向。对于前置刀架与后置刀架不同配置的数控车床，其机床坐标系 Y 坐标轴的指向相反，如图3-14所示。一般产品型数控车床（功能型数控车床）多为后置刀架，如图3-14a的刀架配置；而简易型数控车床和改装型数控车床多为前置刀架，如图3-14b所示。两种数控车床的 X 坐标方向相反，Y 轴的指向也相反。

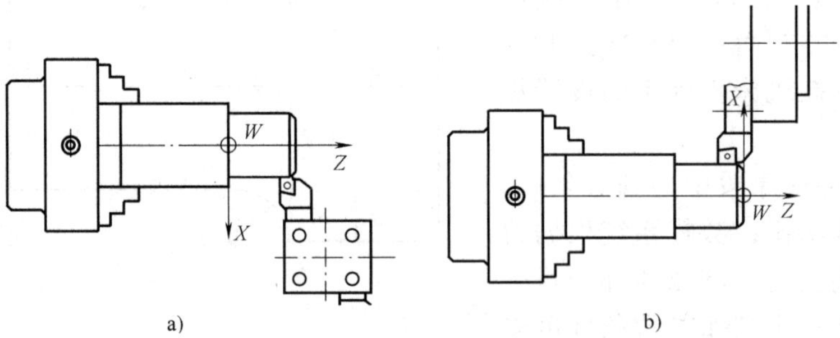

图3-14　数控车床的两种刀架配置

所以，对于配置前置刀架的简易数控车床，由操作位置由上向下观看刀尖时，其视线方向与规定的视线原则方向相反。所以，对前置刀架数控车床的圆弧编程，圆弧插补的顺、逆方向正确的判断方法如图 3-15 所示。

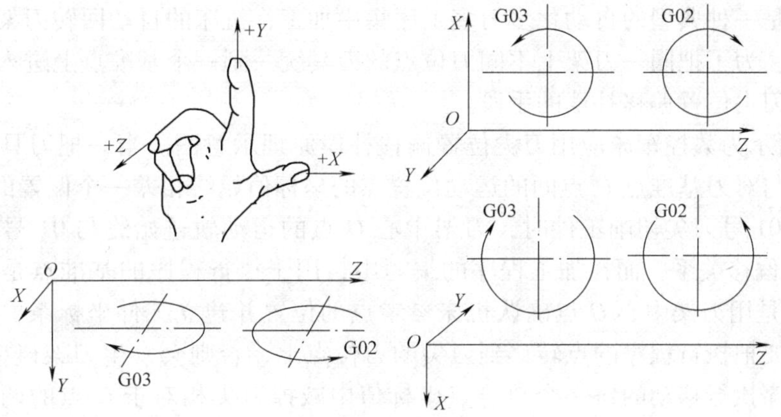

图 3-15 圆弧插补的顺、逆方向

3.2.3 刀具位置偏移补偿原理

1. 刀具的刀位点

（1）刀位点的概念 在 NC 程序中，每一把刀相对于工件的运动都由刀具上提前选择好的一个动点为代表实现其进给移动。刀位点（图 3-16a）是在每一把刀具中，代表刀具执行程序的选定点。

（2）刀位点的位置选择 对于具有明显刀尖的刀具，可以直接把刀尖确定为刀位点。但对于具有多个刀尖的刀具或者没有明显刀尖的刀具，需要确定一个点代表该刀尖执行程序。

图 3-16b 所示的切断刀具有两个明显刀尖，可以根据编程的具体需要选择 a 点或者 b 点作为该刀具的刀位点，也可以选择 c 点代表该刀具执行程序。图 3-17 所示的刀尖，具有较大的刀尖圆弧，该刀尖在实际切削过程中，与工件相接触的点不确定，随时变动，此时可把刀位点选择在刀尖圆弧的圆心 O 点处，并需要进行适当的刀具参数补偿。其他各种刀具刀位点的确定一般可如图 3-17 所示。

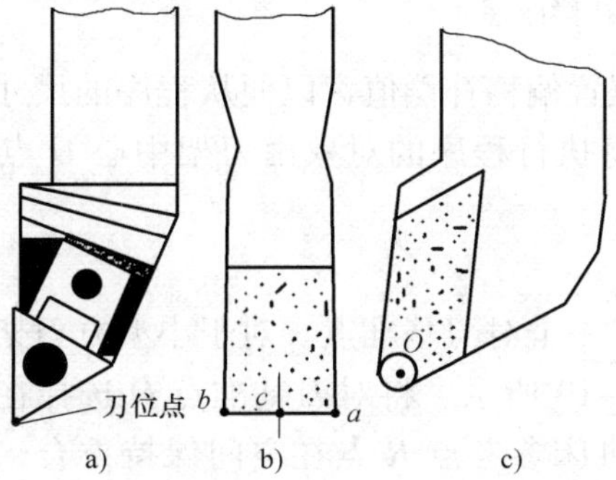

图 3-16 各种车刀的刀位点

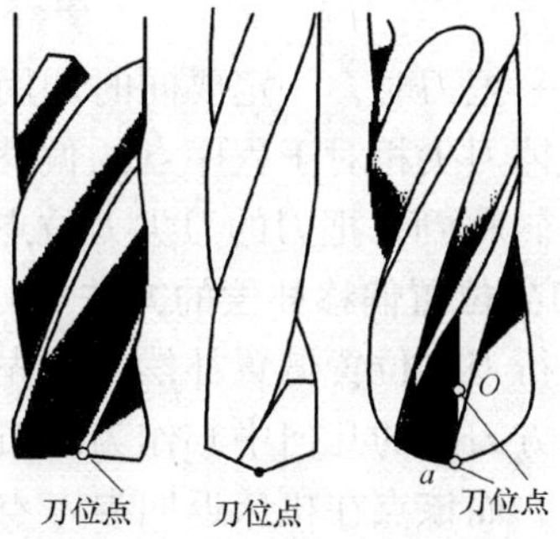

图 3-17 其他刀具的刀位点选择

一般情况，每把刀的刀位点选择位置应该在刀具图和工序图等工艺文件中予以明确，以便统一编程与加工操作中的对刀测量和进行刀具补偿参数的输入与调整。

2. 刀尖位置偏移补偿基本原理

刀尖位置偏移补偿又称为刀尖位置偏置补偿或者刀尖偏移补偿，是数控切削加工工艺中将多把不同刀具的刀位点统一到同一个起刀点上的重要手段。

数控加工是一种典型的自动化多刀多工序集中加工，机床的自动回转刀架和刀塔上同时安装多把刀具。为了把同一刀架上不同刀位点的刀具统一到一个基准点上进入程序，数控切削加工采用了刀尖位置偏移补偿的手段。

图 3-18 所示为数控车床应用刀尖位置偏移补偿原理示意图。当一把刀具的刀尖切削工件轮廓时，它与对刀基准点 O 点间的运动位置点的坐标值始终相差一个偏置的关系，如图 a 所示。当采用 01 号刀尖切削工件时，刀架中心 O 点的运动轨迹始终与 01 号刀尖轨迹保持 ΔX_1 和 ΔZ_1 的偏移关系，而在加工程序的编写中，用于执行程序的基准点是刀架的几何中心 O 点，因为是用刀架中心 O 点确认机床参考点的位置并建立工件坐标系。所以在实际执行程序时，需要把执行程序的点转移到刀尖的刀位点上，否则会发生刀架碰撞工件的情况。这就需要从程序执行移动的每一个轨迹点坐标值中减掉刀尖相对于 O 点的两个偏置量，这就是刀尖位置的转移作用。

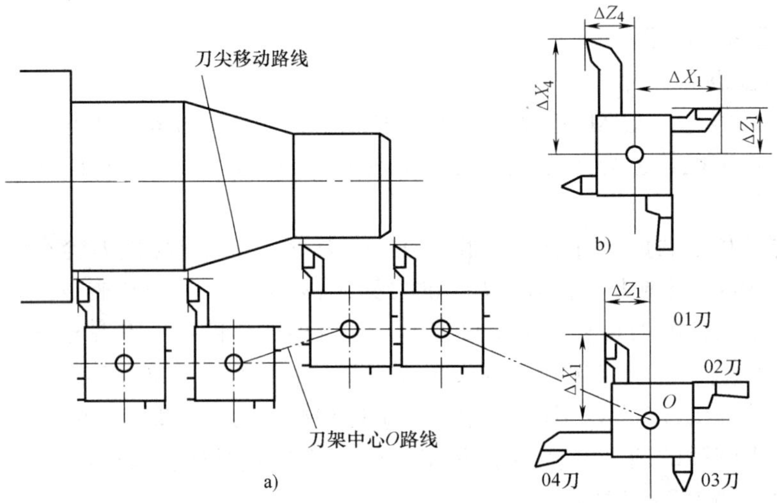

图 3-18 刀尖位置偏移补偿原理

调用一把刀时，一定要同时调用该刀具的刀尖位置偏移补偿值，以便从程序的尺寸坐标值中，减掉刀尖相对于程序点的偏移量，这相当于将执行程序的对象由刀架中心 O 点（即对刀点）转移到每把刀的刀尖刀位点上。

3. 刀尖位置偏移补偿的方法

要进行刀尖位置偏置补偿，首先要在刀架上确定一个对刀基准点。对于小型方刀架一般直接选择方刀架的几何中心作为对刀基准点，如图 3-19 所示。将对刀基准点 O 选择在刀架中心位置，而该点在机床返回参考点的状态下将与机床参考点 R 点在空间保持重合，分别将各个刀尖的刀位点相对于该基准点的偏移距离进行测量和输入。例如，01 号刀测得两个偏移值分别为 ΔX_1 和 ΔZ_1，03 号刀的两个偏移值为 ΔX_3 和 ΔZ_3，将各刀尖的偏移值输入到刀具参数库中，只要数控系统调用 01 号刀具，系统会自动把 01 号刀具的两个偏移参数与当前两个坐标值相叠加，便产生 01 号刀尖的当前坐标值。

图 3-20 所示为全功能型数控车床的回转刀架和大型刀塔的基准刀位设置情况。大型回转刀架或刀塔都有一个专用的基准刀位，基准刀的刀位点 O 点是所有刀尖的对刀基准点，其他每一把刀具的刀位点都可与该基准点 O 产生一组 X 方向和 Z 方向的偏移值 ΔX_i 和 ΔZ_i。每一把刀的刀尖移动坐标都在基准刀尖坐标的基础上叠加一个偏移值，使得实际产生移动的对象由基准点转换到实际刀尖上。

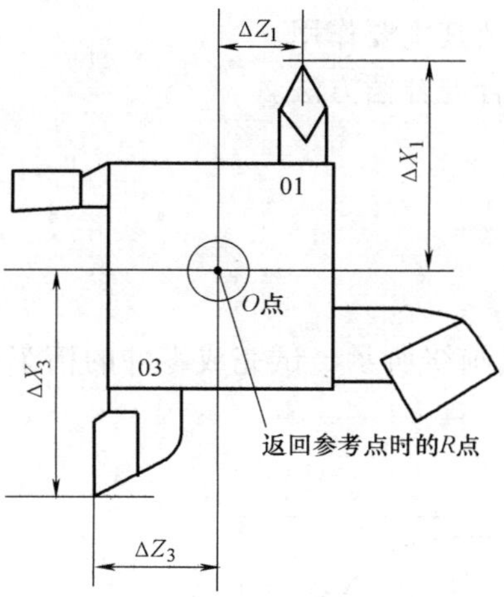

图 3-19　方刀架的刀具基准点与各刀尖偏移补偿值

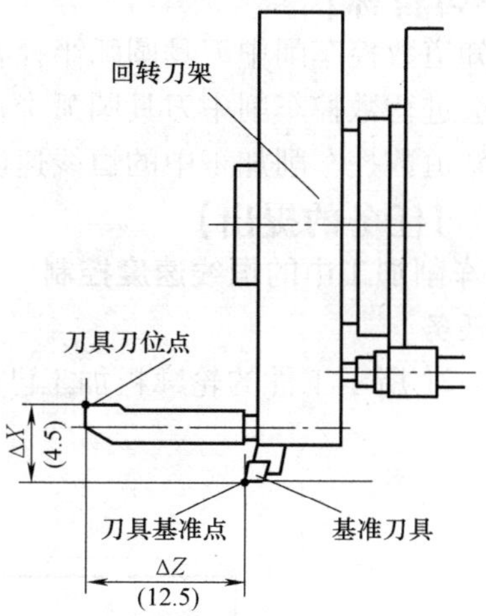

图 3-20　转塔刀架的刀具基准点

4. 刀尖位置偏置量的调用与清除

在数控车床的 NC 程序中，采用选刀指令 T __调用刀尖位置偏移补偿参数，例如 T0101，表明选择 01 号刀具并同时调用 01 号刀具补偿参数库中的所有刀具补偿参数。指令 T __最后两位数码 01 表示调用 01 号刀具补偿参数库中的补偿参数，习惯称其为刀补号。

在调用新的刀具时，必须把已用过刀具的补偿参数清除干净，否则会使新刀的补偿值产生错误叠加。清除的方法是在旧刀返回原点的运动中调用 T0100 将原来 01 号刀的补偿值从缓存区中清理，因为规定 00 库中不允许放任何参数。

5. 刀具偏移补偿的三大作用

刀具位置偏移补偿功能具有三大作用：进行刀具执行程序点的转换；统一对刀基准；简化磨损补偿操作。

刀尖在切削过程中不断磨损，并造成加工误差。为了及时地消除刀具磨损误差，需要对刀具的磨损量及时补偿。这一补偿不能用修改 NC 程序尺寸字的办法解决。在数控切削加工生产中，可以利用修改机床刀具参数库中刀具补偿值的方法打开刀具参数库，补偿刀具的磨损量，而不必对 NC 程序进行任何修改。

同样，刀具在使用过程中产生意外破损或者在更换新刀具后，可以利用刀尖位置偏移补偿值的修改功能使新更换的刀尖与对刀基准点的位置相重合，方便地更换刀具。

【思考与练习】

1. 怎样正确判明 G02 和 G03 的方向？
2. 在数控车床上有 Y 坐标吗？为什么？
3. 什么叫刀位点？它有什么作用？
4. 什么叫刀具位置偏移补偿？它具有哪几个主要作用？

5. 如何调用刀具的位置偏移补偿值?
6. 如何清除刀具的位置偏移补偿值?

课题 3.3 曲面车削工艺要点

【学习目标】

1. 知道数控车削中刀具圆弧半径补偿的基本原理及其主要作用。
2. 会进行数控车削中刀具圆弧半径补偿的应用场合与补偿方法。
3. 知道数控车削加工中的恒线速度控制功能。

【学习任务的提出】

3.3.1 车削加工中的恒线速度控制

1. 任务

图 3-21 所示工件的轮廓粗加工已经完成，如双点画线所示，试完成零件的精车加工程序。

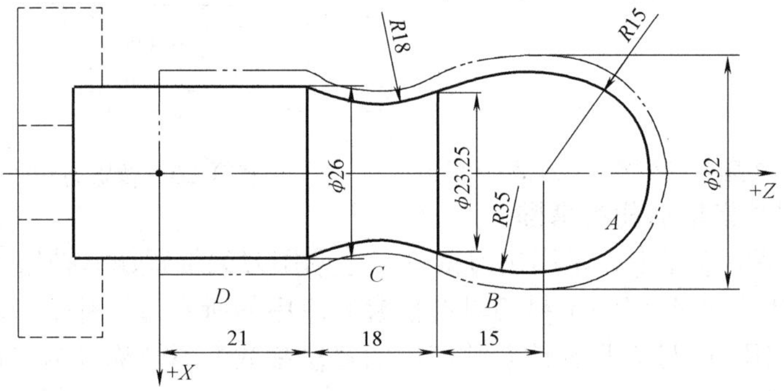

图 3-21 工件的圆弧插补

2. NC 程序

零件轮廓精切的加工 NC 程序如下：

```
O0030  ;
N10  S800  M03  ;
N20  T0101  ;                          (选择 01 号刀，同时调用 01 号刀补)
N30  G50  X200.0  Z200.0  ;            (将工件坐标系原点设置在工件左端图示位置)
N40  G00  X0.0  Z72.0  ;               (刀尖快速移动到工件右端 3mm 处)
N50  G50  S1000  ;                     (为避免主轴转速过高，限制主轴最高转速 1000r/min)
N60  G96  S100  ;                      (刀尖恒线速度控制为 100m/min)
N70  G01  Z69.0  F0.25  ;              (切工件的右端面)
N80  G03  X30.0  W-15.0  R15.0  F0.20  ;  (后置刀开始逆时针切圆弧 A 段)
N90       X23.25  Z39.0  R35  ;        (逆时针切圆弧 B 段)
N100 G02  X26.0  Z21.0  R18.0  ;       (顺时针切圆弧 C 段)
```

```
N110 G01   Z0.0   F0.25   ;                    (切 φ26mm 圆柱 D 段)
N120       X30.0   ;                            (刀尖径向切出材料)
N130 G00   X200.0  Z200.0  T0100   ;            (01 刀返回，清除刀补)
N140 M30   ;
```

3. 对 NC 程序的相关解释

1）第 N50 句 G50 S1000；为对主轴的最高限速，当采用刀尖恒线速度控制时，随着刀尖距离回转轴线距离的逐渐减小，主轴的回转速度自动调整加快，刀尖离回转轴线越近，主轴转速越高。为防止刀尖在轴心处时主轴转速过高，要对主轴最高转速进行限制，这是恒线速度切削时必须要注意的。

G50 S1000 是指定主轴转速最高为 1000r/min，在 1000r/min 范围内，主轴转速根据程序给定的恒线速度，对转速自动调整。当主轴的计算转速超出最高限速范围时，主轴将转速控制在限定值，不再增加，可以保证机床设备及人身安全。

2）第 N60 句 G96 S100；是刀尖的恒线速度控制命令，G96 为调用主轴的自动恒线速度控制功能，即主轴根据给定的切削线速度值自动计算并控制和调整主轴的回转速度，刀尖的回转半径越小，主轴的转速越快。S100 是指定线速度值为 100m/min。

由切削线速度公式 $v=\pi Dn$ 可知，切削点切削线速度的大小同时受回转半径 D 和回转速度 n 两个因素的影响。

在车床上进行曲面或锥面切削时，刀尖点相对于回转轴线的回转半径会发生变化，也将改变刀尖点的切削速度。为了保证整个加工表面的统一质量，需要进行刀尖的恒线速度控制。数控车床都具有主轴恒线速度控制功能，即无论刀尖切到什么位置，主轴可以根据给定的切削速度自动对转速进行调整，以保证刀尖的切削线速度保持恒定，才能保证整个表面的加工质量即表面粗糙度的一致性。

【相关知识】

3.3.2 假想刀尖所产生的加工误差

1. 假想刀尖的产生

由刀具材料的组成所决定，任何材料的刀尖都存在着刀尖圆弧半径。据统计，最硬的金刚石刀尖的圆弧半径可以小到 0.2μm 左右，高速钢刀尖的圆弧半径可以小到 5μm 左右，而一般的硬质合金刀片的刀尖圆弧半径可达 15μm 大小。在实际切削中，经常使用具有一定大小圆角的刀尖满足圆角过渡和曲面加工的要求。

具有圆弧的刀尖在对刀时可能产生假想刀尖，如图 3-22 所示。当利用对刀仪进行刀尖位置偏移补偿值的坐标测量时，一般将对刀镜头中的十字线调整到与刀尖圆弧保持相切的图示位置。此时，对刀仪所显示的 X 和 Z 坐标值实际上是十字线的交点 P 的坐标值，如图 b 所示。P 点称为假想刀尖。用此对刀刀尖偏移补偿条件切削圆柱面时，刀尖上实际切出圆柱的点是刀尖上的 A 点，与名义上的刀尖点 P 所切出的圆柱

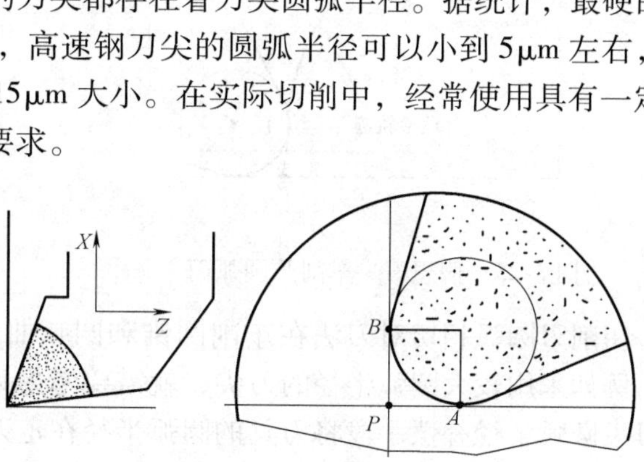

a) b)

图 3-22 圆弧刀尖的对刀

直径大小相等，不存在径向尺寸误差，如图 3-23 所示；切削端面时，实际生成工件端面的点是刀尖上的 *B* 点，与名义刀尖 *P* 点也不存在轴向尺寸误差，仅在工件拐角处留下刀尖的圆弧残留。有时圆弧切削残留是必要的。

2. 假想刀尖的加工误差

在车削圆弧面和圆锥面时，对刀假想刀尖会产生加工误差，如图 3-24 所示。切削圆锥面时，由于刀尖沿着斜方向进给，名义刀尖 *P* 点沿着程序中的坐标点从 P_1 到 P_2 运动。而实际刀尖在 *P* 点并没有切削材料，实际圆弧刀尖在工件表面上沿着 *DB* 移动，导致切削残留。

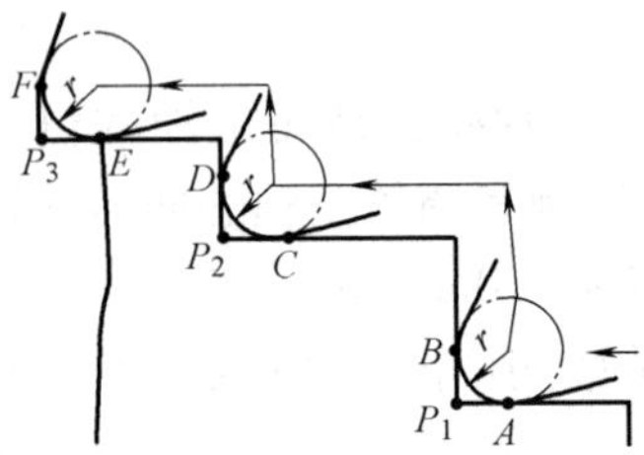

图 3-23 假想刀尖切圆柱面与端面

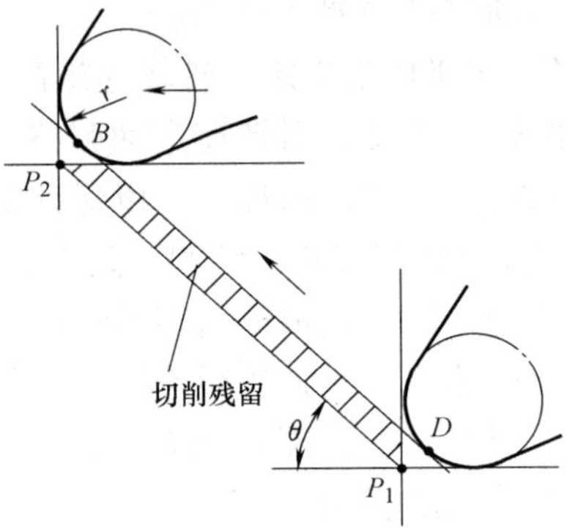

图 3-24 假想刀尖车削圆锥面

同样的加工误差在车削圆弧面和空间曲面时也会发生。图 3-25 所示是凸圆弧切削，由于假想刀尖 *P* 产生切削残留。图 3-26 所示为车削凹圆弧面时由于假想刀尖而产生切削残留。

图 3-25 假想刀尖车削凸圆弧面

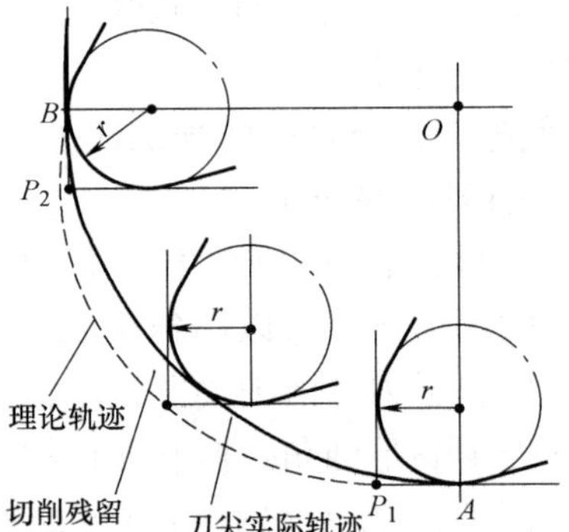

图 3-26 车削凹圆弧时的刀尖误差

切削刃圆弧相切对刀法在车削圆锥和圆弧曲面时会产生加工误差，当这一误差比较大时，例如采用较大圆弧半径的刀尖，就需要考虑采用图 3-27 所示的刀心对刀法对刀，并应用刀尖圆弧半径补偿手段将刀具的圆弧半径在走刀时补偿掉。

3.3.3 刀尖圆弧半径补偿（G41、G42、G40）

1. 刀具圆弧半径补偿的应用场合

如果车削高精度工件，需要避免刀尖圆弧误差的产生，可以采用圆心对刀的方法，即把刀位点选择在刀尖圆弧的圆心点处对刀瞄准，如图 3-27 所示。此时对刀所产生的刀位点 *P*

在刀尖圆弧的中心，对刀仪 X 和 Z 坐标的读数反映了 P 点的偏移值。在切削加工程序中必须同时采用刀尖圆弧半径补偿手段，在程序的执行过程中补偿刀尖圆弧半径值。

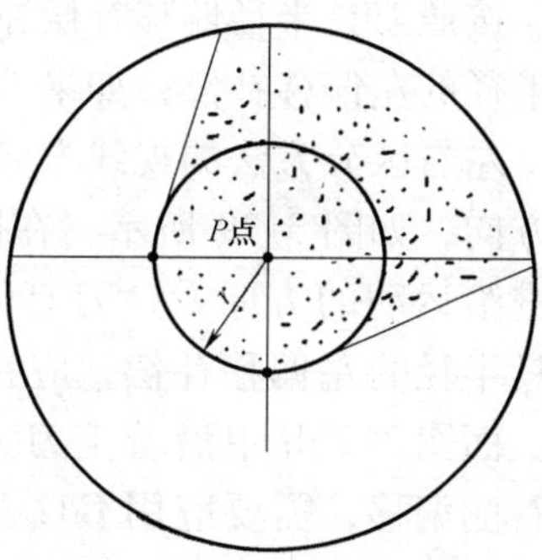

图 3-27 采用圆心对刀

刀具圆弧半径偏移补偿简称为刀具圆弧半径补偿或者直接称刀具圆弧补偿。它是指在刀具采用圆心对刀时，为了避免实际刀尖对工件的过切，需要在程序执行中，对刀具刀位点的坐标位置相对于实际工件轮廓进行偏移补偿，使实际刀刃走在程序给出的走刀路线上，以便切出正确的工件轮廓。

2. 刀具圆弧半径补偿的基本原理

选择刀心做刀位点的刀具，如果直接用刀具的刀心执行程序，对于按照工件实际轮廓尺寸所编制的加工程序和走刀路线，必然会造成切削刃对工件的过切而产生废品。利用刀具圆弧半径补偿功能，把程序的执行点由刀心转换到切削刃上，让实际切削刃执行程序。

圆弧补偿的具体方法是把刀具圆弧的半径量平移补偿到刀具的路径上，即令实际刀具在走刀移动时相对于程序给定的走刀路线向远离工件的方向始终偏移一个刀具的半径距离，刀心离开了实际切削轮廓，而运动在一个处处与编程路线保持一个刀具半径的路线上，如图 3-28 所示，从而达到用实际刀刃切削工件编程轮廓的目的，或者说，把程序的实际执行点转移到切削刃上。

3. 刀具圆弧半径补偿指令

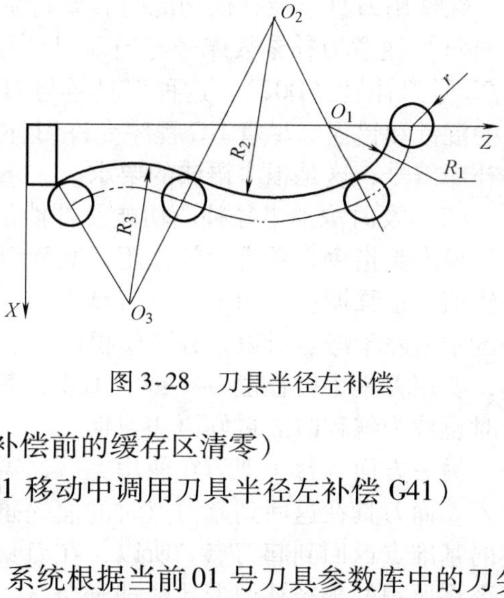

图 3-28 刀具半径左补偿

（1）刀具圆弧补偿指令　刀具圆弧半径补偿采用 G40、G41、G42。其中，G41 表示刀具半径左补偿，G42 表示刀具半径右补偿，G40 表示对刀具半径补偿参数的清除。

（2）刀具半径补偿指令格式　刀具半径补偿编程指令格式根据机床所配置的系统功能有所区别，一般在数控车床上采取选刀指令调用法，如下例：

N50　G40　；　　（圆弧补偿前的缓存区清零）

N60　G41　G01　X __　Y __　F __　；（在 G01 移动中调用刀具半径左补偿 G41）

……　；

程序执行到第 60 句时，调用刀具半径左补偿功能，系统根据当前 01 号刀具参数库中的刀尖圆弧半径 R 值和刀具工作方位信息自动判断，并在相应方向上将刀尖移动坐标叠加一个半径值，达到刀尖偏移的目的。

在数控铣床和镗铣加工中心上，刀具圆弧半径补偿要同时调用半径参数库号 D，例如：

N50　G40　；

N60　G42　G01　X __　Y __　F __　D __　；　　（刀具半径右补偿）

……　；

G42 为刀具半径右补偿。X __、Y __为本程序段给出的目标点坐标，D __为刀具的半径补偿参数的存储库号，储存记忆着当前刀具的圆弧半径值。习惯上也把 D __称为刀具半径补偿号。

4. 刀具半径左补偿与右补偿的区分

按照刀具半径偏移补偿原理，如果刀心相对于编程路径向左偏移一个刀具半径，称为刀具半径的左偏移补偿；如果刀心向右偏移，称为半径的右补偿。

左右区分方法的视线方向规定如下：沿着刀具走刀运动 F 的方向为辨别左右偏移的视线方向，如图 3-29 所示。在图 3-29a 中，沿着刀具进给运动的方向看，刀心偏向工件左侧，称为刀具半径的左偏移补偿，应在程序中使用 G41 指令。而图 3-29b 中沿着走刀方向看，刀心向工件的右侧偏移，需要应用 G42 指令。强调沿走刀方向看刀心，即在辨别半径补偿的左右方向时，以走刀方向 F 为视线方向。

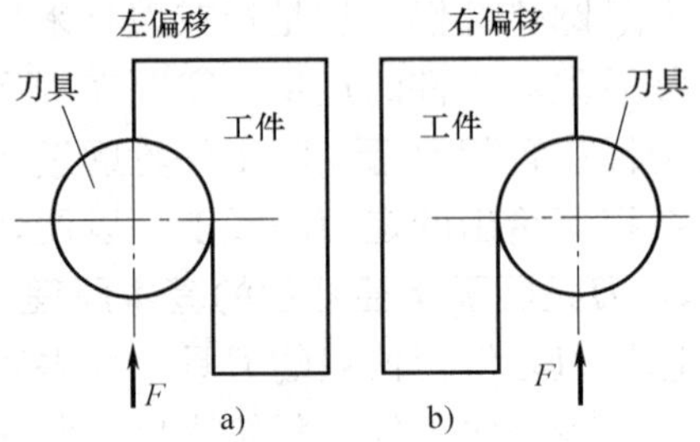

图 3-29 刀具圆弧半径补偿的左右方向规定

5. 刀具半径补偿的取消方法

取消刀具半径补偿采用半径补偿清除指令 G40 实现，例如前面程序段中的 G40。程序中一旦出现 G40 指令，则会将当前存储区内的刀具半径补偿参数冲消干净。

在数控铣削加工中，清除刀具半径补偿参数的另一个办法是调用 D00 指令。因为，规定 D00 参数存储库中不允许存储任何数值，调用 D00 即用 0 值冲消掉原有的刀补参数值。

6. 刀具半径补偿应用注意事项

在使用刀具半径补偿功能时，要特别注意以下几点：

（1）注意刀补参数库号与当前刀具号的对应　通常在使用 02 号刀具 T0202 时应同时调用 02 号刀补号（D02）。这种刀具号与刀补库号相对应的编程方法，可以避免刀具参数使用上的混乱和错误。尽管 NC 程序允许刀补库号与当前刀具的编号不相同，但提倡调用相同的刀补库编号，这是程序语法的要求。

（2）及时取消半径补偿功能及补偿值　刀具半径补偿指令 G41、G42 和 D02、D01 等都属于模态制指令，具有续效作用，既强调在调用刀具半径补偿功能的同时要调用相应的半径补偿值，也强调在使用下一把刀具之前，必须及时将前一把刀具的所有补偿参数在系统的缓冲区中清除干净。所以，在 NC 程序中，G40 与 G41/G42 总是成对出现，凡调用一把新刀具，要用刀具半径补偿 G41 或者 G42，其前面经常会有一个 G40 的指令。这样做比较安全，同时也成为编程时的良好语法习惯。

另一方面，每一把刀在使用完后，需要返回到刀具的起点位置，以便于更换下一把刀的进入。而刀具在返回到起刀点时的前提条件是必须将各项刀补参数清理干净，实际上是令刀具的基准点返回到起刀点。所以，在刀具使用完毕返回起刀点的运动过程中，必须使用 G40 指令将所用的半径补偿参数清理干净。

（3）注意提前补偿　刀具半径补偿 G41/G42 的实际补偿效果需要通过一个移动程序段 G00 或者 G01 完成。在进行半径补偿的程序段之前，要提前进行刀具半径补偿的指定，以便使刀具在前面一段的移动完成时，使刀心定位于新的偏移位置。

（4）半径补偿 G41/G42 指令对后两个程序段的要求　为了避免刀具半径补偿对下一个程序段造成过切，系统在执行具有 G41/G42 半径补偿的程序段时，必须同时把后两个程序段一起读完，以便判断本程序段应该执行到达的具有偏移量的目标点的坐标。如果 G41/G42 程序段后面的连续两个程序段都未及时给出后面的移动路线，系统不可能确定本次移动的目标点，将会报警。

7. 刀具半径补偿值的存储

在数控车床上，刀具半径补偿值可以直接储存在刀具参数库中。图 3-30 所示为刀具参数库的界面，其中的刀具半径 RADIUS 位置即可以填写刀具的半径值。

8. 刀尖工作方位代码

刀尖工作方位信息用于向数控系统提供刀尖的半径补偿方向，工作方位用数码 0 ~ 9表示。该代码根据刀尖的工作方向确定，具体编码规则如图 3-31 所示，图 3-31a是前置刀架刀尖工作方位代码，图 3-31b 为后置刀架工作方位代码。每一把刀的工作方位代码要输入到机床的刀具参数存储库中，如图 3-30 中的 TIP 位置，以便数控系统自动调用。图 3-32 为后置刀架功能型数控车床常用车刀的工作方位编码。

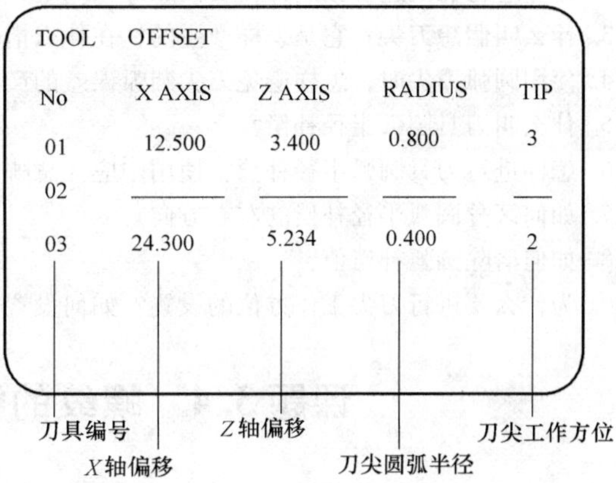

图 3-30　刀具参数库界面

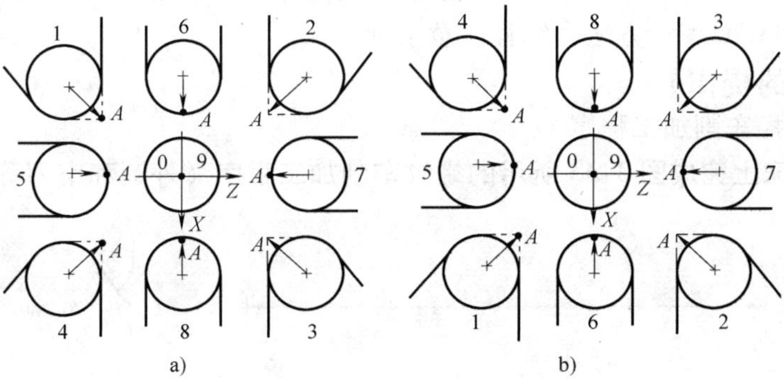

图 3-31　车刀的工作方位编码

a）前置刀架　b）后置刀架

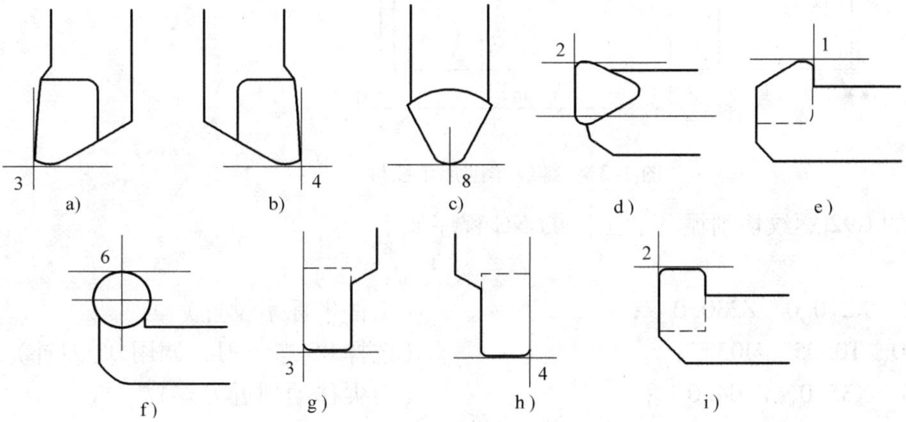

图 3-32　后置刀架功能型数控车床常用车刀的工作方位编码

a）左偏车刀　b）右偏车刀　c）螺纹车刀　d）镗孔刀　e）左偏镗刀

f）球头镗刀　g）右切刀　h）左切刀　i）内挖槽刀

【思考与练习】

1. 什么情况下需要进行主轴恒线速度控制？不控制会产生什么后果？
2. 怎样进行恒线速度控制？需要注意什么问题？
3. 什么叫假想刀尖？它是怎样产生的？在什么情况下会发生圆弧刀尖加工误差？
4. 使用圆弧刀尖时，怎样避免刀尖圆弧误差的产生？
5. 什么叫刀具圆弧半径补偿？
6. 怎样进行刀具圆弧半径补偿？使用中应注意哪些问题？
7. 如何区分圆弧半径补偿的左右方向？
8. 如何清除圆弧补偿值？
9. 为什么要进行刀尖工作方位的设置？如何设置？

课题 3.4 螺纹的数控车削工艺要点

【学习目标】

1. 明白螺纹的数控车削加工各种指令方法的应用场合。

2. 懂得螺纹数控车削加工的各项工艺要点，会进行螺纹加工中各项参数的计算与选择；掌握 G92、G32 和 G76 编程方法和编程注意事项。

【学习任务的提出】

3.4.1 螺纹的数控车削加工程序

1. 在数控车床上完成图 3-33 所示的螺纹车削加工程序（外圆和空刀等已完成）。

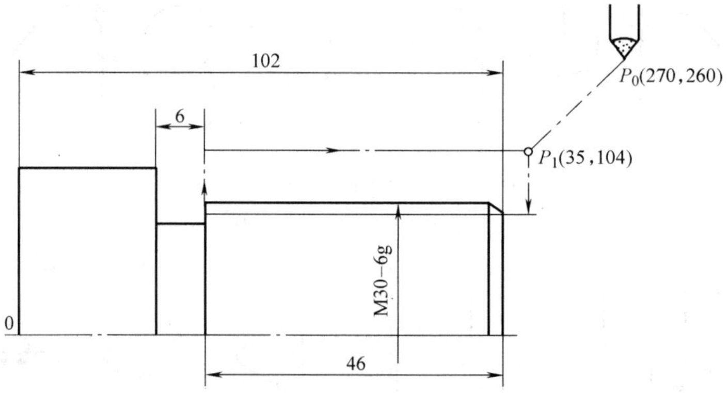

图 3-33 螺纹车削加工图样

图示螺纹的 G92 螺纹切削循环加工法的 NC 程序如下：

```
O0040  ;
N10  G50  X270.0  Z230.0  ;              (工件坐标系设置)
N20  S600  T0505  M03  ;                 (选择 05 螺纹刀，调用 05 刀补)
N30  G00  X35.0  Z104.0  ;               (刀尖移动到近刀点)
N40  G92  X28.9  Z53.0  F2.0  ;          (螺纹切削循环设置，并切第一刀)
N50  X28.2  ;                            (螺纹切削第二刀循环)
N60  X27.7  ;                            (第三刀)
```

N70　X27.3　;　　　　　　　　　　　（第四刀）

N80　G00　X270.0　Z260.0　T0500　M05　;（刀具返回，清除刀补以及螺纹参数）

N90　M30　;

2. 螺纹切削循环程序的相关说明

1）G92 是螺纹切削加工循环指令，包括一次循环的四段移动设置，该循环从刀尖的当前点出发，经过快速径向进入；轴向工作进给切螺纹；快速径向退回和轴向快速返回到循环起点的四段运动过程。

2）G92 程序段中的 *X* 和 *Z* 值是本次螺纹切削循环的目标点坐标值。

3）G92 程序段中的 F2.0 是螺纹的导程。

4）从 N40 句到 N70 句，整个螺纹的深度用四次 G92 循环切完。

5）第 N80 句的 G00 具有清除 G92 螺纹切削参数设置的作用。

【相关知识】

3.4.2　等螺距螺纹的单行程切削指令 G32

等螺距螺纹在数控车床上的加工方法主要有三种，即螺纹的单程切削 G32，螺纹的简单循环切削 G92 和精密螺纹的复合循环加工 G76。

1. 单程螺纹切削 G32 的基本应用

G32 指令的含义是在数控车床上单程切削等螺距螺纹。G32 的程序段格式如下：

G32　Z＿　F＿　;（等螺距外圆柱螺纹切削）

F＿为螺纹导程值的指定。或者采用增量值 U、W 编程：

G32　W＿　F＿　;（等螺距外圆柱螺纹切削，W 为 *Z* 方向目标点的增量值）

由于 G32 为单行程切削螺纹，所以刀尖的当前点必须提前运动到指定的螺纹深度直径位置处，如图 3-34 所示，本程序段没有 *X* 值的变化，表明刀尖将沿着 *Z* 坐标方向平移以便产生圆柱螺纹。这里的 Z＿是切螺纹行程的终点。

切圆锥外螺纹的程序段格式如下：

G32　X＿　Z＿　F＿　;（等螺距圆锥螺纹切削）

或者用增量值编程：

G32　U＿　W＿　F＿　;

该程序段由于直径方向上产生了增量 X＿或 U＿，所以产生的螺纹是圆锥螺纹，如图 3-35所示。上述格式中的 U、W 分别表示 *X*、*Z* 两坐标轴方向上的增量值。

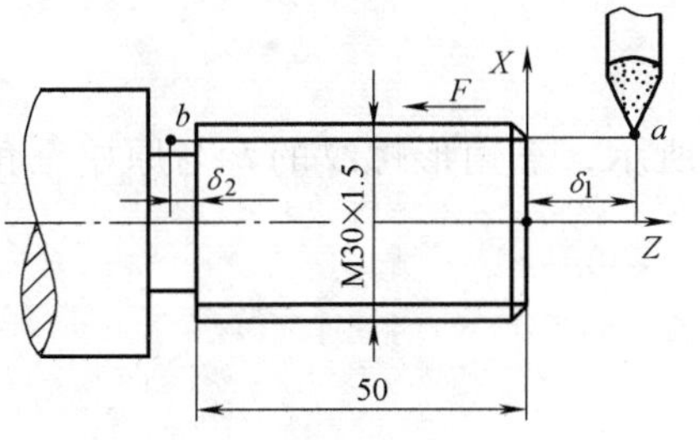

图 3-34　圆柱螺纹单程切削

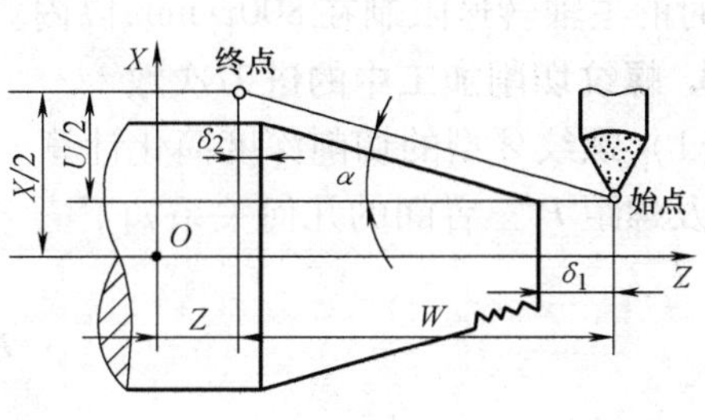

图 3-35　圆锥螺纹切削

2. 切削螺纹工艺要点

在数控车床上切削螺纹时，需要特别注意以下几点：

(1) 螺纹导程 F 数控系统在执行 G32 和其他螺纹切削指令时，导程参数由程序段中的 F 指令指定。此时，机床主轴的转动与刀具的进给将严格地保证螺纹的导程关系。这一相对运动速比依靠主轴伺服系统与进给伺服系统两者间速度控制的同步运行功能实现，此时的主轴速度倍率旋钮和进给速度倍率旋钮均处于失效状态。

(2) 螺纹切入长度 δ_1 和切出长度 δ_2 切螺纹过程中，刀具沿 Z 方向的进给量 F 需要一定的加速时间来达到。如图 3-34 所示，当刀尖处于 a 点位置时，F 值大小等于零；在刀尖移动到接近工件右端面时，F 值不断加速以达到预定 1.5mm 导程值的要求。如果刀尖开始切入材料时，F 值仍然没有达到所要求的数值，则切出的螺纹导程值将小于 1.5mm。所以，在螺纹切削行程中预先留出足够大的距离 δ_1，以便刀具的 Z 方向进给量达到规定的 F 值。δ_1 称为螺纹切削行程的切入长度，或者称螺纹切削引入长度。

主轴转速越高，要求 δ_1 越长。螺纹切入长度 δ_1 一般视主轴转速的高低取 3 ~ 6mm，主轴转速高时取大值，主轴转速低时取小值。

同理，刀尖切完螺纹，F 值需要一段时间减速，在到达行程终点 b 时，F 值降为零。如图 3-34 所示，减速运动的时间段 δ_2 称为螺纹切削切出长度，或者称引出长度。

螺纹切出长度 δ_2 的大小一般取 δ_1 的 0.25 倍，即

$$\delta_2 = 0.25\delta_1$$

(3) 车螺纹时的主轴转速限制 在数控车床上车削螺纹时，应限制主轴转速。车削螺纹时，为了保证刀尖在 δ_1 的运行时间内，刀具的进给运动量由 0 加速到程序所规定的导程值 F，机床需要具有相当大的动力加速度。切螺纹时，主轴转速越高，对 g 的要求越大，所需要的切入长度也越长。所以，为防止在高速切削螺纹时出现主轴计数丢步和切入长度不足的缺陷，应在切削螺纹时对主轴转速有最高限制。

车削螺纹时的主轴最高限速根据机床的动力性能具体确定，不同机床有不同的规定。例如，BKC2—001 型数控车床的数控系统规定主轴的最高转速限制为

$$n \leqslant \frac{1200}{P_\mathrm{h}} - 80 \tag{3-1}$$

式中 1200 ——该机床主轴脉冲编码器的工作频率为每转 1200 个脉冲；

P_h ——螺纹导程 (mm)；

80 ——转速降低的保险系数。

在尚不清楚一台数控机床车削螺纹的最高限速时，一般取较低值比较稳妥。推荐将切削螺纹时的主轴转速限制在 800r/min 以内。

3. 螺纹切削加工中的进刀次数

(1) 螺纹牙型的切削深度简化计算 如图 3-36 所示，三角形螺纹的 h 与原始三角形高度 H 及螺距 P 三者间的几何关系如下

$$h = 0.75H$$

$$H = 0.866P$$

$$h = 0.6495P$$

所以，螺纹切削加工中的螺纹小径可以按照上述关系计算。一般，螺纹小径 d_1 可以通过下述关系近似求出

$$d_1 = d - (1.1 \sim 1.3)P \tag{3-2}$$

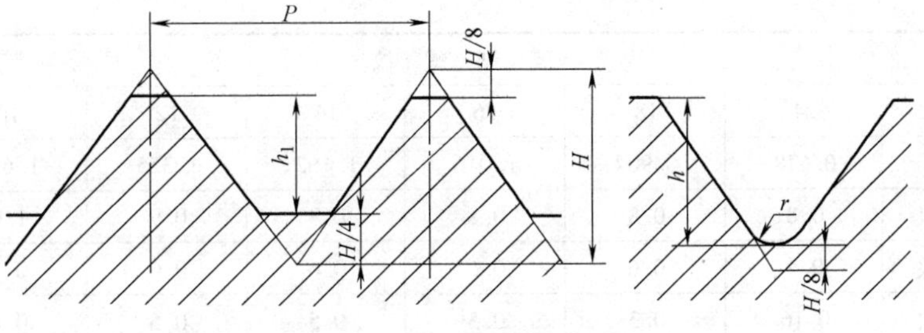

图 3-36 三角形螺纹的基本尺寸

式中 d_1 ——螺纹小径；

d ——螺纹大径；

P ——三角形螺纹的螺距。

系数 1.1 ~ 1.3 在切较高精度螺纹时取小值，切一般螺纹时取大值；对要求比较高的精密螺纹，其小径值应该按照螺纹公差要求精确计算和确定。

一般，牙型的全齿深需分几次走刀切出的，刀尖对齿槽的进给方式有直进法和斜进法两种，如图 3-37 所示。进刀方式不同，对刀尖和切削质量的影响也不同。图 3-37a 为斜进方式，比较有利于刀尖的受力和得到较高的切削加工质量。图 3-37b 为直进方式，切削质量较差。比较第一次和第二次进刀的刀齿受力截面积的大小可以看出，越往深处切削，刀齿的承载截面积成数倍增加。为了避免切削后几刀螺纹时，刀具由于承载过大而引起的振动，进刀的次数和每次进刀的背吃刀量应按照逐次递减的规律合理统筹。表 3-1 给出了常用三角形螺纹车削进刀次数及背吃刀量参考值。

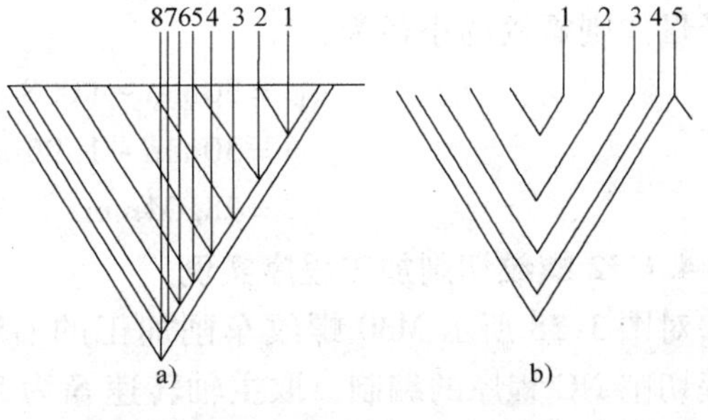

图 3-37 两种切削螺纹的进刀方式

表 3-1 常用三角形螺纹切削进刀次数及背吃刀量参考值

米制螺纹								
螺距 P		1.0	1.5	2.0	2.5	3.0	3.5	4.0
h		0.649	0.974	1.299	1.624	1.949	2.273	2.598
背吃刀量与切削次数	第 1 次	0.7	0.8	0.9	1.0	1.2	1.5	1.5
	第 2 次	0.4	0.6	0.6	0.7	0.7	0.7	0.8
	第 3 次	0.2	0.4	0.6	0.6	0.6	0.6	0.6
	第 4 次		0.16	0.4	0.4	0.4	0.6	0.6
	第 5 次			0.1	0.4	0.4	0.4	0.4
	第 6 次				0.15	0.4	0.4	0.4
	第 7 次					0.2	0.2	0.4
	第 8 次						0.15	0.3
	第 9 次							0.2

（续）

英制螺纹								
扣数牙/in		24	18	16	14	12	10	8
h		0.678	0.904	1.016	1.162	1.355	1.626	2.033
背吃刀量与次数	第1次	0.8	0.8	0.8	0.8	0.9	1.0	1.2
	第2次	0.4	0.6	0.6	0.6	0.6	0.7	0.7
	第3次	0.16	0.3	0.5	0.5	0.6	0.6	0.6
	第4次		0.11	0.14	0.3	0.4	0.4	0.5
	第5次				0.13	0.21	0.4	0.5
	第6次						0.16	0.4
	第7次							0.17

（2）G32螺纹的切削深度设计实例　对于图3-34中M30×1.5的螺纹，其公称直径为30mm，螺距P为1.5mm，经查表3-1：h为0.974mm；可以分四次进刀，四次的背吃刀量分别是：第一次0.8mm，第二次0.6mm，第三次0.4mm，第四次0.16mm，四次进刀量均为直径量。则螺纹的小径为

$$\begin{aligned}d_1 &= 30\text{mm} - (0.8 + 0.6 + 0.4 + 0.16)\text{mm} \\ &= 30\text{mm} - 1.96\text{mm} \\ &= 28.04\text{mm}\end{aligned}$$

4. G32螺纹切削加工程序实例

对图3-38所示M30螺纹车削加工的G32螺纹单行程切削NC程序的编制。取主轴转速S为500r/min，切入长度为4mm，切出长度为1mm，螺纹切削加工部分的其他工艺参数如前面的设计结果，则其螺纹加工部分的程序如下：

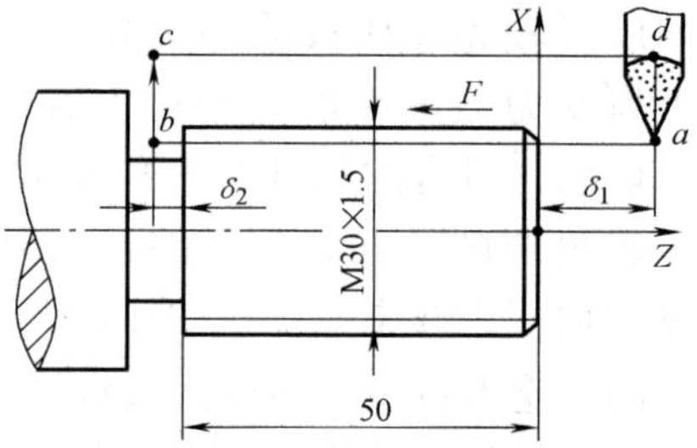

图3-38　螺纹切削加工G32

```
……   ;
N50   G00   Z4.0   ;                  （螺纹刀尖进入到切入长度4mm位置处）
N60   X29.2   ;                       （刀尖进到第一刀切削深度位置29.2mm处）
N70   G32   Z-51.0   F1.5   ;         （第一次螺纹切削）
N80   G00   X32.0   ;                 （径向快速退刀）
            Z4.0   ;                  （Z向快速退回）
N90         X28.6   ;                 （X向快速进到第二刀切削深度28.6mm处）
N100  G32   Z-51.0   F1.5   ;         （第二次螺纹切削）
N110  G00   X32.0   ;                 （径向快速退刀）
            Z4.0   ;                  （Z向快速退回）
N120        X28.2   ;                 （X向快速进到第三次切削深度28.2mm处）
N130  G32   Z-51.0   F1.5   ;         （第三次螺纹切削）
N140  G00   X32.0   ;                 （径向退刀）
            Z4.0   ;                  （Z向快速退回）
```

X28.04　;　　（*X* 向进到最后尺寸 28.04mm）
N150　G32　Z51.0　F1.5　;　　（第四次切削螺纹至尺寸）
N160　G00　X32.0　;　　（径向退出，螺纹切削结束）
……　;

由以上实例可以看出，刀具每切一次螺纹，都要完成径向快进、螺纹切削、径向快退、轴向返回，四个分解动作，完成图 3-38 所示的 *abcd* 图形。下一次切削再次完成同样四个分解动作，每次的 *abcd* 路径形成同样的循环图形和循环动作。在高性能数控系统中，可以将这四个动作及程序段复合为一个程序段，称为切削螺纹循环。

3.4.3　普通螺纹切削循环指令 G92

1. G92 螺纹切削循环的形成

在 FANUC－0i 数控车削系统中，把 G92 设置成为普通螺纹切削固定循环指令。如图 3-39 所示，刀尖切削螺纹时，由螺纹切削循环起点 *a* 开始，分别完成 1R—径向快进；2F—螺纹切削；3R—径向快退；4R—纵向快退并返回到循环起点位置。*abcd* 四个动作可由 G92 一个程序段表达，称为一个切削循环命令。

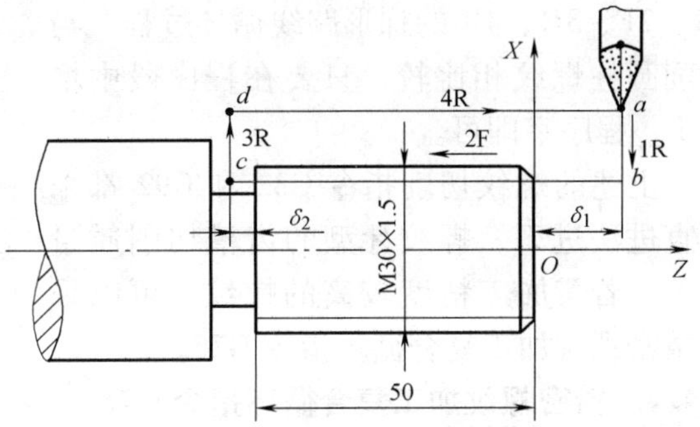

图 3-39　普通螺纹切削循环 G92

2. G92 螺纹循环指令格式

G92 螺纹切削指令格式如下：

G92　X__　Z__　F__　;　　（圆柱螺纹切削循环）

用增量值编程格式为：

G92　U__　W__　F__　;

对于圆锥螺纹：

G92　X__　Z__　I__　F__　;　　（圆锥螺纹切削循环）

或者

G92　U__　W__　I__　F__　;　　（增量值编程）

X__、Z__给出了螺纹切削行程的终点，即 *abcd* 循环图形中的 *c* 点位置坐标。如果刀尖还有下一刀的径向进刀，再一次 G92 时只要改变 X__值即可。*Z* 坐标值具有续效作用而被保留。

在圆锥螺纹切削循环命令中，程序字 I__给出了螺纹切削行程中刀尖沿径向（*X* 方向）的移动增量，如图 3-40 所示，所以将完成圆锥螺纹的切削。I__值的正负以 *X* 方向判定。

3. G92 螺纹切削循环实例

对于图 3-39 的三角形螺纹，G92 切削循环程序如下：

……　;
N50　G00　X34.0　Z4.0　;　　（刀尖进入螺纹切削循环起点 *a*）
N60　G92　X29.2　Z－51.0　F1.5　;　（螺纹切削循环，X__、Z__为目标点 *c* 的坐标值）
N70　　X28.6　;　　（螺纹循环第二刀，G92 其他参数均保持着）

```
N80    X28.2  ;     (第三刀)
N90    X28.04 ;     (螺纹循环结束)
……  ;
```

比较 G32 和 G92 两种螺纹切削加工程序，同样的 M30×1.5 螺纹切削，G92 螺纹切削循环使程序简化到原来的 1/3，方便程序的编写，减少错误的产生，同时也方便程序的阅读和检查。

4. G92 用于切削圆锥螺纹

用 G92 切削圆锥螺纹的刀尖移动路线如图 3-40 所示。循环起点是 a，刀尖由 a 点出发，经过 $abcd$ 图形移动后返回到 a 点，完成 1R、2F、3R、4R 的梯形路线循环过程。与切削圆柱螺纹相比较，只要在程序段中增加 I __程序字即可。

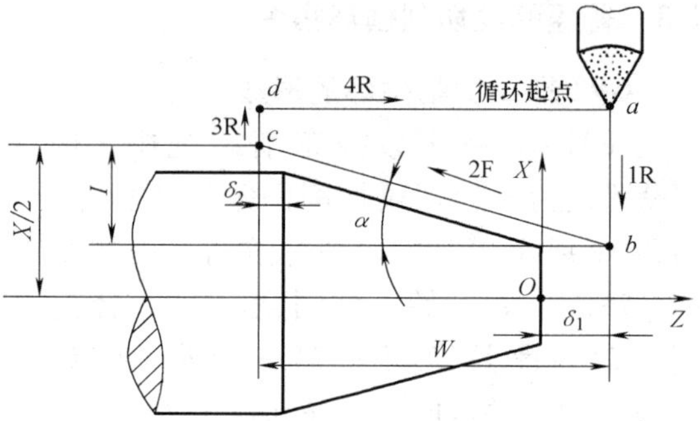

图 3-40　G92 循环切削圆锥螺纹

上述的螺纹切削指令 G32 和 G92 都采用直进法进刀，螺纹牙型的齿槽切削质量较差，若需加工精度较高的螺纹，可以采用精密螺纹加工复合循环指令 G76。

3.4.4　精密螺纹加工复合循环指令 G76

1. G76 精密螺纹切削循环的走刀路线

G76 指令一般用于切削高精度螺纹，其走刀路线如图 3-41 所示。A 点为螺纹切削循环的起点，位置的选择要考虑螺纹的切入长度（引入长度）δ_1。当主轴转速不太高时，一般选择距离工件前端面 3～6mm 的范围内。图中的 I 值是圆锥螺纹的径向增量，若 I 为零值，则是切削圆柱螺纹。

G76 方式中的螺纹收尾方式为斜向收尾，有利于螺纹根部保持强度。D 点为螺纹切削循环的目标点，其坐标值由程序字 X __、Z __或者 U __、W __以及 I __值给出。

G76 螺纹切削循环的进刀为斜进方式，如图 3-42 所示，可以保证较高的螺纹表面质量。螺纹每次的切深根据进刀次数依次递减。

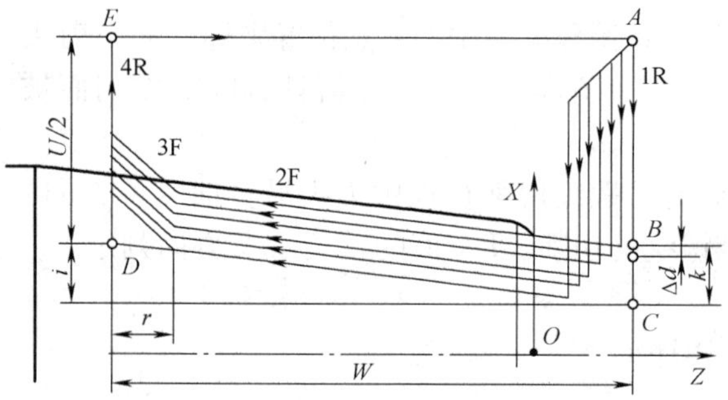

图 3-41　G76 螺纹循环的走刀路线

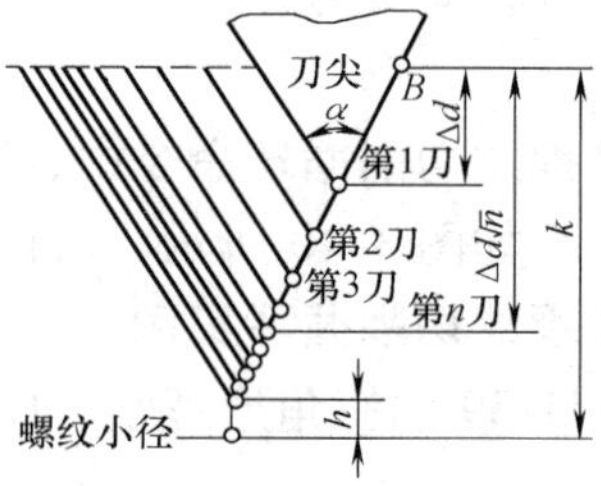

图 3-42　G76 螺纹循环进刀方式

2. G76 螺纹切削循环的程序段格式

G76 为精密螺纹加工循环指令，其程序段组成较复杂，包含各种工艺参数设置。G76 螺纹切削循环的程序段格式如下：

G76　P（m）　（r）（α）　Q（d_{min}）　R（d）；

G76　X（U）　Z（W）　R（i）　P（k）　Q（Δd）　F（f）；

其中：

m：螺纹切削循环次数，用两位数码 00～99 表示。

r：螺纹收尾尺寸（也称倒角量），见图 3-41。r 以螺纹导程 P 的倍数表示，其范围是 $0.1P \sim 9.9P$。规定 r 用两位数码表示，即 00～99，所以 06 表示 r 为 $0.6P$，12 表示 r 为 $1.2P$。

α：刀尖角度，有 0°、29°、30°、55°、60°等几种，用两位数码 00、30 等表示。

d_{min}：最小背吃刀量，为了避免最后一刀的量过小，作此限制，小于该值则将后面的量并入前一循环一起车出。规定采用无小数点编程方式，即以机床脉冲当量值 0.001 为单位，若 $d=0.03$mm，应写作 Q30。

d：螺纹切削余量。

X（U）Z（W）：螺纹的目标点 D 点坐标，X ＿表示圆锥螺纹小端的小径，当 i 值为零时，X 表示圆柱螺纹的小径。

i：圆锥螺纹的大端半径增量，用机床脉冲当量表示。

k：螺纹深度，用机床脉冲当量表示。

Δd：第一刀的背吃刀量，用机床脉冲当量表示。

f：螺纹的导程值，每转进给量（mm）。

3. G76 螺纹切削循环实例

利用螺纹切削循环 G76 编写图 3-43 所示螺纹的程序。

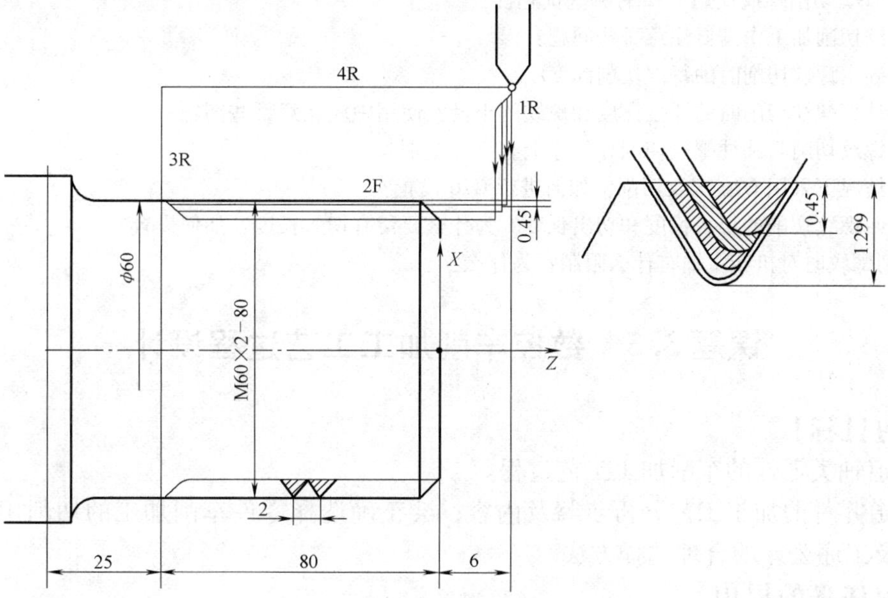

图 3-43　G76 精密螺纹切削循环图样

首先确定 G76 切削循环程序中各相关工艺参数：

刀具号：06 号；

螺纹导程：2mm；

切入长度：6mm；

其余参数按照 G76 程序的参数顺序分别为：

m：循环次数，确定切 5 刀，用 05 表示；

r：螺纹收尾长度 2.5mm，用 12 表示；

α：刀尖角度 60°，用 60 表示；

d_{min}：最小背吃刀量，确定为 0.02，用 20 表示；

d：螺纹最后的精车余量，确定为 0.02mm；

i：锥度增量，为零值，此项省略；

k：螺纹牙深，即螺纹牙型高度 k = 0.649mm × 2 = 1.299mm，用脉冲当量表示为 1299；

Δd：第一刀的背吃刀量，确定为 0.45mm，用 450 表示；

G76 程序段所有参数确定之后，其程序格式如下：

```
……  ;
N50  G00  X66.0  Z6.0  T0606  ;                 (06 螺纹刀具进入循环起点)
N60  G76  P051260  Q20  R0.02  ;                (螺纹切削循环参数设置)
G76  X57.50  Z-80.0  P1299  Q450  F2.0  ;       (螺纹循环加工 5 次后结束)
N70  G00  X200.0  Z300.0  T0600  ;              (刀具返回)
……  ;
```

【思考与练习】

1. 螺纹数控切削加工有哪几种指令？
2. G32 螺纹加工应用于什么场合？其加工精度如何？
3. 采用 G92 切削螺纹比用 G32 有哪些优越性？
4. 在螺纹切削加工中需要注意哪些问题？
5. 怎样确定螺纹切削时的每次切削深度？
6. 怎样计算螺纹切削时的牙型深度和螺纹的小径？使用中应注意哪些问题？
7. 锥度螺纹切削与圆柱螺纹切削在程序上有哪些差别？
8. 什么情况下采用 G76 螺纹切削？如何进行 G76 设置？
9. 什么叫螺纹切削的切入长度和切出长度？为什么要留有切入长度？如何设置？
10. 切削螺纹时对机床主轴有什么限制？为什么？

课题 3.5　数控车削加工工艺过程设计

【学习目标】

1. 知道轴类零件的车削加工工艺过程。

2. 知道零件的加工工艺分析步骤及内容；会正确选择零件车削加工的切削用量；知道工序尺寸及工序公差的合理选择方法。

【学习任务的提出】

3.5.1　典型零件的数控车削加工工艺过程设计实例

试编制图 3-44 所示工件的数控车削加工工艺及 NC 程序。

1. 工件的图样分析

零件结构由圆柱、圆锥、螺纹退刀槽、螺纹及 45°倒角所组成；其工艺难点主要是 1:5

圆锥面，R70 球面和 M48×1.5 螺纹三处结构为工艺要点和重要部位，现采用数控车削加工保证加工精度。

2. 零件的数控车削加工工艺过程

工件分四大步骤切削加工：

1）用外圆车刀粗车各部外圆，去除大部分加工余量。

2）用外圆车刀精车外圆、圆锥、R70 球面和45°倒角。

3）用挖槽刀车 3×45 的退刀槽。

4）用60°螺纹刀车削 M48×1.5 螺纹的加工。

3. 加工切削用量的确定

1）粗车：S：650r/min，F：200，a_p：3～5mm。

2）精车：S：600r/min，F：80，a_p：0.5mm。

3）挖空刀槽：S：800r/min，F：50。

4）车螺纹：S：200r/min，F：1.5，a_p：按照表3-1 选择为：0.8；0.6；0.4；0.16。

4. 数控切削加工 NC 程序

编制图 3-44 所示零件的数控车削加工 NC 程序由学员自己完成。

【相关知识】

3.5.2 数控车削加工的工艺分析

在数控切削加工中，机床的所有细微动作都要编写进数控加工程序中。所以在数控加工程序产生之前，必须把编写程序所需要的所有技术参数基本确定。零件的数控加工工艺分析和工序设计就是为程序的顺利编写所进行的准备工作。

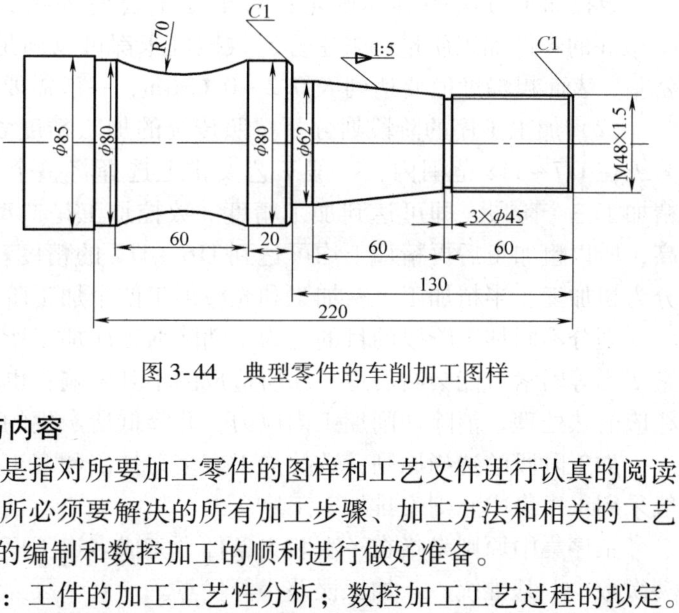

图 3-44 典型零件的车削加工图样

1. 工艺分析和工序设计的目的与内容

数控加工的工艺分析和工序设计是指对所要加工零件的图样和工艺文件进行认真的阅读和技术分析，以确定数控切削加工中所必须要解决的所有加工步骤、加工方法和相关的工艺技术参数，为数控切削加工 NC 程序的编制和数控加工的顺利进行做好准备。

数控加工工艺分析包括两大内容：工件的加工工艺性分析；数控加工工艺过程的拟定。数控加工工序设计则包括：加工刀具、夹具的选择；走刀路线的确定；切削用量的选择。

2. 工件的加工工艺性分析

工件加工工艺性分析主要是阅读图样和工艺文件解决以下三个方面的问题：

1）了解工件的加工工艺难点和关键工序，确定这些工艺要点的加工工艺方法。

2）了解工件工艺要点的设计基准，明确数控加工工艺过程中的工艺基准和装夹方法，以及对零件的加工进行检验测量的基准和测量方法。

3）了解工件的材料及热处理要求，明确切削用刀具材料及冷却、润滑方案，正确地选择切削用量。

只有认真仔细地阅读工件图样和工艺规程，才能够较全面地掌握零件的加工要点，包括重要的尺寸精度、形位公差、表面加工质量和表面硬度等要求，才能够对关键尺寸和重要的公差要求做到心中有数，对工艺安排把握住重点，使工艺过程顺利进行。

加工过程紧紧围绕工件的关键工序进行。首先应确定关键部位关键尺寸的加工工艺方法，再由最后一道关键工序的精加工逐级向前一步步确定前一道工序的各项加工工艺方法和工艺参数。

了解工艺要点的设计基准，以便合理选择各个切削加工工艺过程中的工艺基准，并及时解决相关的工艺尺寸链及其工艺尺寸的解算问题。

了解工件的材料及热处理要求，以便正确选择切削加工各工序中的刀具及相应的冷却、润滑方案，为切削用量的合理选择提供必要的依据。

3. 数控加工工艺过程的拟定

数控加工工艺过程的拟定是指在对工件切削加工的全过程进行必要了解的基础上，正确制订本工序的数控加工全过程。它包括数控加工方法的确定；加工工序阶段的划分与选择；各工序先后顺序的确定这三个方面的工艺选择。

（1）数控加工方法的确定　由于数控机床本身的几何精度较高，对微细运动要求的响应较理想，所以，数控机床的加工精度比普通机床的加工精度要高。

数控加工方法的具体确定：对于加工公差等级为 IT7—IT8、表面粗糙度值 $R_a0.8 \sim 1.6\mu m$ 的零件加工质量，采用普通数控机床都可以满足加工要求；如果要达到 IT5—IT6 级公差、表面粗糙度值要达到 $R_a0.2 \sim 0.63\mu m$，一般需要利用较高精度的数控机床进行加工。

（2）加工工序的阶段划分　按照传统的加工精度划分，对普通加工精度的工件，公差等级在 IT7 ~ IT8 范围内，一般工艺安排上选择将整个工艺过程划分为粗加工、半精加工、精加工三个阶段，即可达到加工精度。数控加工是典型的集中加工手段，而且加工精度较高，所以粗加工后再精加工均可达到 IT6 ~ IT7 的精度。对高精度零件的加工，可以考虑划分为粗加工、半精加工、精加工和光整加工四个加工阶段。

划分不同加工阶段的目的是为了消除前工序加工所产生的高切削温度、加工内应力和夹紧变形等因素可能会给后道工序所造成的不利影响；也是为在各个切削加工的不同阶段进行相应的热处理，消除切削加工内应力，并降低所产生的高温和变形。

加工阶段的选择原则：数控加工有多刀加工和多工序复合加工的特点，在数控机床上一般采用工序集中原则安排加工工序。

工序集中原则是指在一次装夹条件下完成多道工序内容。工序集中具有生产效率高、装夹次数少、基准统一、加工误差小等优点。

只有在高精密零件的数控加工中，为了消除粗加工的温度、夹紧变形和加工应力的影响时，才将精加工与半精加工分开工序，并安排相应的热处理，这种工序安排称为工序分散原则。

（3）加工工序的顺序安排　为保证加工过程的合理安排，一般遵守以下工序安排顺序原则：

1）先面后孔　先加工各种平面和外表面，后加工内孔。

2）先主要后次要　先加工主要表面，后加工次要表面。

3）先粗后精　先进行粗加工，后精加工。

4）先基准后其他　先加工基准面，后加工非基准面和其他表面。

3.5.3　数控车削加工的工序设计

数控加工的工序设计是指对每一个具体的加工工序进行所有工艺参数的选择和确定，包括对本工序所使用的刀具、工具、量具、切削用量、走刀路线、运动的起点与终点等工艺参数，甚至机床设备和夹具等进行具体的选择和确定。下面重点讲解数控加工走刀路线的科学安排。

走刀路线是指切削加工过程中，刀具相对于工件的移动轨迹，也称为刀具路径、切削路线、刀具轨迹等。走刀路线不仅有进给运动，也常有快速移动。

数控车削加工的走刀路线一般比较简单，基本遵循机床预先设置的各种车削循环路线。在安排车削加工的走刀路线时，需要掌握以下原则：

（1）纵、横分开原则　为了避免刀具相对于工艺系统的运动过程发生意外碰撞，在刀具进入切削区域的运动中要先纵向后径向，即刀具由离工件的远点快速趋近工件时，应先纵向移动，在距离工件较近时再径向移动，可以避免刀具过早地与工件发生干涉。在退出切削区域时，则应先径向移动，待刀具退到较安全的位置时，再纵向移动。如图3-45所示。

纵、横移动分开是安全措施，安全是数控机床生产中的首要问题。

当对一台机床的运动性能未有十分把握时，应避免采用斜方向快速移动。例如快速点定位指令G00，许多早期的数控系统并不能预先确定刀具路线，而是首先沿45°方向直线移动，执行完 X 和 Z 两个移动方向中距离短的坐标方向后，再沿另一运动坐标方向执行移动，如图3-46所示。如此，有可能在G00快速移动中发生碰撞，安全的方法应将两个坐标方向的移动分开。内孔加工时，先纵向（轴向）退刀，再径向退刀。外圆切削加工中，应先径向退刀，再纵向退刀。这种移动方法在移动距离上要比直接走斜线长，用时也多，但是安全。

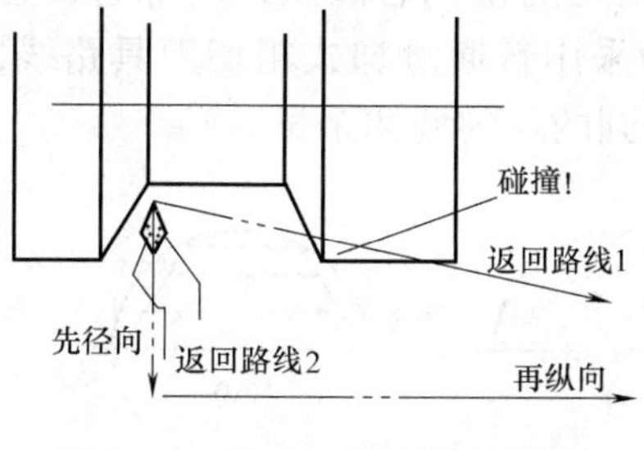

图3-45　防止刀具碰撞的措施

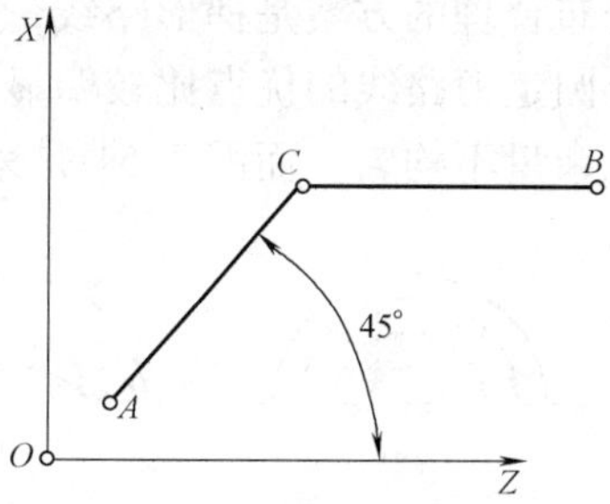

图3-46　G00快速移动方式

纵横分开原则是为了避免碰撞，如果刀具已经移出工作区域，之后的快速运动可以保证安全，则应采用路线最短原则。

（2）路线最短原则　运动路线短，工时就用得少，加工效率也高。

为了使粗车加工的路线短，在车床的粗车加工走刀路线安排中，一般首先将工件外端面车削一刀。因为数控加工的外圆车削循环在前端面处的进给方式为快速进给，如图3-47所示。为了防止刀具与工件毛坯边发生碰撞，外圆车削循环的起点要设立在离前端

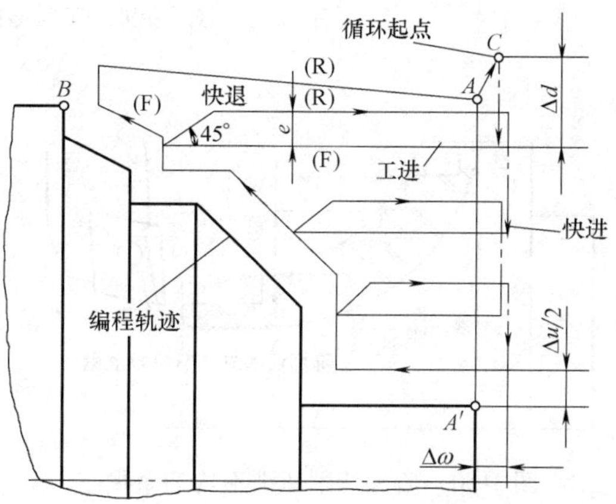

图3-47　外圆车削循环的切削路线

面较远的位置，如图3-48中的D点，多占用非切削时间。而如果先把前端面清理一刀，循环起点就可以离切过一刀的前端面很近，如图3-48中的C点，既可有效避免碰撞，又可为加工过程节省时间。所以，先平端面往往是许多工艺人员安排刀具路线时的首选。

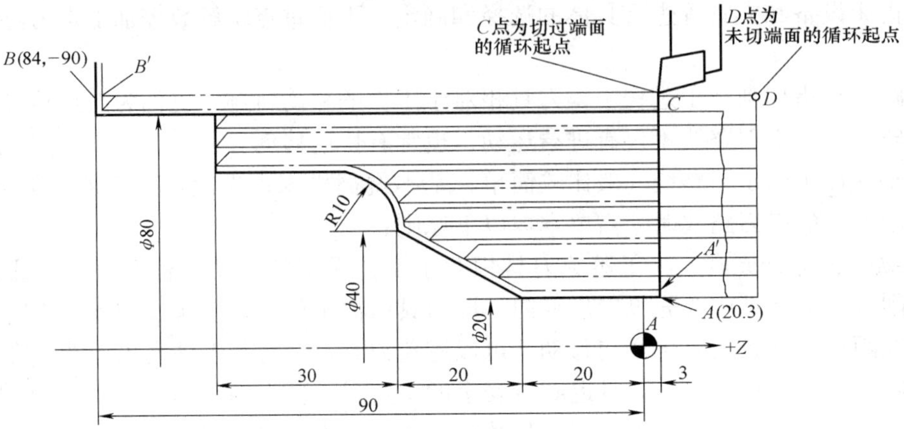

图3-48 先切端面后的循环起点

（3）余量均匀原则 余量均匀是指粗加工要给精加工创造条件，留下比较均匀的切削余量。

如图3-49所示的圆弧曲面粗加工，可以采用不同的四种加工路线。图3-49a为同心圆，图3-49b是等直径圆弧，图3-49c采用三角形走刀路线，图3-49d表示梯形路线。这几种路线各有自己的特点，其中程序段最少的是两种圆弧路线；走刀路线最短的是同心圆弧路线，切削力分布合理的方案是梯形路线，而精加工余量最均匀的是同心圆路线。综合以上分析，采用同心圆走刀路线的优点比较明显。图3-50所示为采用普通阶梯式粗切刀具路线，留下的精加工余量不均匀。而图3-51是采用圆弧切削所得到的均匀精切余量。

图3-49 圆弧槽的四种不同加工路线

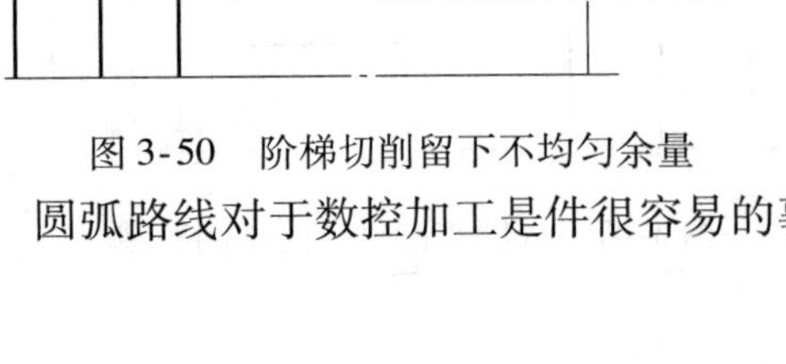

图3-50 阶梯切削留下不均匀余量

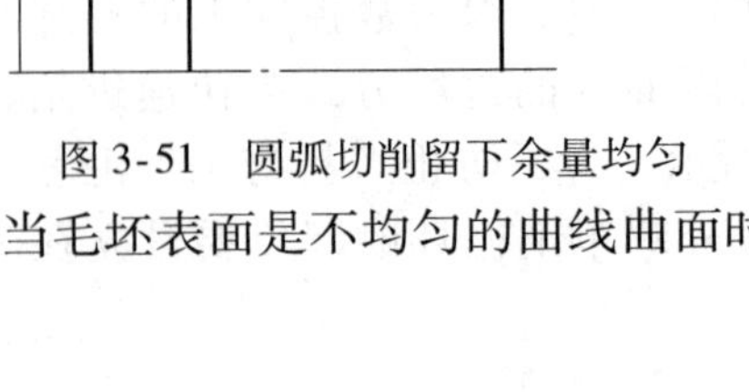

图3-51 圆弧切削留下余量均匀

圆弧路线对于数控加工是件很容易的事。所以，当毛坯表面是不均匀的曲线曲面时，采用如图 3-52 所示的图形循环对精加工有利。但另一方面，图形循环通常也是各种方案中路线最长用工时最多的方案，所以要根据工件加工的具体精度要求和加工工时综合取舍。同理，对于如图 3-53 所示的圆弧粗加工，采用任何直线形的刀具走刀路线都不如采用圆弧路线给精切留下的余量更为均匀，但刀尖在工件前端面处要进行大量的非切削圆弧进给，会耽误很多空走刀工时。

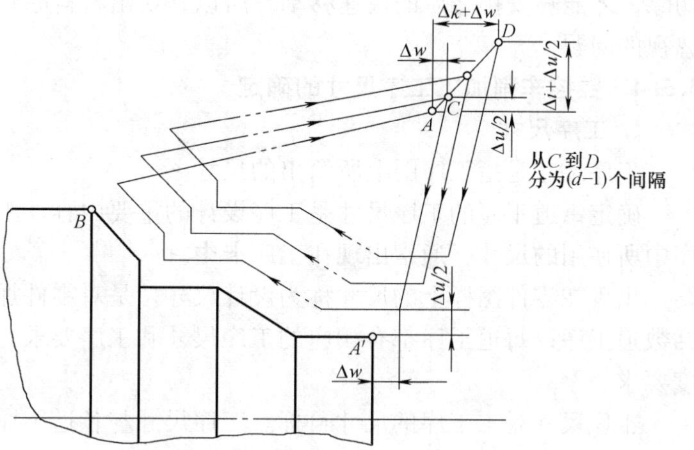

图 3-52　图形循环的走刀路线

（4）切出材料原则　该原则是指必须在刀尖完全切除工件材料后再快速返回。

在如图 3-54 所示的台阶面切削中，经常用主偏角 K_r 大于 90°的端面车刀。当刀具没有沿着径向完全车离工件材料时，其刀刃嵌在工件材料内部，此时若径向快速退刀，必然会造成刀尖破损。正确的方法是令刀尖完全沿着径向车出工件材料，再快速退出移动。

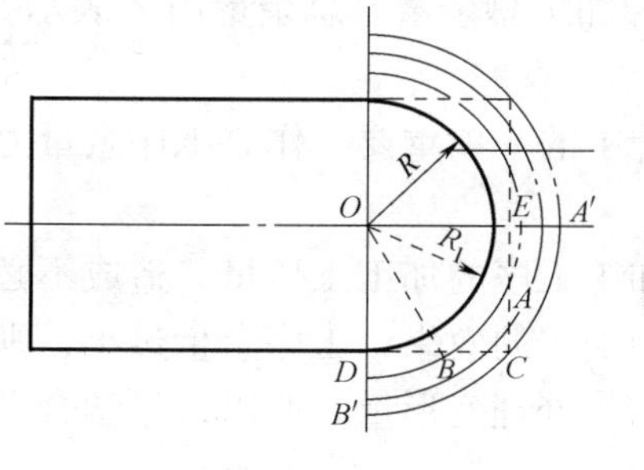

图 3-53　采用圆弧路线

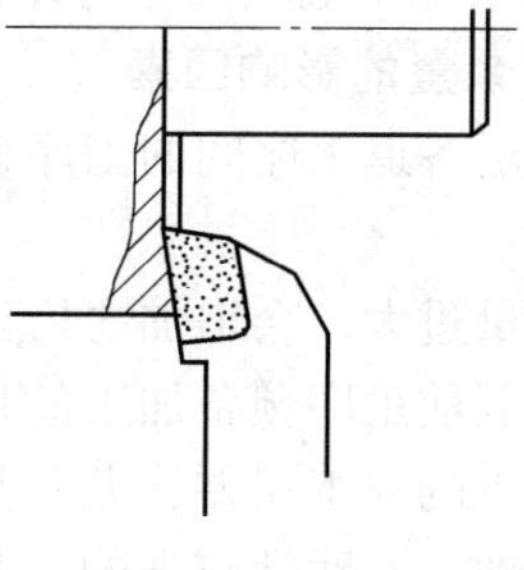

图 3-54　刀尖尚未车出工件材料

图 3-55 所示为外圆车削循环中刀尖的退刀方向示意图。由于工件存在切削残角，要求刀尖的退刀方向必须在残角以外，以免造成刀尖破损。一般，粗车固定循环的退刀方向均为图 3-55 所示的 45°方向。

同样情况在切端面时也经常发生，如图 3-56 所示。在进行前端面切削时，经常会留下材

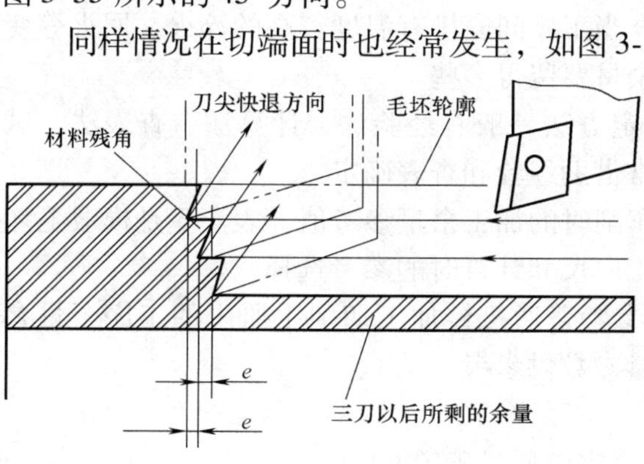

图 3-55　外圆车削循环的残角与 45°退刀

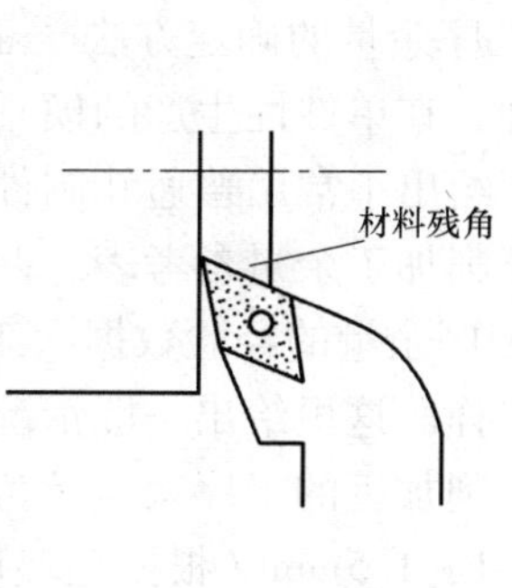

图 3-56　切端面时的材料残角

料残角，要想保证刀尖的安全，就必须在轴向上向右切削进给一段距离，让刀尖将该处残留切除，才能够安排之后的快速移动。所以，切出材料原则是编写程序和切削操作过程中不可忽视的问题。

3.5.4 数控车削加工工序尺寸的确定

1. 工序尺寸

工序尺寸是指工序图上所给出的尺寸。

确定每道工序的工序尺寸是工序设计的重要内容。工序尺寸是在零件加工的某道生产工序中所使用的尺寸，通常出现在工序卡中。

出现在零件图样上的尺寸称为设计尺寸，是对零件加工最终要求。某个加工工艺过程包括数道工序，每道工序都有相应的工序尺寸和工序要求，以便于最终达到设计图样的各项精度要求。

工序尺寸是本工序的尺寸目标。工序尺寸与各道工序间加工余量的大小有关。

2. 加工余量

（1）定义　加工余量是指加工过程中所要去除的材料量，一般指去除材料层的厚度。加工余量又可分为加工总余量和工序余量等几个不同概念。

（2）工序余量　相邻两道工序间的工序尺寸之差称为加工工序余量，简称工序余量。工序余量用 Z_i 表示。

（3）总余量　毛坯尺寸与设计尺寸之差即为加工总余量。总余量用 Z 表示。

3. 工序余量的影响因素

合理确定各道工序间的工序余量是工序设计中的一项重要工作。工序余量力求选择得科学合理。

工序余量过大，会增加之后工序尤其是精加工工序的加工工作量，造成不必要的消耗和浪费，并削弱前工序预备加工的目的，达不到预加工的效果；工序余量过小，则无法完全纠正前工序留下的加工误差，尤其是变形比较大的热处理变形量。所以，科学合理地确定工序余量是经验性、实践性较强的工艺技术问题。

（1）影响加工余量的主要因素　一般，影响加工余量的主要因素是前工序的加工误差（包括尺寸误差、形位误差和表面缺陷）、前工序的变形误差（包括夹紧变形和热变形）、本工序的安装误差（定位夹紧误差）这三类误差。其中，对后工序影响最大的多为热处理的变形误差和热处理所产生的高温氧化皮。所以，当工序间安排有温度较高的淬火、回火等变形较大的热处理工序时，给后道工序留的加工余量要留得多些。

（2）工序余量的确定方法　工序余量的确定方法一般有经验法、计算法、查表法、试验法等几种，在单件性生产的模具制造中，通常借助经验和查表确定。

表 3-2 给出了常用普通轧制件毛坯在数控车削时的加工余量参考值，表 3-3 是模锻毛坯件的数控车削加工余量参考表。两表可以作为工序尺寸计算时的参考选择。

（3）工序余量的经验数据　工序余量可以参考普通机械加工切削手册中的工序余量参数表进行选择。这里给出一般情况下工序间余量参数供参考。

数控车削加工的工序余量参考如下：

粗车：1 ~ 1.5mm（根据毛坯质量和工件装夹定位质量确定）。

半精车：0.3 ~ 0.5mm（根据后工序热处理变形情况确定）。

表 3-2　数控车削加工常用加工余量参考表（普通轧制件）

直径/mm	加工方法	轴向长度/mm					
		<120	120~260	260~500	500~800	800~1250	1250~2000
<50	粗车	1.3	1.8	2.2			
	半精车	0.4	0.45	0.5			
	精车	0.2	0.25	0.3			
	细车	0.1	0.12	0.15			
50~120	粗车	1.1	2.0	2.5	2.7	3.4	
	半精车	0.4	0.45	0.5	0.5	0.55	
	精车	0.25	0.30	0.30	0.35	0.35	
	细车	0.12	0.14	0.16	0.20	0.20	
120~2000	粗车	1.3	2.0	2.2	2.7	3.5	4.5
	半精车	0.45	0.50	0.55	0.55	0.55	0.60
	精车	0.25	0.25	0.30	0.30	0.35	0.40
	细车	0.13	0.15	0.17	0.18	0.20	0.28

表 3-3　数控车削加工常用加工余量参考表（模锻毛坯件）

直径/mm	加工方法	轴向长度/mm					
		<120	120~260	260~500	500~800	800~1250	1250~2000
<50	粗车	1.4	2.0	2.3			
	精车	0.25	0.30	0.35			
	细车	0.14	0.15	0.16			
50~120	粗车	2.0	3.0	4.0	4.5	5.2	8.0
	精车	0.3	0.4	0.45	0.5	0.5	0.6
	细车	0.15	0.2	0.24	0.25	0.30	0.35
120~180	粗车	2.8	4.5	5.0	5.6	6.5	7.5
	精车	0.3	0.4	0.45	0.5	0.55	0.6
	细车	0.2	0.24	0.25	0.27	0.30	0.35

精车：0.15~0.25mm（视刀尖和机床精度条件确定）。

精细车：0.10~0.15mm（视精车刀尖的锋利程度即刀尖的最小圆弧半径确定）。

4. 工序尺寸的确定

各道工序的工序余量确定后，即可计算每一道工序的尺寸。工序设计中，工序尺寸的计算由最后一道精加工工序开始，根据零件图样的设计尺寸逐级向前，一级一级计算。

例如，某零件直径为 ϕ40mm，最后一道精加工预留工序余量为0.15mm，则其前道工序半精加工时的工序尺寸为

$$
\begin{aligned}
A &= 40\text{mm} + 0.15\text{mm} \\
&= 40.15\text{mm}
\end{aligned}
$$

如果半精加工的加工余量为0.3mm，则前面粗加工工序所完成后的尺寸为

$$A=40.15\text{mm}+0.30\text{mm}$$
$$=40.45\text{mm}$$

逐级向前，可以计算出每一道工序的工序尺寸。

3.5.5 数控车削加工中的切削用量

1. 数控加工切削用量

切削用量是指在金属切削加工过程中所采用的切削工艺参数。在普通切削加工中，切削用量主要是指切削速度（即切削点主运动的线速度）v、背吃刀量（旧叫吃刀深度或切削深度）a_p 和进给量 f（或进给速度 v_f）三个工艺参数，称为三大用量。

在数控加工中，由于数控加工 NC 程序所采用指令的原因，将切削速度用主轴转速体现，所以数控加工中的三大切削用量为：背吃刀量 a_p、进给量 f 和主轴转速 v 三个工艺参数。

2. 数控车削的切削用量选择原则

切削用量的大小影响切削力、切削功率、刀具的磨损程度、加工质量以及生产加工成本，直接影响到加工效率。所以在选择切削用量时，在保证加工质量和刀具耐用度的前提下，要充分发挥机床的加工能力，提高生产效率，降低生产成本。

在数控切削加工中，切削用量的选择值比普通机床的切削用量小，这是为了减少机床切削加工生产中的换刀次数。因为，数控机床换新刀的调整对刀时间往往较长，增加辅助工时，降低生产效率。

粗、精加工具有不同的切削用量的选择原则。

（1）粗加工切削用量的选择原则　粗加工的工艺指标是高生产效率，所以，在保证刀具耐用度的前提下，材料切除率是粗加工切削用量的选择原则和基本出发点。三大用量选择方法如下：

① 背吃刀量 a_p。由于背吃刀量的增大对切削力和切削功率增加的影响程度最小，即增加的背吃刀量，切削力的增加并不很大。所以，在粗加工中，应该用少的走刀次数将切削余量尽快切除。如果刀具和工艺系统的刚性条件允许，应在一次或两次走刀过程中切除所有余量。

② 进给量 f。选择进给量大小的直接因素有机床进给系统的刚性、数控系统对进给运动的插补计算和插补控制的响应速度，以及工件的加工表面质量。

粗加工对加工表面质量没有过高的要求，只要机床数控系统对进给运动的计算和反应没有问题，在工艺系统刚性条件允许的前提下，可以选择比较大的进给量。

在不同的数控机床上，所配置数控系统的功能不同，反映进给量的程序字 F 有不同的含义，在数控钻床和数控车床上，F 字常反映每转进给量；而在数控铣床上，则反映每分钟进给量。

③ 主轴转速 v。主轴转速体现的是切削速度。在普通机床加工中，切削速度大小的选择主要受制于刀具的耐用度，切削速度越高，刀具寿命越低。但对于数控车床，主轴加工最高转速的主要影响因素是机床主轴的支撑刚度和卡盘对工件的夹持能力以及工件高速回转的安全性。

工件随车床主轴高速旋转，主轴直径大、功率大、卡盘刚性大的车床，主轴的许用转速就高。车床主轴回转速度还与工件大小、工件的装夹可靠性和工件外形轮廓结构的对称性有关，所以主轴的高转速要视工件装夹回转的安全可靠程度具体确定。

切削速度、主轴转速和切削点的回转直径三者之间的关系如下

$$v=\frac{\pi Dn}{1000} \tag{3-3}$$

或者

$$n=\frac{1000v}{\pi D} \tag{3-4}$$

式中　v——切削刃切削点的切削线速度，即切削速度（m/min）；

n——车床主轴的回转速度，即每分钟内的转数（r/min）；

D——切削刃切削点的回转直径（mm）。

根据选定的切削速度和车削直径，可以计算出主轴转速 n。通过以上对三个参数的粗加工分析，可以得出如下粗加工的三大用量选择原则。

粗加工切削用量的选择原则为：优先选择尽可能大的背吃刀量 a_p；再根据切削系统的允许条件选择较大的走刀量F；最后根据主轴及工件装夹的安全情况选择合适的主轴转速S。

（2）精加工中切削用量的选择原则　精加工切削用量的选择原则与粗加工有所不同，精加工的主要目标是保证加工质量，追求的工艺指标是高加工精度，切削用量的选择要围绕这一总目标。

① 背吃刀量 a_p。精加工中的背吃刀量已经没有可选择的余地，因为精加工的加工余量很小，背吃刀量的大小就是精加工余量的大小。由于刀尖的最小圆弧半径不可能十分小，所以精加工都是一次走刀即完成切削加工。

② 进给量 f。走刀量的大小直接影响加工表面粗糙度，所以精加工中的走刀量取得较小，一般控制在进给量 f 小于精车刀修光刃的长度。

③ 主轴转速 v。选择主轴转速 v 要根据机床的主轴回转支撑精度和工艺系统的刚性灵活选择。对于数控车床，还要视工件回转的平稳性。

在切削中碳钢和低碳钢时，中低速切削区容易产生积屑瘤，要尽量避开15～25m/min的刀瘤区。

3. 数控车削加工切削用量的具体选择

数控车削加工中的切削用量可以参考表3-4、表3-5和表3-6选择。也可以根据下述经验参数初步确定。

表3-4　硬质合金车刀数控车削加工的切削速度　（单位：m/min）

工件材料	热处理	a_p mm	0.3～2.0	2～6	6～10
		f mm/r	0.08～0.30	0.3～0.6	0.6～1
低碳钢	热轧	140～180		100～120	70～90
中碳钢	热轧	130～160		90～110	60～80
	调质	100～130		70～90	50～70
合金结构钢	热轧	100～130		70～90	50～70
	调质	80～110		50～70	40～60
工具钢	退火	90～120		60～80	50～70

（续）

工件材料	热处理	a_p/mm：0.3~2.0	2~6	6~10
		f/(mm/r)：0.08~0.30	0.3~0.6	0.6~1
灰铸铁	HBW<190	90~120	60~80	50~70
灰铸铁	HBW=190~225	80~110	50~70	40~60
高锰钢			10~20	
铜及铜合金		200~250	120~180	90~120
铝及铝合金		300~600	200~400	150~200
铸铝合金		100~180	80~150	60~100

表 3-5 硬质合金车刀粗车时的进给量 f 参考表 （单位：mm/r）

工件材料	车刀刀杆 $B\times H$/mm×mm	工件直径/mm	背吃刀量 a_p <3	≥3~5	≥5~8	≥8~12	≥12
碳素结构钢 合金结构钢 耐热钢	16×25	20	0.3~0.4				
		40	0.4~0.5	0.3~0.4			
		60	0.5~0.7	0.4~0.6	0.3~0.5		
		100	0.6~0.9	0.5~0.7	0.5~0.6	0.4~0.5	
		400	0.8~1.2	0.7~1.0	0.6~0.8	0.5~0.6	
	20×30 25×25	20	0.3~0.4				
		40	0.4~0.5	0.3~0.4			
		60	0.5~0.7	0.5~0.7	0.4~0.6		
		100	0.8~1.0	0.7~0.9	0.5~0.7	0.4~0.7	
		400	1.2~1.4	1.0~1.2	0.8~1.0	0.6~0.9	0.4~0.6
铸铁铜合金	16×25	40	0.4~0.5				
		60	0.5~0.8	0.5~0.8	0.4~0.6		
		100	0.8~1.2	0.7~1.0	0.6~0.8	0.5~0.7	
		400	1.0~1.4	1.0~1.2	0.8~1.0	0.6~0.8	
	20×30 25×25	40	0.4~0.5				
		60	0.5~0.9	0.5~0.8	0.4~0.7		
		100	0.9~1.3	0.8~1.2	0.7~1.0	0.5~0.8	
		400	1.2~1.8	1.2~1.6	1.0~1.3	0.9~1.1	0.7~0.9

表 3-6 按照表面粗糙度选择切削用量时的参考值 f

工件材料	表面粗糙度 R_a/μm	切削速度/(m/min)	刀尖圆弧半径/mm 0.5	1.0	2.0
铸铁	≥5~10	不限	0.25~0.4	0.40~0.50	0.50~0.60
青铜	≥2.5~5		0.15~0.25	0.25~0.40	0.40~0.60
铝合金	≥1.25~2.5		0.10~0.15	0.15~0.20	0.20~0.35

（续）

工件材料	表面粗糙度 $R_a/\mu m$	切削速度/（m/min）	刀尖圆弧半径/mm		
			0.5	1.0	2.0
碳钢合金钢	≥5～10	<50	0.30～0.50	0.45～0.60	0.55～0.70
		≥50	0.40～0.55	0.55～0.65	0.65～0.70
	≥2.5～5	<50	0.18～0.25	0.25～0.30	0.30～0.40
		≥50	0.25～0.30	0.30～0.35	0.30～0.50
	≥1.25～2.5	<50	0.10～0.15	0.11～0.15	0.15～0.22
		≥50～100	0.11～0.16	0.16～0.25	0.25～0.35
		≥100	0.16～0.20	0.20～0.25	0.25～0.35

（1）背吃刀量 a_p　在数控车削加工中，背吃刀量一般可按以下参数值选择：粗加工5～10mm，视毛坯质量的具体情况确定；半精加工0.5～2mm，根据加工应力和精基准精度确定；精加工0.1～0.4mm，最小值要视刀尖的锋利程度确定。

当工艺系统的刚性条件差或毛坯余量很大、毛坯余量不均匀时，粗加工可以多几次走刀，多走几刀也有助于减小毛坯误差所引起的加工复映误差。毛坯质量好，刚性条件允许，可以一次切完。

（2）进给量 f　粗加工和精加工时进给量 f 大小的选择如下：

粗加工：根据数控机床的系统响应速度和插补运算速度以及切削效率来选择。目前的数控机床进给速度的许用值都比较大，数控车床一般为0～500mm/min；数控铣床一般为0～2000mm/min。但从保证加工质量的角度，目前实际应用的进给量都远远小于这一限定值。粗车时一般选择 f 在0.3～1mm/r 的范围内。

精加工：一般数控车床的进给多控制在0.05～0.30mm/r 范围内。

在实际切削加工中，机床进给的移动速度还受到机床操作控制面板上进给速度倍率开关的直接控制，可以随时根据切削加工的具体情况调整。所以，数控加工程序中的进给量 f 值一般为工艺参考值，往往是实际使用范围的最大值。

（3）主轴转速 v　数控车床的主轴转速一般可以在0～2500r/min 的范围内无级调速，但考虑到高转速下的工件装夹安全性，一般选择在1500r/min 范围以内。多数条件下，数控车床的使用转速不超过1000r/min。

对于主轴伺服电机采用交流变频调速控制的数控车床，其低转速不低于100r/min，因为低转速条件下，电机的输出扭矩过小，不易发挥机床正常的切削性能。

切削速度 v 一般可以在50～120m/min 范围内选择，材料的强度和硬度较低时可取大值，较高时取小值。

在选择切削速度时，还应考虑以下几点：

① 积屑瘤最易产生的切削速度区域为15～25m/min，应避开积屑瘤产生的区域。

② 断续切削时，为减小切削的冲击和振动，要降低切削速度。

③ 加工细长件和薄壁工件时，宜选用较低的切削速度。

④ 在螺纹车削时，主轴转速控制在800r/min 以下。

螺纹车削时，需要保证主轴转动与刀具移动二者间的导程关系，主轴高转速下，车刀进给伺服系统对高主轴转动的反应有较大的滞后性。为保证刀具导程参数的准确性，主轴转速不宜过高，一般应控制在 800r/min 以下。

3.5.6 数控加工的工艺文件

机械制造业中的工艺文件也称为工艺规程，是用于规范工艺方法、指导生产和安全的可靠保证。

传统机械加工的工艺规程一般用三卡体现，即生产过程卡、工艺过程卡和加工工序卡。而数控加工目前还没有对生产工艺规程标准化，但离不开两个重要的工艺文件：一是数控加工的 NC 程序卡，二是多工序加工的刀具卡。这两个文件的格式、内容与文件形式，需要标准化和规范化。

在自动编程软件中，NC 程序通过刀具路径的后置处理而产生，通常存储为 .exe 格式的文本文件，其格式根据各软件设置确定。一般，其可读性较差，不利于人工直接阅读与检查。

3.5.7 工序设计实训与实践

典型零件的车削加工工艺设计：某模具导柱如图 3-57 所示，对其加工工艺的编制过程进行具体的分析和讨论。导柱加工的工艺设计主要包括加工工艺性分析、加工工艺过程拟定、加工工序参数确定和加工工艺文件的制定几个步骤。

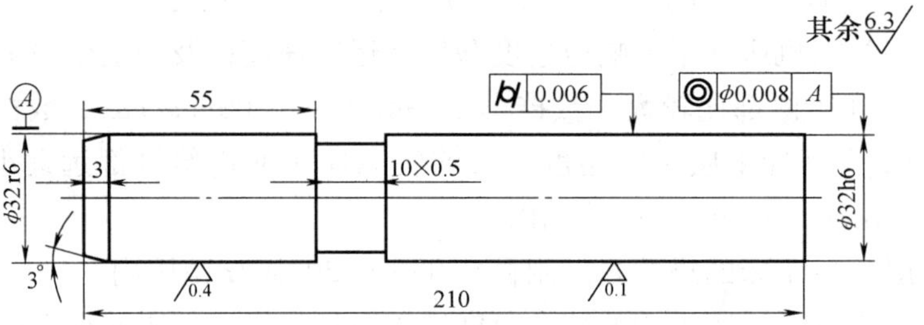

图 3-57 导柱图样

材料：20 钢 硬度：58～62HRC

1. 导柱的加工工艺性分析

导柱加工的工艺性分析包括以下内容：

（1）了解零件的主要功能和尺寸结构，由零件的使用功用分析各尺寸精度 本工件为常用塑料模模架上的导柱，主要功用是引导和限位两大作用。左端的 ϕ32mm 圆柱为安装部，用于压入动模安装板中，其直径关系到导柱的安装精度，不能太松也不能太紧；但对表面粗糙度的要求略低。右侧直径 ϕ32mm 的圆柱是引导工作部，直径关系到与导套的配合间隙、引导精度与合模精度，是导柱最重要的部位；对表面粗糙度要求较高，主要是达到减少摩擦和保证引导、定位精度的目的。

（2）零件加工的关键尺寸及其工艺方法

1）关键尺寸：两处圆柱尺寸和形状要求是本工件的工艺要点：左侧 ϕ32mm 圆柱要保证 r6 公差要求；而右侧 ϕ32mm 圆柱不仅有 h6 的尺寸公差要求外，还有 0.006mm 的圆柱度形状公差要求，是最重要的精度要求。

2）工艺方法：导柱需淬硬，两端 ϕ32mm 圆柱的精加工可采用磨削，为保证右侧

ϕ32mm 圆柱表面 R_a0.1μm 的高质量要求，最后进行精密研磨。

（3）定位基准及装夹方法　导柱的车削和磨削加工采用同一个定位基准，即用工件两端的顶尖孔使前后工序的定位基准相统一。这为大多数轴类零件经常采用。

2. 拟定工艺过程

导柱的生产过程比较简单，通过材料、热处理和制造等项要求初步分析，生产过程可划分为毛坯制造、车削加工、热处理、磨削加工四大工艺过程。

导柱的工艺过程设计：

① 下料。

② 车削　钻中心孔：车右端面—钻右端中心孔；调头，车左端面—钻左中心孔。粗车外圆—车沉隔槽—车 3°引导锥；调头，车右端面。

③ 热处理　渗碳—淬火—回火。

④ 磨削　修中心孔：磨右端 ϕ32h6 圆柱面，留精研磨余量；调头，磨左段 ϕ32r6 圆柱。

⑤ 研磨　精研磨右段 ϕ32mm 圆柱。

最后检验、装配。

3. 导柱加工工序设计

导柱加工工序设计主要解决以下问题：

（1）工序余量确定　工序余量由最后一道工序开始，向前逐级推进。各工序余量如下：

研磨：0.01～0.02mm，研磨余量根据圆磨质量考虑。

圆磨：0.20～0.40mm，渗碳、淬火、回火有热处理变形，留 0.40mm 磨削余量。

车削：2.0mm，毛坯可以直接用圆钢棒料，2mm 车削余量已经足够。

（2）工序尺寸确定　根据最后工序的设计尺寸并确定工序余量的数值后，即可确定各道工序尺寸如下：

研磨：ϕ32.00mm（最终完成尺寸要求）；

圆磨：ϕ32.02mm（32mm＋0.02mm＝32.02mm）；

车削：ϕ32.42mm（32.02mm＋0.40mm＝32.42mm）；

下料圆钢毛坯：选择 ϕ35mm 圆钢（32.42mm＋2mm＝34.42mm，取标准圆钢直径 35mm）。

4. 导柱加工工艺过程

（1）下料　ϕ35mm 圆钢棒料，长 214mm。

（2）车削

① 车端面长 212.0mm。

② 钻中心孔。

③ 调头，车端面长 210mm。

④ 钻中心孔。

⑤ 车外圆至 ϕ32.40mm。

⑥ 车 10mm×0.50mm 沉隔槽至尺寸要求。

⑦ 车 3°引导锥。

⑧ 调头，车另一侧外圆至 ϕ32.40mm。

（3）热处理　渗碳，保证渗碳层厚度 1mm；淬火、回火，保证 58～62HRC 表面硬度。

(4) 磨削　修两中心孔，用中心孔砂轮修研两中心孔；磨削 ϕ32h6 圆柱面至 ϕ32.02mm；调头，磨削 ϕ32r6 至尺寸。

(5) 研磨　用研磨套研磨 ϕ32h6 圆柱至尺寸 ϕ32.00mm，保证表面粗糙度 R_a 0.1μm。

【思考与练习】

1. 数控加工工艺分析的主要内容是什么？数控加工中为什么要进行工艺分析？
2. 数控加工的工艺性分析主要解决哪些问题？对这些问题的了解主要达到什么目的？
3. 拟定数控加工工艺过程主要包括哪些工作？
4. 导柱加工工艺过程划分为哪些不同的阶段？
5. 在进行数控加工内容的顺序安排上应遵循哪些原则？
6. 什么叫工序设计？它包括哪些内容？
7. 在数控车削加工中，应怎样合理安排走刀路线？应注意哪些问题？
8. 什么叫工序尺寸？它是怎样确定的？
9. 什么叫加工余量？什么叫工序余量？
10. 工序余量选择不合适会造成什么不良影响？
11. 数控车削加工的工序余量怎样确定？
12. 数控加工中的切削用量包括哪些参量？
13. 数控粗加工中，应怎样合理选择切削用量？
14. 精加工中，怎样合理选择切削用量？

课题 3.6　数控车削加工中的对刀操作

【学习目标】

1. 知道数控车削加工中的常用对刀方法和对刀的含义。
2. 会 FANUC 车削系统中的常用对刀方法；知道对刀过程中各数据的基本含义。

【学习任务的提出】

3.6.1　利用数控车床自动对刀功能对外圆车刀进行自动对刀

由刀具补偿知识已知，刀架上的不同刀具都由同一运动起点进入程序，实现的方法是对刀尖进行位置偏移补偿，即测量出刀位点相对于刀具基准点的位置偏移补偿值来，并输入到刀具参数库中。对于刀架上的任意一把刀，如何确定其刀位点，并测得刀具位置偏移补偿值呢？在数控车床上，都具有自动分析和计算功能，可以将机床滑板的各种移动量随时记录和计算。可以通过机床在坐标系中的相关移动，测得刀尖的坐标值，进而计算出刀具的补偿值。利用机床滑板的移动和自动跟踪以及监控计算刀尖坐标位置的方法，可求得刀尖刀位点的补偿值。在数控车床上，这一过程称为自动对刀。

【相关知识】

3.6.2　数控车床上的试切法对刀过程

在数控车床上进行自动对刀的过程如下：

1. 机床返回参考点操作

对刀的前提是机床进入对其运动的自动监控状态，即数控系统要对机床的任何移动实时监控，知道机床任意时刻的坐标位置。而机床进入实时监控状态的前提是首先要进入到参考点位置。

机床进入到参考点，刀架上的刀具基准点处于零起点位置。图 3-58 所示为某机床仿真系统在返回参考点时的当前坐标显示，即刀具基准点的当前坐标值为（390.0，300.0）。

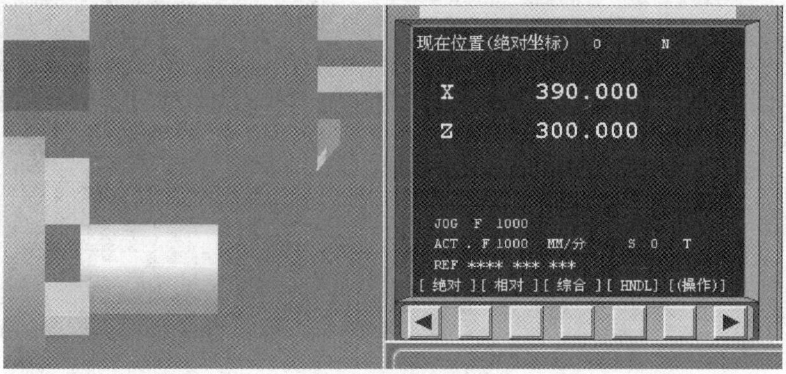

图 3-58 机床处于参考点位置时的坐标显示

2. 刀具对工件的试切

调出需用刀具，并使其运动到工件前端的切削位置。图 3-59 所示为刀具进入到对工件的试切位置。

图 3-59 刀尖移近工件并试切一段小台阶

在工件外圆柱面右端稍微切一刀，留下一段可供测量的圆柱表面。并记住当前的机床坐标值（266.967，174.983）。然后径向不动，刀具沿轴向退出。

稍微切一刀是为下一步的测量分析留下可测量的切削表面，使实际测量或者自动测量有目标。本步骤中，退刀时保持径向位置不变而进入下一步的测量是操作的关键。

3. 调用机床数控系统的自动测量、分析功能

FANUC 系统可以通过单击“工艺分析/测量”菜单，进入图 3-60 所示的“车床工件测量”显示界面。该界面中可以看到刚切过加工部位的痕迹，据此进行分析测量。用移动光标选中该加工痕迹，系统立即显示加工部位的实际尺寸值。其中，包括加工直径和当前 Z 坐标值，记下刚刚切出的圆柱直径值 97.813mm，如图 3-61 所示。

对于不具备自动分析测量功能的机床，可以直接用千分尺实际测量刚刚车出的外径值。

4. 刀具位置偏移补偿操作

在主界面单击偏置补偿键 OFFSET，系统进入刀尖磨损量补偿界面，如图 3-62 所示。点击下方第二个软键“形状”，进入刀具几何位置偏移补偿界面，如图 3-63 所示，可对第一把刀进行位置偏移补偿。

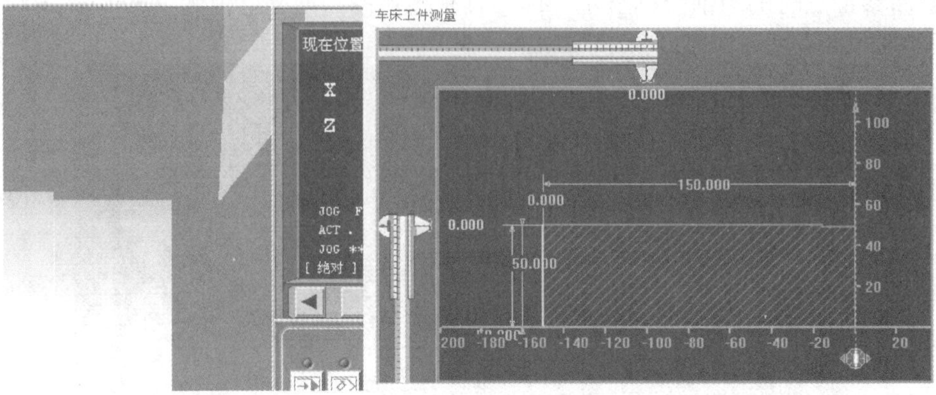

图 3-60　分析测量界面

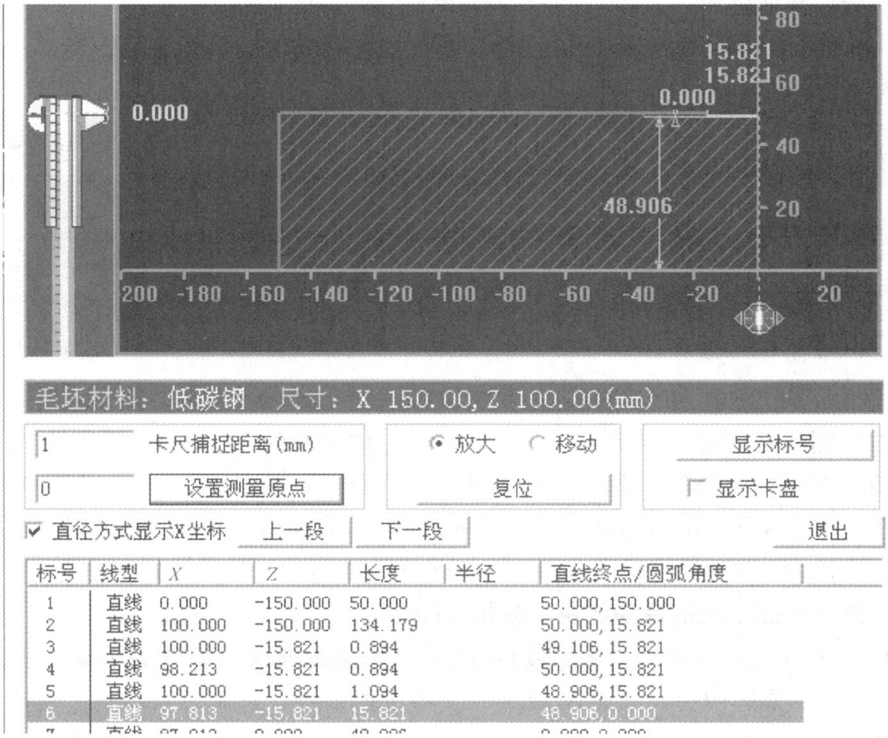

图 3-61　直径的分析测量值

用 MDI 键盘将测量的直径值 *X*97.813 键入，此时的 *X* 值显示在屏幕底部的缓冲区。单击屏幕下方的左边第二个软键“测量”，系统自动测量出 1 号刀的位置偏移补偿值：*X*169.154，并存储该值，如图 3-64 所示。至此，刀具 *X* 偏置值存储完成。

用相同方法对 *Z* 偏置试切、测量和存储设置，其结果如图 3-65 所示。01 号刀具的自动对刀工作完成。

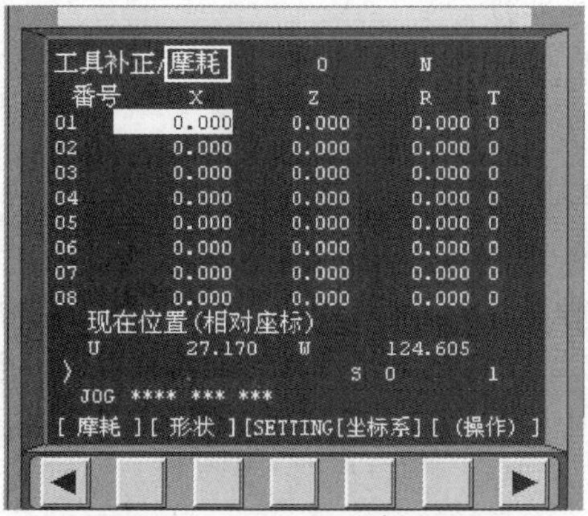

图 3-62　刀尖磨损补偿对话框

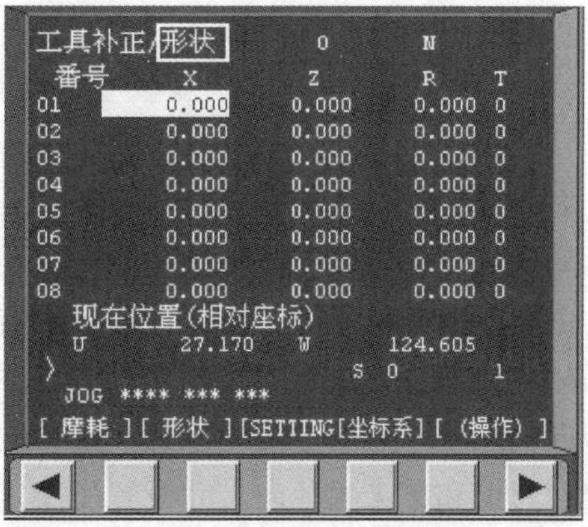

图 3-63　刀具几何位置的偏移补偿界面

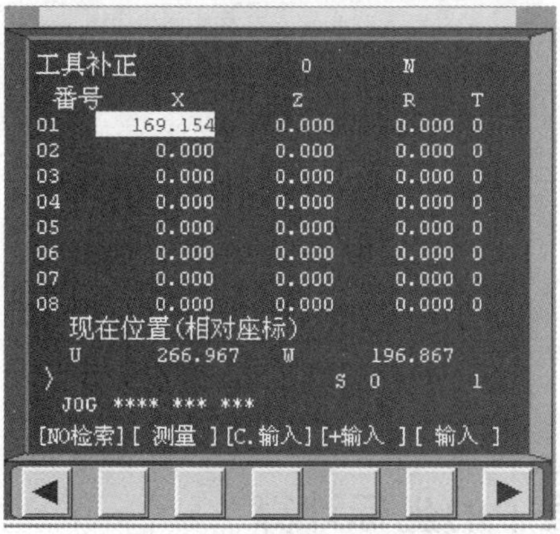

图 3-64　*X* 偏移补偿值自动计算

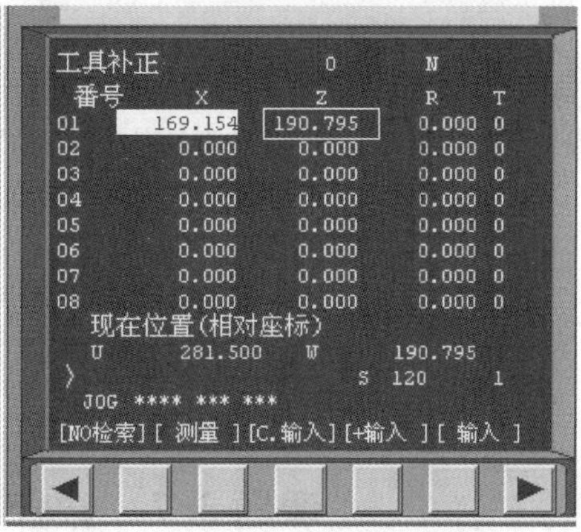

图 3-65　*Z* 方向偏置值计算

由以上的操作过程看出，车刀的对刀实际上是对一把新刀安装在刀架上的既定位置对该刀具的两个位置偏移补偿值自动测量并输入到其刀具参数存储库中。其原理是利用机床的坐标监控系统求得刀具相对于工件的位置偏置关系。

3.6.3　对刀原理

上述对刀的基本原理如图 3-66 所示，当刀架处于起点位置（参考点）时，其基准点 *O* 与机床参考点 *R* 点在空间重合，当刀尖开始接触工件时，刀架的移动量加上刀尖的径向偏置量促使刀尖切削工件。工件中心到参考点的径向距离包括工件半径、刀具径向偏移量和刀架基准点的移动量。数控系统把切工件台阶时的 *X* 坐标值 266.967 减去被切圆柱的直径值 97.813，即为刀具径向偏移补偿值 169.154。

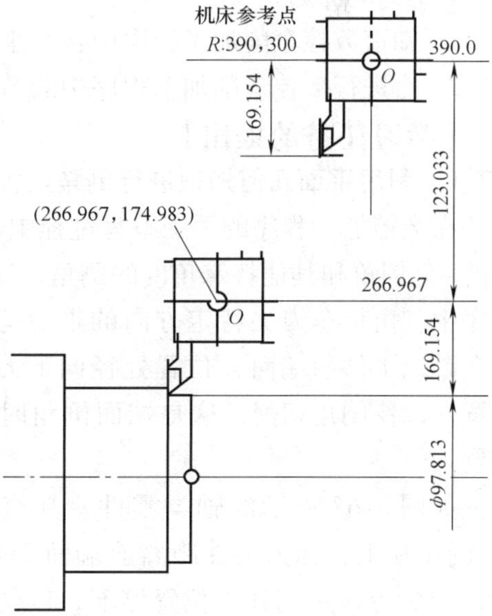

图 3-66　车刀的自动对刀原理

刀具的径向偏移补偿值 = 当前刀架基准点坐标 - 工件直径

= 266.967mm - 97.813mm

= 169.154mm　　（均为直径量值）

对刀过程中，数控系统仅对刀架中心 O 点的移动实施跟踪监控，而对两个数值进行叠加运算则是计算机最为基础的功能。

由以上数控车床对刀操作过程可以看出，用这种对刀法所产生的刀位点，利用了刀尖圆弧的相切原理。刀位点 P 是与刀尖圆弧相垂直两条切线的交点。当刀尖圆弧较大时，会产生切圆弧误差。另外还需要注意上述径向尺寸关系中的数值都是直径量，这由车床的直径尺寸表达习惯和车床的径向尺寸设置所决定。

【思考与练习】

1. 在数控车床上对刀的实质是在对什么？
2. 怎样在数控车床上用试切法对刀？
3. 用试切法对刀的前提条件是什么？
4. 用试切法对刀所产生的刀位点在什么位置？
5. 为什么要在毛坯前端试切一刀？不切可以吗？
6. 刀具偏移补偿值是怎样产生的？
7. 数控车削加工一般可以划分哪几个加工阶段？
8. 数控车削加工中的工序余量如何确定？
9. 怎样确定各工序的工序尺寸？

课题 3.7　数控车削编程中的坐标计算

【学习目标】

1. 知道数控车削加工程序中各个坐标点的手动计算基本思路。
2. 会进行数控车削加工程序中的节点坐标计算。

【学习任务的提出】

3.7.1　利用平面几何知识进行倒角坐标计算

在数控加工程序的手工编写过程中，经常碰到各种倒角，例如在数控车削加工中大量存在的45°倒角和其他特殊角度的倒角。这些倒角的实际加工一般是在表面的最后一道精加工工序中，由精车刀尖特定方向的走刀运动一次性带出。当刀尖在距离工件前端面 L 位置处径向下刀时，运动到什么坐标位置，以便倒角切削，这是端面倒角时经常遇到的坐标计算问题。

图 3-67　轴类工件倒角加工的下刀点

如图 3-67 所示的轴类零件，其直径为 40mm 前端面的 $C2$ 倒角加工，当刀尖在距离前端面 3mm 的位置处径向下刀时，刀尖应该进到什么位置停下，以便下一刀倒角方向的进刀呢？

【相关知识】

3.7.2　数控车削倒角加工尺寸计算

1. 45°倒角时的下刀尺寸计算

如图3-68a所示，当对工件进行45°倒角加工时，可以利用45°直角三角形的直角边相等关系推算刀尖径向下刀点 a 的直径坐标。

取倒角尺寸为 C，刀尖相对工件端面的安全距离为 L，则刀尖的径向下刀量 a 点的半径距离 h_1 等于倒角尺寸 C 与安全间隙 L 之和。可以利用下述关系

$$h_1 = C + L$$

$$\phi_1 = \phi - 2h_1$$

ϕ_1 即为编程时需要确定的下刀尺寸坐标值。

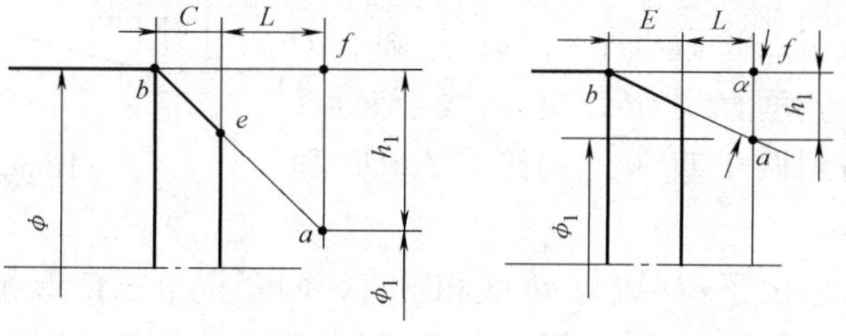

图3-68　工件倒角时的坐标尺寸计算

对于图3-67所示 ϕ40mm圆柱C2倒角，刀尖距离前端面的安全值 $L=3$mm，则45°倒角前刀尖的径向停止点 a 的 X 坐标值 ϕ_1 用下式计算为

$$\begin{aligned}\phi_1 &= \phi - 2h_1\\ &= 40\text{mm} - 2\times(2+3)\ \text{mm}\\ &= 30\text{mm}\end{aligned}$$

2. 其他角度值的倒角坐标计算

当倒角的角度不等于45°时，可以利用下述关系式计算。由图3-68b直角△abf 的关系，当倒角角度为 α 时，直角边 af 与 bf 存在着下述关系

$$\begin{aligned}af &= bf\times\tan\alpha\\ &= h_1\end{aligned}$$

可以求得

$$\begin{aligned}\phi_1 &= \phi - 2h_1\\ &= \phi - 2af\\ &= \phi - 2(bf\times\tan\alpha)\end{aligned}$$

式中　ϕ_1——下刀点 a 的直径；

ϕ——需倒角的工件直径；

af——径向进刀量；

bf——倒角尺寸与安全间隙之和：$bf = E + L$；

E——倒角尺寸；

L——安全间隙；

α——倒角角度。

3.7.3　圆锥面圆角过渡的坐标计算

1. 单圆锥面圆弧过渡时的切点与圆心坐标

（1）求解思路　图3-69a是常见的圆角过渡结构。在锥端前部采用圆弧 r 与前端面和圆

锥体进行过渡，圆弧 r 的尺寸一般如图所示，包括锥体角度和大端直径以及锥体长度 L。在程序的手动编制中，往往需要得知圆弧与直线切点的具体坐标位置，如图 3-69b 中的 a 点。

求解思路如图 3-69b 所示，过切点 a 做水平线 ac；过圆心 O 点做垂直线 Ob，交 ac 线于 b 点，得到两个直角三角形：$\triangle aOb$ 和 $\triangle acd$。

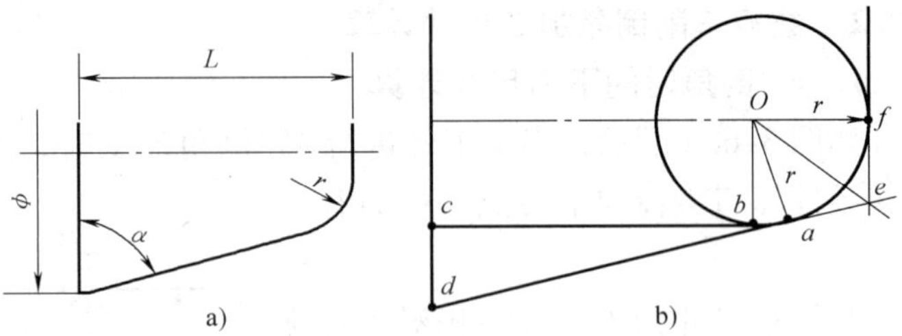

图 3-69 圆锥的圆弧连接及其坐标计算

由于 aO 线与 ab 线相垂直，两个直角三角形相似；$\triangle aOb \backsim \triangle adc$。因 $\angle adc$ 已知，又有 $\angle Oab$ 与 $\angle adc$ 相等，而 Oa 线长等于 r 为已知条件，所以，直角 $\triangle Oab$ 可解。通过一个角和直角三角形的斜边 Oa 可以求得直角边 ab 和 Ob

$$ab = r \times \cos\alpha \quad Ob = r \times \sin\alpha$$

因 bc 线长度为已知条件 $bc = L - r$

所以有 $ac = bc + ab$

至此，直角三角形 adc 可解，即 cd 线可以求解。

切点 a 的坐标已经解决。

（2）注意事项 求解这一类问题，做辅助线时应掌握两个特定方向：水平方向和垂直方向。这两个方向的参数比较直接。其他斜线方向的参数只是一些过渡性条件。只有在两个特定方向上找不到有利的几何关系时，才考虑斜线上的关系。例如本例，三角形 aOe 是直角三角形，而且其求解条件也比较直接，但实用价值并不太大。

（3）单圆锥圆弧过渡方法的应用 图 3-70a 所示工件是单圆锥圆弧过渡的常见实例，可以利用上述基本原理求解。图 3-70a 所示的工件几何关系求解思路及解题过程可以用简图 3-70b 表达。

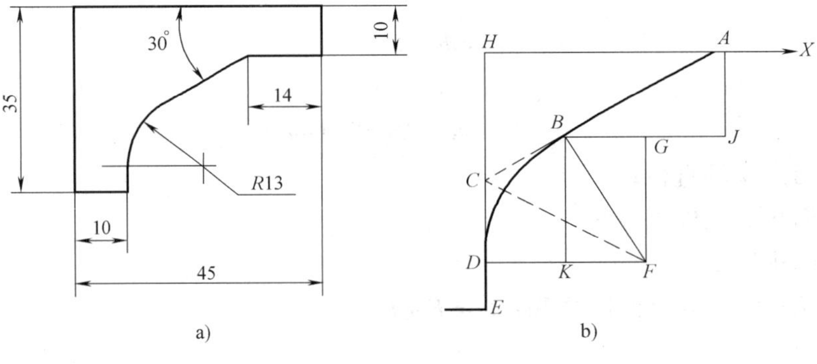

图 3-70 单圆锥的圆弧过渡实例与求解

① 先做辅助线。B 点是直线与圆弧的切点，利用前面的求解方法，先做如图所示的辅助线：过切点 B 分别做垂直线 RB、过切点的半径 RF 和水平线 BJ；再过特殊点 A 和圆心 F 分别做水平和垂直辅助线，如图所示。可得到各个辅助求解点。

② 寻找可利用的关系。注意到 $DF \perp DH$、$BK \perp AH$、$BF \perp AB$，所以，$\angle KBF = \angle HAB$；

D 点是切点，$DF=r$，$\triangle KBF$ 是直角三角形，斜边 BF 长度为 r，$\angle KBF$ 已知；$\triangle ABJ$ 是直角三角形。

③ 求解步骤。解直角三角形$\triangle KBF$，可以解得 BK 和 BF 的长度；由 DF 和 KF 可以求得 DK；由 DK 和 AH 可以求得 BJ。

解直角三角形 ABJ，由 BJ 可以求得 AJ；至此，切点 B 两个方向的坐标已经求出。

由 AJ 和 BK 可以解得圆心 F 的坐标。

2. 双圆锥面进行圆弧过渡时的坐标计算

双圆锥间圆角过渡在数控加工中经常遇到，其工作图样的尺寸标注往往如图 3-71a 所示，只给出锥体角度和圆角半径，而不给出圆心坐标，给编写加工程序带来困难。圆弧切点的坐标计算比较麻烦，在此给出编程切点坐标计算的基本分析思路与原则，以提供参考。

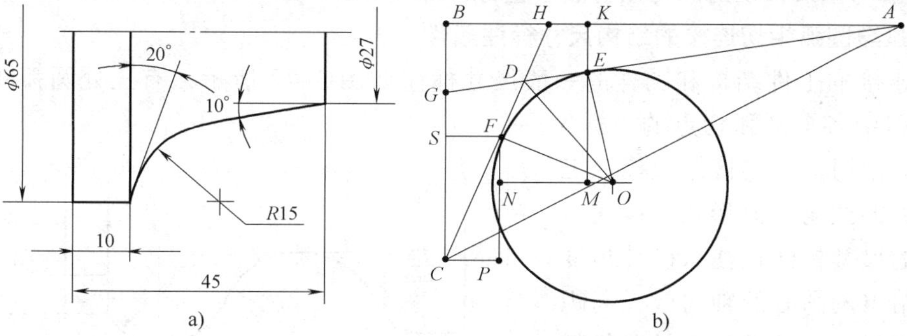

图 3-71　双圆锥间圆角过渡的坐标计算与分析

（1）基本思路与分析　首先，过两个切点 E 和 F 做垂直方向的辅助线 EM 和 FP 如图 3-71b 所示，做过切点半径 OE 和 OF，做水平辅助线 ON 和 FS、CP。

由两组辅助线的垂直关系，可以找到直角三角形的相似关系：$\triangle OEM \backsim \triangle GAB$，$\triangle FON \backsim \triangle HCB$。所以，线段 EM、OM 和 ON 都可以立即求出。

线段 FS 和 EK 的求解是难点，EK 线可以通过与 BG 线的比例关系由直角$\triangle ABG$ 和$\triangle AKE$ 得到，但是需要设法解出$\triangle AKE$ 的另一个边 AE。同理，求解 FS，需要解决$\triangle CFS$ 的另一个边长。为此，设法利用斜方向上的几何关系解决线段 AE 和 CF 的长度。

由于直角边 AB 和 BC 为已知条件，所以 AB 长度可解出。做辅助线 AB，得到直角$\triangle ABC$，该直角三角形条件充分，角度可解出，所以$\angle A$ 和$\angle C$ 作为可利用条件。

由于$\angle BAG$ 和$\angle BCH$ 为已知条件，可以求得$\angle DAC$ 和$\angle DCA$，$\triangle DAC$ 即可解。由任意三角形的正弦定理，可以求出 DA 和 DC 两个边的长度。

过切点的$\triangle ODE$ 和$\triangle ODF$ 两个三角形是全等直角三角形，并且直角边 OE 和 OF 是圆弧半径已知条件，只要知道一个锐角，即可求解。

$\angle ADC$ 可以由正弦定理求出，也可以直接由倾斜关系求得

$$\angle ADC = 90° + \angle BAG + \angle BCH$$

$$\angle DOE = 90° - \frac{90° + \angle BAG + \angle BCH}{2}$$

所以，两个直角边 DE 和 DF 可解。其他求解则基本可以解决。

（2）求解过程

① 首先利用前两个角度式，求出∠*ADC* 和∠*DOE*。

② *OE* 长度已知，可以求出 *DE* 和 *DF*。

③ 解直角△*ABC*，求得 *AC* 边长和两个锐角∠*A* 和∠*C*。

④ 利用已知条件∠*BAG* 和∠*BCH*，求出∠*DAC* 和∠*DCA*。

⑤ 利用正弦定理，求解△*ADC* 的两个边 *DA* 和 *DC*；则 *EA* 和 *FC* 边长求出。

⑥ 利用给定的角度∠*BAG* 和∠*BCH*，解直角△*ABG* 和△*CBH* 的边长 *BG* 和 *FS*；并利用比例关系，求出边长 *AK* 和 *CS*。

⑦ 利用相似三角形关系△*OEM*∽△*GAB*，求出边长 *OM*、*EM*。

至此，切点 *E*、切点 *F* 和圆心 *O* 的坐标都已经求出。

3.7.4 圆弧与圆弧相切时的切点与圆心坐标计算

1. 圆弧与圆弧相切连接的结构尺寸标注条件

圆弧连接的工件结构和图样的一般尺寸标注如图 3-72 所示，有三处圆弧相切连接，试确定编程中各个圆弧切点的坐标值。

圆弧的相切平滑连接是数控加工中最为常见的圆角过渡形式，但在工作图样上的尺寸标注往往从设计角度出发，只给出两圆心的轴向或径向距离和圆弧半径，这给编制刀具路径带来困难，需计算各圆弧的起点和终点位置坐标。

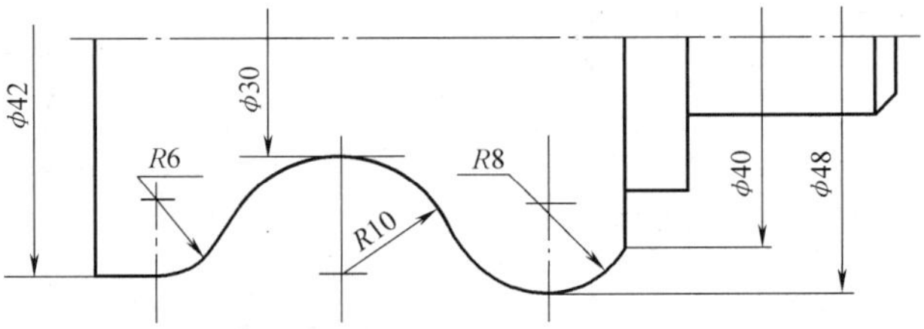

图 3-72 三圆弧相切的工件

求解图 3-72 所示工件常用辅助线的做法如图 3-73b 所示。过圆心 *B* 点、*P* 点和切点 *G* 分别向水平和垂直两个方向分别做出辅助线，得到各个交点和直角三角形。

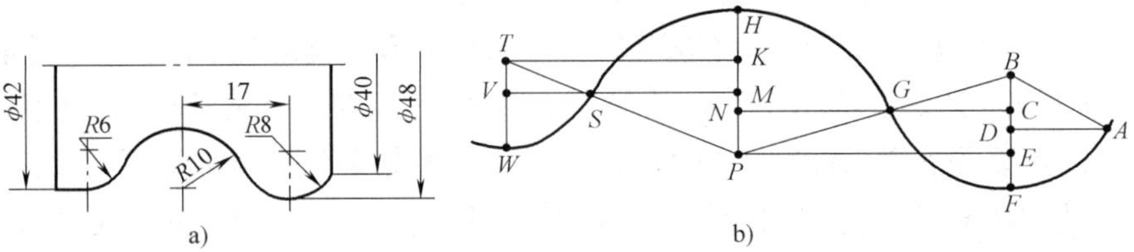

图 3-73 圆弧相切时的坐标计算

2. 解题过程和思路

圆弧相切的解题思路如下：

① 因为 *DF* 长度已知（由图样所给尺寸求得）；*BF* 长度已知，$BF = r_1$

所以 $$BD = BF - DF$$

因为 $$AB = r_1$$

所以 直角△*ABD* 可解

$$AD^2 = AB^2 - BD^2$$

解得 *AD*，则 *B* 点坐标已解得。

② 由 *H* 点的给定直径（图 3-73），可以确定 *P* 点的径向坐标

因为　$PH = r_2$

所以　BE 长度可以求出（由 P 点坐标与 B 点坐标或 F 点坐标）

在直角△BEP 中：

因为　BE 已知，BP 已知

所以　△BEP 可解，可求出 PE 长度

则 P 点和 H 点的坐标值可以求得。

如果图中给出的是 B 点与 P 点两个圆心点的轴向距离，如图 3-73a 所示，则直角△BEP 可以根据给定的 PE 长度求解。

3.7.5　两圆锥相接的坐标尺寸计算

1. 两圆锥相接图样结构的分析

在工件上经常会遇到两圆锥直接相连的结构，如图 3-74 所示。从尺寸控制的角度出发，一般图样上只给出各圆锥的一个直径和角度，而在编程时则必须知道两锥体交点的坐标位置，以便保持走刀的连续性。如图所示两圆锥的交点坐标可通过图 3-75 所示的辅助方法计算。

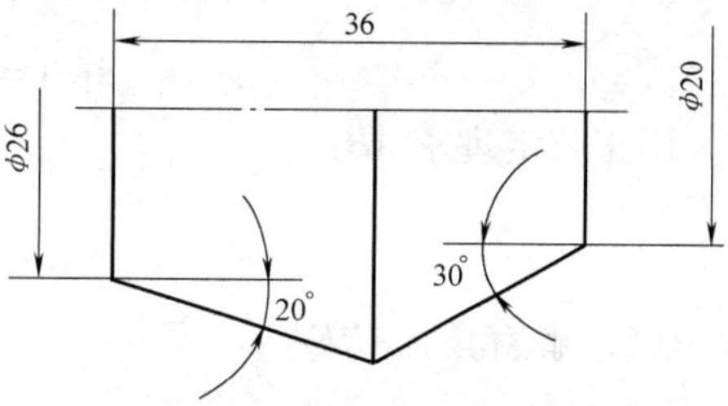

图 3-74　工件的两圆锥相连接

2. 解题思路

图 3-75 为了求解 B 点坐标，做出辅助线及辅助直角三角形。求解 B 点坐标，需要求解 30°三角形或 20°三角形中的水平辅助线和垂直辅助线的长度。

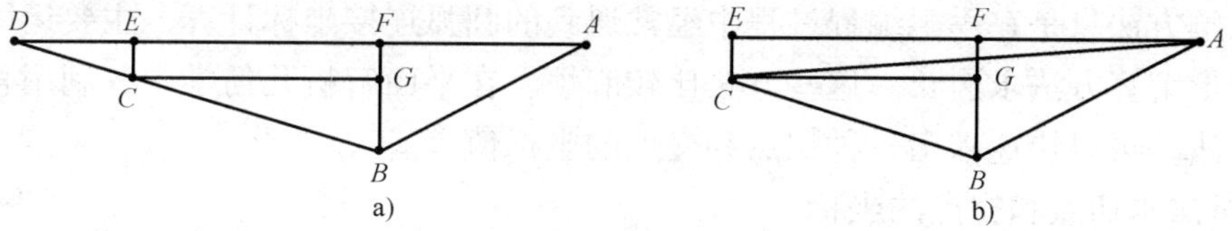

图 3-75　两种辅助线及其求解思路

（1）求解方案图 3-75a 的解题思路　30°角的直角△ABF 和 20°角的直角△CBG，都只知道角度关系，没有边长关系可以直接利用。所以，首先做出大三角形△ABD 寻求边的长度关系。

在△ABD 中，已知三个角的关系，需要求一个边的长度。可以通过△DCE 知道 CE 的尺寸，又知道角度∠ADB 的关系，可通过以下步骤求解。

① 求 DE 的长度

$$\angle CDE = 20^\circ \qquad DE = CE \times (\tan 20^\circ)^{-1}$$

② 求 AD 长度

$$AD = AE + DE$$

③ 解△ABD：在△ABD 中，∠D 和∠A 已知，AD 长度已知，利用正弦定理求解边长，有

$$AB = AD \times \frac{\sin d}{\sin b}$$

求得 AB 长度，问题基本解决。

④ 解直角 $\triangle ABF$

$$AF = AB \times \sin 30°$$
$$BF = AB \times \cos 30°$$

至此，B 点坐标解得。

（2）求解方案如图 3-75b 所示的解题思路　本题条件中，角度条件比较直观，为了利用现有的边长条件，将 AC 直接相连，并做 CE 垂线。可得直角 $\triangle ACE$。该三角形条件充分，可解。

① 由直角 $\triangle ACE$ 求得 AC 长　$AC^2 = AE^2 + CE^2$

② 由直角 $\triangle ACE$ 求出角 $\angle CAE$

③ 求解 $\triangle ACB$

$$\angle CAB = \angle A - \angle CAE$$
$$\angle ACB = \angle GCB + \angle CAE = \angle C_2$$

用正弦定理求 AB

$$AB = AC \times \frac{\sin b}{\sin c_2}$$

④ 求解直角 $\triangle ABF$

$$AF = AB \times \sin 30°$$
$$BF = AB \times \cos 30°$$

本题利用斜方向直线 AC，但其最终目的是求解直角 $\triangle ABF$。

以上求解方法只是在手工编程过程中经常遇到的圆弧连接坐标计算，主要运用平面几何学里的三角形解算方法求边长。这些方法比较麻烦。在平面解析几何学中，利用直线与曲线的解析求解法，可以快速求出各种切点和交点的坐标值。

3.7.6　解析法求切点和交点的坐标

图 3-76 所示为一直线与一个圆相交。

1. 直线和圆弧的表达式

直线表达式

$$y = kx + b$$

圆心为（x_0，y_0），半径为 R 的圆的表达式

$$(x - x_0)^2 + (y - y_0)^2 = R^2$$

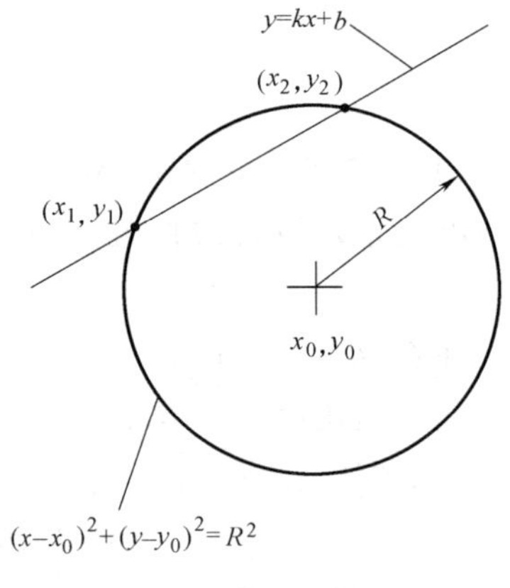

图 3-76　直线与圆弧的相交

2. 两个交点的坐标

将两式联立方程组后求解，得两曲线的交点 x、y 两个坐标值，两个方程的公共解为

$$Xc = \frac{-B \pm \sqrt{B^2 - 4AC}}{2A}$$　（求 X 大值者时取“+”号，小值时取“-”号）

$$Yc = kXc + b$$

式中的 A、B、C 为

$$A = 1 + k^2$$

$$B=2[k(b-y_0)-x_0]$$

$$C=x_0^2+(b-y_0)^2-R^2$$

3. 当直线与圆弧相切时

直线与圆弧若相切，则两个交点聚合为一个点，即 $B^2-4AC=0$，x 坐标表达为

$$Xc=-\frac{B}{2A} \qquad Yc=kXc+b$$

由以上解析关系式，可以迅速求出直线与圆弧的交点或者切点的坐标值。

模块四　数控铣削加工工艺

课题 4.1　数控铣削加工的对刀方法

【学习目标】

1. 知道数控铣削加工中的常用对刀基本原理。
2. 会进行工作坐标系中心原点的设置。
3. 会进行 X、Y 平面内的对刀及 Z 方向对刀的尺寸处理。
4. 会正确使用各种寻边器和 Z 轴设定器。
5. 知道常用对刀仪的基本结构组成和正确使用方法。

【学习任务的提出】

4.1.1　数控铣削加工的对刀方法与对刀基准选择

试分析图 4-1 所示工件的对刀基准，并选择相应的对刀方法。

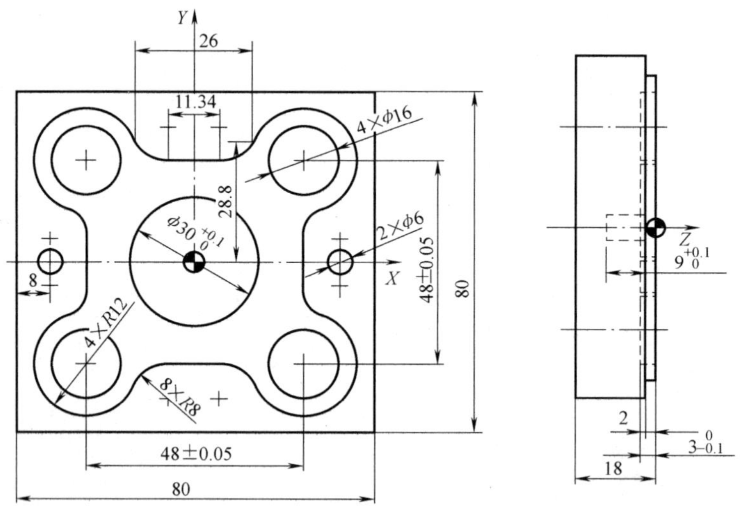

图 4-1　对称零件的铣削加工基准

工件的数控铣削加工工艺分析：首先根据工件的尺寸精度要求认识尺寸基准。图 4-1 所示方形零件在结构上具有典型的对称性，基础外形轮廓为 80mm × 80mm 的正方体。零件顶部铣出 2mm 高的对称梅花型四处圆弧外轮廓结构，中部 ϕ30mm 及四处 ϕ16mm 不通孔深 3mm，左右两个深 9mm 的 ϕ6mm 小孔也具有明显的对称性。零件所有形状结构都具有对称性。两个边长 80mm 未注公差，精度较低。试选择确定工件在机床工作台上定位夹紧后的工件坐标系原点位置，并找出该位置的坐标值。

【相关知识】

4.1.2　数控铣床及镗铣加工中心的机床坐标系

1. 机床坐标系原点 *M* (Machine Tool Origin)

数控机床的坐标系是机床运行和自动控制的基础，是机床安装和调整工作中最重要的位置基准系统。为了与其他基准点相互区别，规定机床坐标系原点用符号 *M* 表示。它是建立机床坐标系的出发点，是机床最为基础的物理基准点。

机床坐标系原点位置由机床制造厂精确设定，一经设定，一般不允许随意更动，除非是在机床大修和重新调整主轴的轴承间隙。

机床坐标系原点设置在机床主轴前定位平面的几何中心处，如图 4-2 所示。

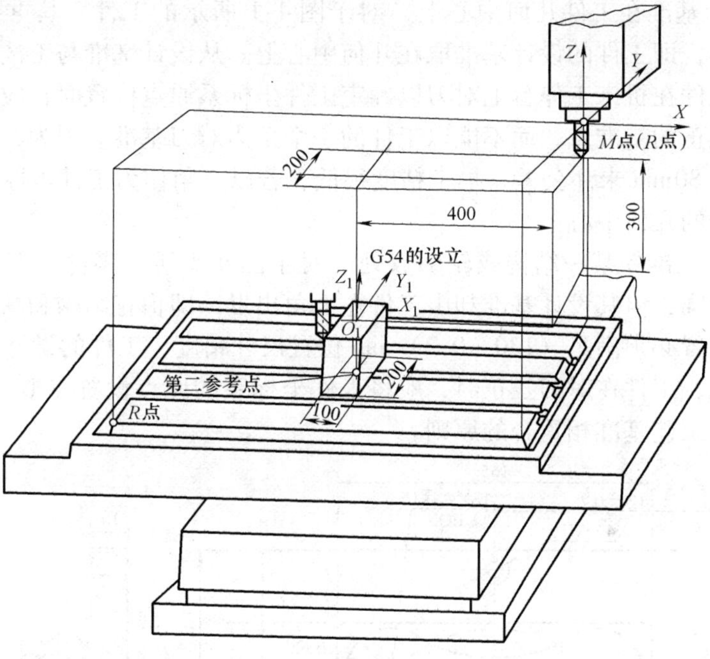

图 4-2　加工中心的机床原点与机床参考点

2. 机床参考点 *R* (Reference Point)

数控机床的机床参考点是刀具运动的出发点，是刀具利用自动返回功能精确定位的物理点，是数控机床又一个重要的设置点。机床参考点也是建立工件坐标系的位置依据。

在数控铣床和加工中心上，机床参考点以机床三个移动坐标负方向极限位置的软限位行程开关体现，即数控铣床的机床参考点是当机床主轴箱退回至最上方、工作台纵向滑板退回至最右端（从刀具方向看工件）、横向滑板退回至最外端时的机床坐标位置。此时的坐标值也反映了该机床的最大行程能力，如图 4-2 所示。

许多配备有回转工作台的镗铣加工中心也常把回转工作台的台面中心点作为机床第二参考点的设定位置，可以节省许多对刀和换刀的时间。

3. 工件坐标系原点 *W* (Working System)

工件坐标系的原点用 *W* 表示。设置工件坐标系是为了编程方便和检验程序，所以，其原点应该设置在工件的安装定位基准和设计基准上，并利于测量和对刀。

4.1.3 加工中心的常用机内对刀方法

数控铣床上的对刀与数控车床的对刀意义不同。数控车床对刀的目的是求出每把车刀的位置偏移补偿值，进而设定工件坐标系的原点位置；而数控铣床的对刀，主要是确定当前工件在机床坐标系中的确切位置，以便设置工件坐标系的原点。在单件和小批量数控加工生产中，由于不采用专用夹具，当工件在数控机床工作台上校正、夹紧后，必须知道工件当前处于机床坐标系的确切位置，才能设置切削加工时的工作坐标系位置。

在数控铣床和加工中心上，设置工件坐标系应该根据工件的加工精度和设计基准合理选择原点 *W* 的位置。

1. 工件设计基准的正确辨认

（1）工件设计基准在工件几何中心上　对于图 4-1 所示的工件，其重要尺寸的基准都是工件的几何中心，即工件的设计基准取在几何中心上。从设计基准与工艺基准相重合的定位原则出发，该工件在机床工作台上对刀以确定工件坐标系原点位置时，应以工件几何中心作为定位和对刀找正的基准点，而不能以工件的一个角为对刀基准。因为，对于具体的一个工件，正方形边长 80mm 未注公差，加工精度很低，若以一角作为工件坐标系原点，很难保证梅花结构在工件的几何中心上。

（2）工件设计基准在某一结构或轮廓点处　对于图 4-3 所示零件，零件的重要结构也是四角的梅花型轮廓，但其设计基准却由工件左上角出发，即梅花结构和高 40mm 的四方形结构在工件上的位置必须满足（120 ±0.2）mm 位置尺寸精度，工件的设计基准是工件的顶面和左侧面。为此，工件在对刀找正时，应将工件坐标系的原点设置在整个工件的左上角，才符合设计基准与工艺基准相重合的原则。

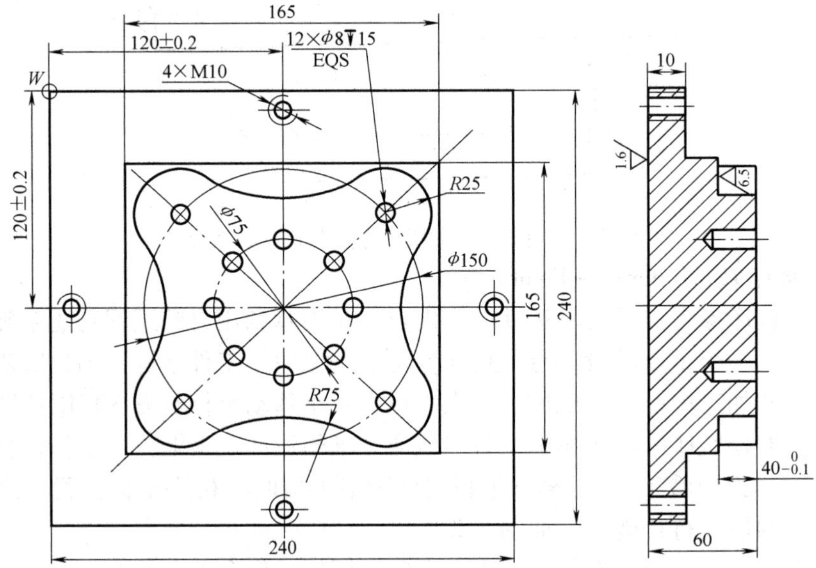

图 4-3　工件的对刀基准比较

2. 以工件几何中心为工件坐标系原点 *W* 的对刀计算

图 4-1 的工件坐标系原点设置在工件夹紧后的几何中心处，所以需要通过对刀求出工件几何中心处于机床坐标系的确切坐标点，即为通常意义上的对刀。数控铣床和加工中心上的

对刀方法主要有机内对刀和机外对刀两大类。

机内对刀是在机床上直接测量已经夹紧的工件，并确定工件坐标系原点的具体坐标位置。机内对刀分 X、Y 坐标方向对刀和 Z 方向对刀两个方向。X、Y 坐标方向常采用百分表或各种对刀仪器对刀。

（1）用百分表对刀

① 对刀操作方法。图 4-4 所示为利用磁力表座和百分表进行孔中心坐标的测定对刀。磁力表座吸附在机床主轴上，将杠杆百分表的测头打在工件内孔的侧壁表面，令机床主轴缓慢回转，观察表针跳动。主轴回转一周，若表针摆动幅度较大，说明主轴与工件孔之间存在较大的同轴度误差，用手动细调工作台和工件，使表针的摆动幅度逐渐减小。当主轴回转一周表针不再跳动，则主轴回转轴线与工件孔轴线在空间相重合，此时的机床 X、Y 坐标值，反映了机床主轴轴线在机床坐标系中的当前 X、Y 坐标值，也是工件孔轴线的机床坐标值。可以依据该点坐标值设置工件坐标系原点在机床坐标系中的坐标位置。

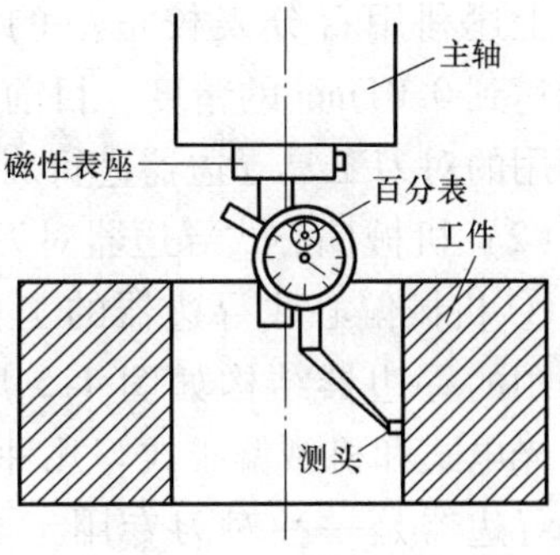

图 4-4　用磁力表座和百分表找中心

② G54 原点的设置。可将上述对刀所得坐标点作为 G54 工件原点设置工作坐标系。例如，该点坐标值为（－X1，－Y1，－Z1），可以打开机床的零点偏置 OFFSET 参数库，并将其中 G54－G59 坐标系设置界面中的 G54 系 X、Y、Z 偏置项分别设置为：－X1、－Y1、－Z1值。无论何时，程序调用 G54 指令，刀尖会自动进入到以 G54 定义的工件坐标系中，并直接定位于程序给出的坐标点。例如：

G00　G54　X200.0　Y150.0　Z50.0　；

刀尖执行该程序段后，会自动定位于 G54 坐标系 X200.0，Y150.0，Z50.0 的坐标点。

G54 指令所设置的原点不受 NC 程序影响，其原点位置一旦设定，始终保存在数控系统的刀具参数存储库中，且不受机床断电的影响。所以，也把由 G54～G59 所设置的工作坐标系原点称为固定原点。

在具有回转工作台的加工中心上，经常需要在不同的工作方位和空间坐标系中设置多个工作坐标系，以方便工件编程和加工。此时使用 G54～G59 针对机床夹具和回转工作台可以比较方便地设置固定原定坐标系。

③ G92 工件坐标系原点的设置。如果需要用 G92 或 G50 设置工件坐标系，并把工件坐标系原点设置在孔的几何轴线上，可以在返回机床参考点的前提条件下，设定如下程序：

G92　X（X1）Y（Y1）Z（Z1）　；

程序执行指令后，返回机床参考点位置上的当前刀尖，虽然没有任何移动，但已经处在新建立的 G92 工件坐标系 X（X1）Y（Y1）Z（Z1）的坐标点上，机床参考点的当前刀尖即为新的 G92 工件坐标系的（X1，Y1，Z1）坐标点。

建立 G92 工件坐标系是以当前刀尖位置作为设置依据，如果当前刀尖未处在参考点上，G92 程序段中 X、Y、Z 值会使原有的坐标系原点发生增量移动，造成原点更动。所以，也把 G92 设置的原点称为浮动原点。即该原定会根据程序中的 G92 指令而随时移动。

为了避免发生不必要的错误，习惯上规定，利用 G92 或 G50 程序字进行工件坐标系原点位置设定时，必须将刀尖返回到机床参考点位置处。

上述利用百分表校正法的测量精度较低，只能达到 0.01mm 的精度。目前，多采用数控机床专用的对刀工具寻边器进行对刀。

（2）机械偏心式寻边器对刀法

① 机械偏心式寻边器的工作原理。机内对刀采用的寻边器结构如图 4-5 所示。常用寻边器有光电式和机械偏心式等几种。

寻边器是一种对刀专用工具。早期的机械偏心式寻边器需要借助机床主轴的回转找正，测量精度和灵敏度较差。目前，新型光电寻边器具有反应灵敏、对刀精度高的优点，得到普及和应用。

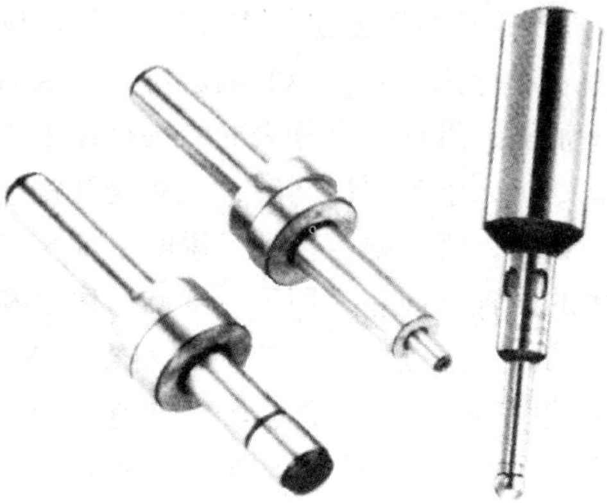
a) b)

图 4-5 偏心式寻边器和光电式寻边器

机械偏心式寻边器的结构如图 4-5a 所示。它由夹持柄部和浮动偏心部所组成。工作时将其固定在机床主轴孔内，并随主轴一起回转。用手动进给或者手轮方式慢速移动工件，令主轴由参考点出发碰触工件，一旦寻边器接触工件，如图 4-6a 所示，寻边器的偏心工作头在与工件的碰触和回转中，不断减小偏心量。当偏心量完全消除时，即主轴回转轴线与寻边器工作头部轴线相重合。此时的主轴轴线代表寻边器与工件对中接触的位置，如图 4-6b 所示。此刻的机床坐标位置即为工件与主轴寻边器相接触并对中的准确位置。

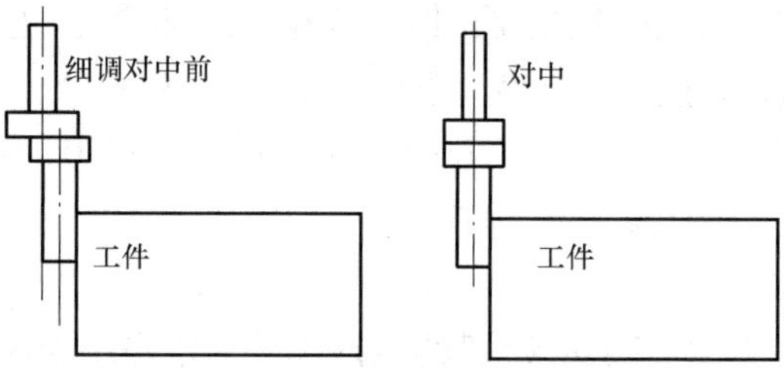

a) b)

图 4-6 偏心式寻边器的寻边原理

为了保证对刀校正的移动精度，在寻边器的偏心工作头刚接触到工件时，应该将手动移动进给倍率控制开关逐级调到最低档，以便微细调节。如果用手轮移动，当将手轮 HANDLE 倍率调整到最低档 ×1 档时，手轮每移动一格是一个脉冲当量，即 0.001mm。

② 偏心式寻边器的对刀过程。首先，用寻边器寻找工件左侧面，如图 4-7 为手动快速移动寻边器到工件左侧；然后，*Z* 方向降低寻边器的工作头至可以碰触工件的适当高度，如图 4-8 所示。改用慢速手动或手轮移动，在寻边器工作头要接触到工件时，逐级调低移动速度倍率，在偏心工作头开始碰触工件时，速度降低到最低档。细心调整手轮，使工作头的偏心逐渐减小到与主轴同轴，如图 4-9 所示，记下 *X* 坐标值。

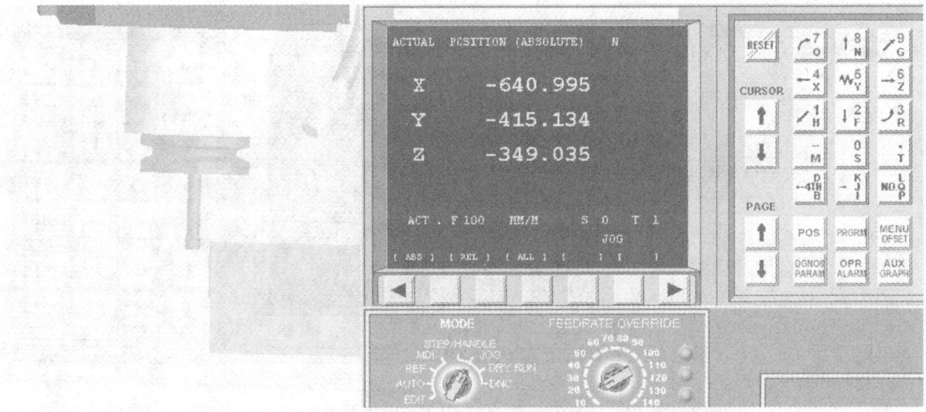

图 4-7 用偏心式寻边器寻找工件的左侧表面坐标

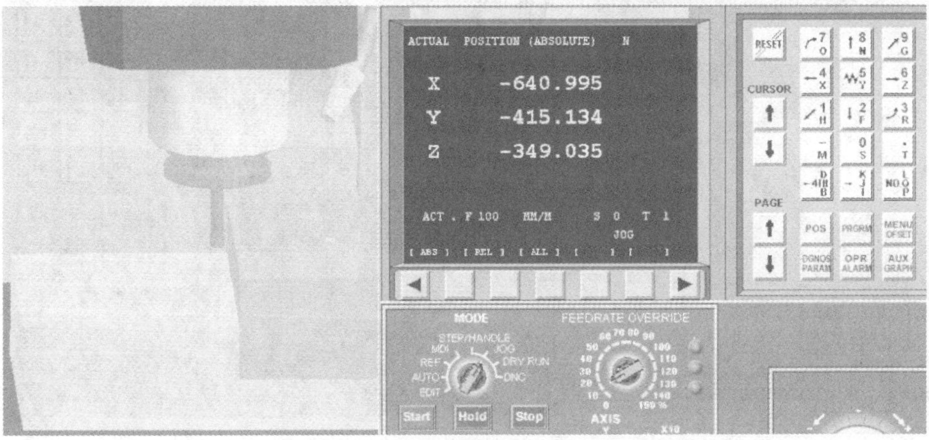

图 4-8 降低 Z 轴高度

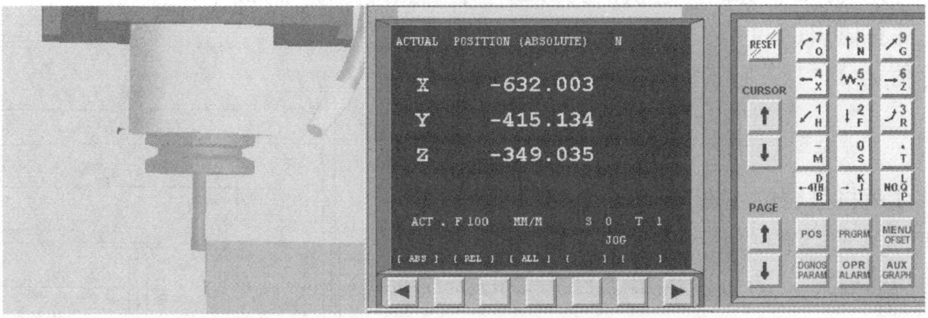

图 4-9 记下偏心头同轴时的坐标值

将工作头向左移动，离开工件侧面，提升寻边器至超出工件上表面的安全高度，如图 4-10 所示；横向将寻边器移动到工件右侧，用同样方法，令寻边器的工作头碰触工件右侧表面，并使偏心头与主轴保持同轴，如图 4-11 所示，记下第二个 X 坐标值；撤出寻边器。至此，得到两个 X 坐标值，X_1 和 X_2，加上寻边器工作头直径 10mm，共有三个数值，如果要求工件 X 方向的中心坐标值 X_m，如下计算即可

$$X_m = \frac{1}{2}(X_1 + X_2)$$

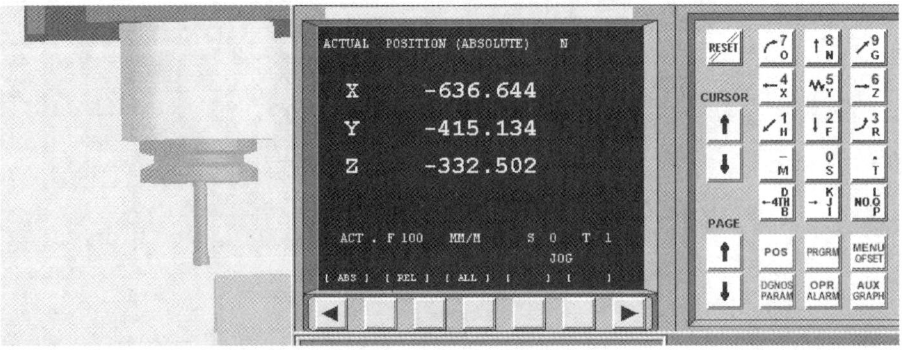

图 4-10 寻边器提升到安全高度

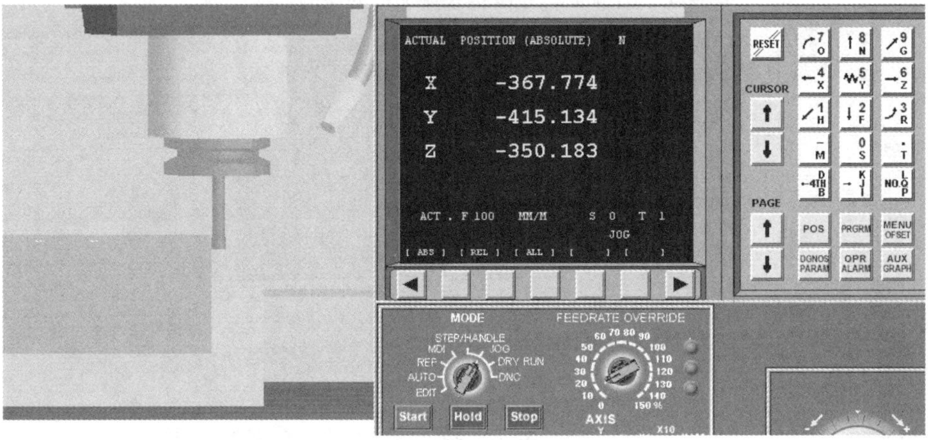

图 4-11 记下第二个位置的 X 坐标值

式中，X_m 为工件 X 坐标的中心值。其移动与求解原理如图 4-12 所示。

设工件右侧表面的 X 坐标值为 X_1+r，左侧表面的 X 坐标值为 X_2-r，则工件 X 坐标的中间值为

$$X_m=\frac{(X_1+r)+(X_2-r)}{2}$$

所以可以直接将测得的左右两个 X 坐标值平均计算，即为工件的 X 平均坐标值。

用同样的碰触方法可以求出工件中心的 Y 坐标值。

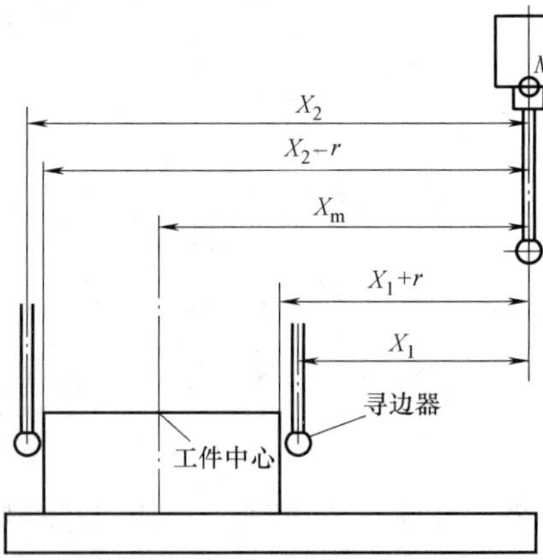

图 4-12 X_m 的计算原理

(3) 寻边器对刀规范 总结以上对刀过程，使用寻边器进行对刀的动作顺序规范如下：

① 将寻边器装入机床主轴，令主轴中速（300r/min）转动。

② 选择手动 JOG 或者手轮 HANDLE 移动工作方式，将寻边器移动到被测工件一侧，碰触工件表面。

③ 逐级细调移动倍率至最低档，将寻边器位置调整到与工件相对中接触。

④ 记下该位置的机床坐标值（高性能数控机床具有当前坐标自动记忆、设置功能）。

⑤ 安全退出寻边器，并换位移动到另一被测量的工件表面。

⑥ 用同样方法测得工件表面的机床坐标值。

⑦ 寻边器退出。

⑧ 计算测量数据并设置工件坐标系原点。

（4）对刀操作时应注意以下事项

① 保持寻边器及工件各安装和接触表面的清洁。

② 进行接触细调时要逐级、逐次将移动倍率旋钮调至最低。

③ 细调到位后及时进行坐标值的记忆工作。

④ 辨明细调后退出时的手轮方向，不要发生过冲而损坏寻边器。

3. 以工件边角为原点的对刀

如果以工件的一个边角作为工件坐标系原点，可以利用以上方法直接碰触工件的相应边角，得到 X、Y 坐标值。再叠加寻边器测量头半径值，即为所需要的原点坐标。如图 4-13 所示，若将工件左下角作为原点，则碰触工件的左侧表面和下表面。

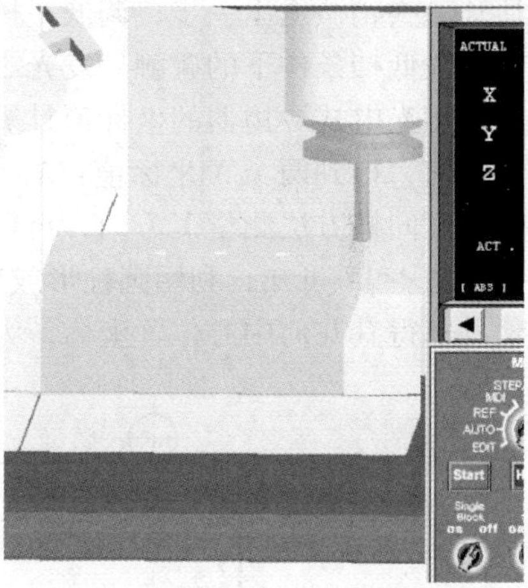

图 4-13　以工件左下角为原点

类似于车床上的试切法，当没有寻边器时，也可以直接用刀具碰触和试切工件的测量表面，如图 4-14 所示，直接利用铣刀试切工件的左侧面和底面。两个 X、Y 方向的机床坐标值减掉刀具半径，即为工件左下角 a 点的坐标值。若把原点设置在工件平面的 b 点，只要把相应的 X_b 和 Y_b 值减掉，即为工件 b 点的机床坐标值。

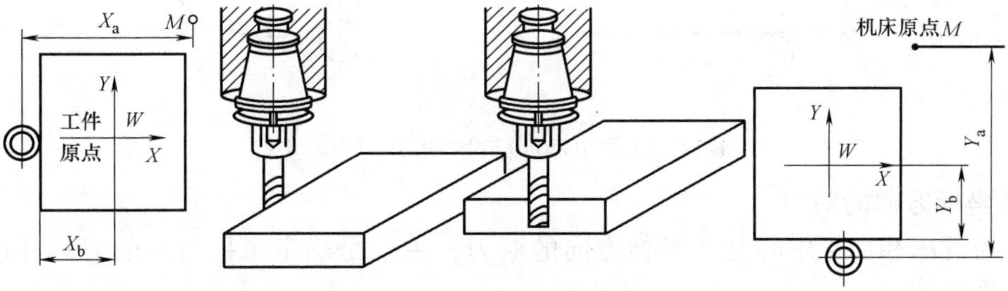

图 4-14　直接用铣刀试切对刀

图 4-15 所示为利用标准心轴和量块对刀，是在没有专门的寻边器时经常采用的对刀方法。这种方法不需要测量工具与工件直接接触，可以保护测量工具和工件表面。但对刀使用的量块或者塞尺的厚度需要反复调整，测量间隙与塞尺厚度仅靠人工判断，测量精度较低。较高精度的对刀感触工具目前多采用光电式寻边器。

4. 用光电式寻边器对刀

光电式寻边器的结构如图 4-5b 所示。其触头一般采用直径 10mm 的钢球，如图 4-16 所示。它通过弹簧系统拉紧寻边器的测杆前端，在碰触到工件后可以产生微量的自由退让，

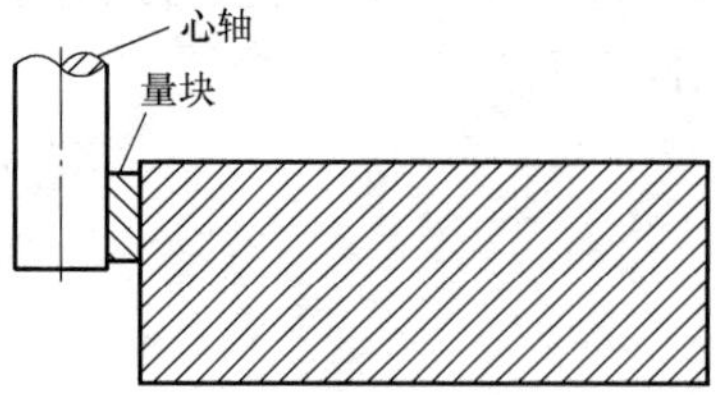

图 4-15 用心轴和量块对刀

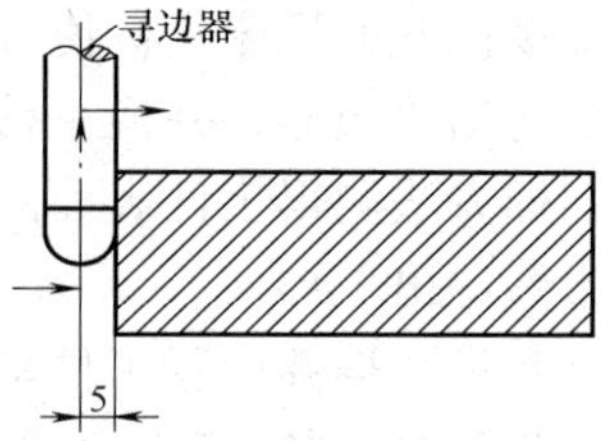

图 4-16 光电式寻边器

触头与测杆柄部之间保持绝缘，并串联发光二极管。当寻边器的触头碰触到被测工件表面时，发光二极管接通电路而点亮，发出接触信号。

光电式寻边器也有位置细调：在碰触调节中，首先是在高倍率移动条件下的接触发光，然后让触头稍微退出一步；调低一档移动倍率，进行第二次碰触；多次重复，直到移动倍率调节到最低档条件下的碰触、发光二极管的发光稳定为止。

利用光电式寻边器的坐标值计算原理如图 4-17 所示，两次碰触一个移动方向，例如 X 坐标方向，得到两个 X 坐标值：X_1 和 X_2，求出平均值 X_m，即为被测工件中心坐标的 X 坐标值。用同样方法测量 Y 方向，可以求得 Y 方向的工件中心坐标值 Y_m。

由图 4-17 可知，利用圆柱形或球形触头，可以碰触测量矩形或圆柱形工件的内外表面，测量并求得其几何中心位置坐标，为下一步工件坐标系位置的确定和设置做好准备。

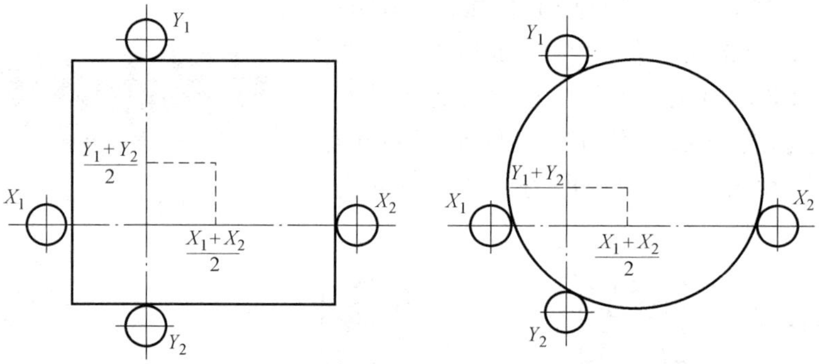

图 4-17 用寻边器进行对刀求几何中心坐标

5. Z 坐标方向的对刀

在数控铣床和加工中心上 Z 坐标方向的对刀，主要是确定每把刀具的刀长补偿值和工件的安装高度值。

Z 方向坐标值的几何关系，在机内对刀法中可直接用每一把刀测定，也可以利用对刀装置测定。而在机外测定法中，一般利用机外对刀仪进行刀具长度和刀尖偏移位置的测量。

（1）刀具的试切测量法　刀具试切法是利用切削刃直接碰触和试切工件上表面，类似数控车床上的试切法对刀。

由图 4-18 和图 4-19 所示的 Z 坐标测量原理图可以看到，当用一把刀尖的刀位点直接碰触工件上表面时，主轴前端面的当前 Z 坐标值 $Z_{当}$、刀具的伸出长度值 $H03$ 和工件的当前高度值 $H_{工件}$ 三者间存在几何长度的叠加关系。

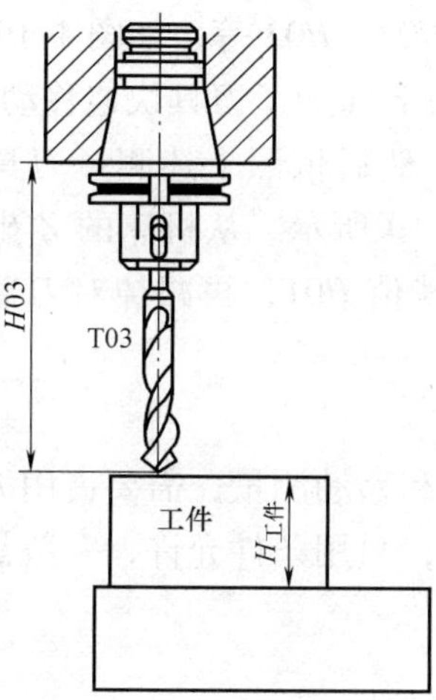

图 4-18　用刀尖直接碰触工件

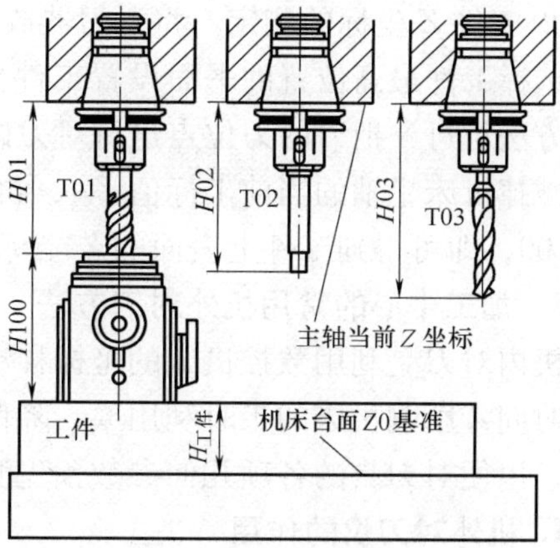

图 4-19　Z 坐标的测量原理

在主轴当前的机床坐标 $Z_{当}$ 位置基础上，叠加刀具长度 $H03$，再叠加工件高度 $H_{工件}$，即到达机床工作台的台面，此处是机床坐标系 Z 坐标的最远值，即机床参考点的 Z 坐标值。数控系统会将机床参考点坐标 Z 参考值进行记忆，并实时跟踪当前 Z 坐标值。只要知道工件的高度或者工件坐标系需要设置的 Z 坐标高度值，即可求出刀具的长度值。同理，如果已经测得刀具的长度值，也可求出工件的高度值。

用刀具试切有时会划伤工件表面。为避免刀尖损伤工件，可以使用专用对刀块或塞尺测量 Z 轴的坐标值，但对刀精度往往较差，只能控制到 0.05mm 左右。

更为精确的 Z 轴对刀，目前采用 Z 轴设定器。

（2）Z 轴设定器对刀法　Z 轴设定器习惯上也称为对刀器，其外观如图 4-20 所示，目前常用的有表针式和光电式等不同类型。常用标准高度主要有 50mm 和 100mm 两种规格，测量精度可以达到 0.005mm，其使用如图 4-19 所示。

① 刀具长度补偿值的测定。将对刀器平放到机床台面上，如图 4-21 所示。当刀尖触及到对刀器的顶部工作面时，指针式对刀器的指针发生摆动，光电式对刀器的发光二极管点亮，记下当前的机床坐标值 $Z_{当}$，由机床的 Z 坐标总参考值中减掉 $Z_{当}$，再减掉对刀器的高度值 $H100$，得到当前刀具的长度值 $H01$。把这一长度值作为当前刀具的长度补偿值，存储到刀具参数存储库中，以便于程序随时调用。

图 4-20　Z 轴设定器

a）表针式　b）光电式

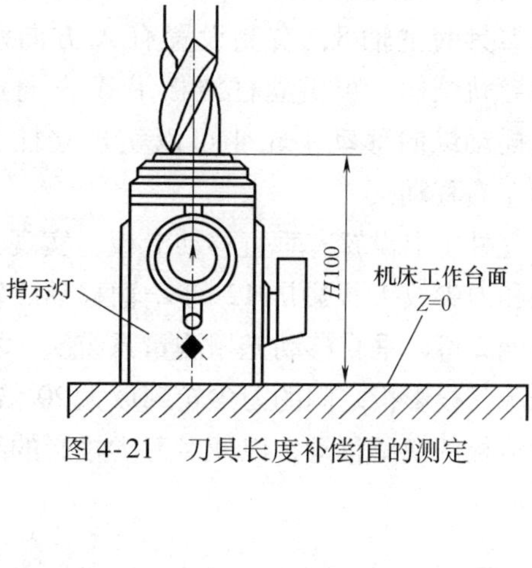

图 4-21　刀具长度补偿值的测定

利用同样的方法，可测得每把刀的不同长度值 $H01$、$H02$、$H03$ 等，如图 4-19 所示。

② 工件 Z 坐标的测定。将对刀器放置在工件被测表面上（为了刀具快速移动的安全性，一般选择工件最高位置的平面设置工件坐标系的 Z_0 点）。然后依照上述测量刀具长度补偿值的方法对每一把刀的刀位点进行对刀碰触测量，如图 4-19 所示。从机床的 Z 坐标总参考值中减掉机床主轴的当前坐标值 $Z_{当}$，再减掉刀具长度补偿值 $H01$，再减掉对刀器的标准高度 $H100$，即可得到工件上表面的 Z 坐标高度 $H_{工件}$。

4.1.4 加工中心的常用机外对刀方法

机内对刀是利用数控机床的坐标移动对工件进行校正和移动测量，需要占用大量的辅助测量时间，影响机床的工时利用率，降低生产效率。所以，只用条件允许，一般都采用机外对刀，以便对刀具的各项几何参数预先测定。

1. 机外对刀仪的作用

机外对刀是利用机外对刀仪器和设备测量刀具的各项几何参数。通常可以测量刀具与刀柄组合系统的位置偏移补偿值、刀具的长度补偿值、刀具的圆弧半径和刀尖的各种角度。

2. 机外对刀仪的主要组成结构

目前所使用的数控机床机外对刀仪又称为刀具参数预调仪，有各种不同的具体结构形式，但其基本原理和对刀仪的基本结构大体相同，如图 4-22所示。

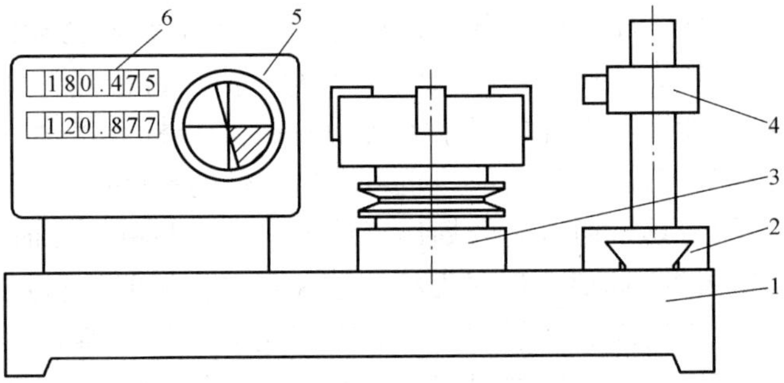

图 4-22 机外对刀仪结构示意图

1—基座 2—纵向滑板 3—刀具安装机构 4—横向滑板 5—对刀显示与调节装置 6—数据显示与传输装置

3. 典型对刀仪的结构与工作原理

图 4-23 所示为配备有计算机控制系统的数字显示对刀仪的结构组成示意图。图 4-24 所示为这种对刀仪的外观结构图。

对刀仪由立柱 1、基座 5、主轴 8、刀尖放大投影屏 12 和计算机数显系统 11 等主要部分组成。

基座 5 是对刀仪的基础，左侧安装有用于装夹刀具的主轴 8，右侧设置有 X 方向水平移动的导轨结构，可供立柱滑板沿 X 方向水平移动。摇动纵向移动手轮 4 可以实现立柱 1 在 X 方向左右移动。

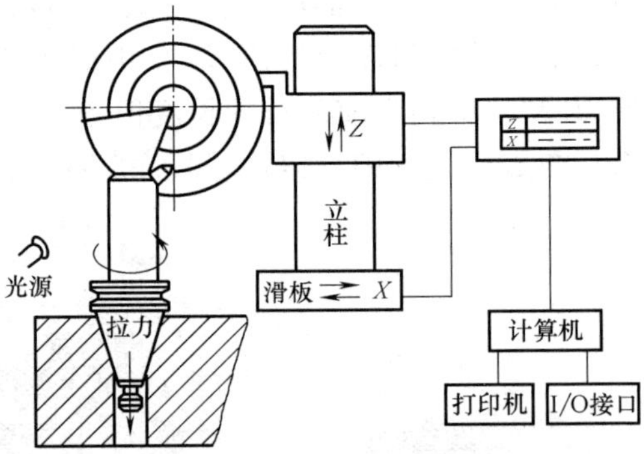

图 4-23 计算机控制系统的数字显示对刀仪的结构组成

立柱 1 上设置有垂直移动滑板，实现光学测量头和刀尖放大投影屏 12 的 Z 轴移动。转动锁紧手柄 2 可以垂直移动光栅测量系统头，并将位于光源与投影板之间的刀尖轮廓放大 20 倍成像投影到刀尖放大投影屏 12 上；微调旋钮 3 用于垂直滑板的微调移动，以便对刀尖投影的细调；逆时针转动锁紧手柄 2 可以锁紧垂直滑板。

对刀仪的主轴系统用于被测刀具的安装。将刀具柄部清理干净，仔细插入对刀仪主轴锥孔中；转动刀具夹紧手轮 9 压紧刀具；转动主轴回转手轮 7 刀具随同主轴一起回转，以便进行刀尖的转动调整；主轴锁紧手柄 6 用于锁紧主轴。刀具在主轴孔中就位并锁紧后，即可对刀具进行测量。

4. 刀具的对刀测量

① 仪器通电。接通对刀仪后部的电源开关，点亮数显系统，仪器进入自动检测程序。自检完成后，数字显示器进入待机状态，并显示 0.00 数值。

② 数据显示系统的零点校准。正式测量刀具之前，需要对数显系统进行零点校准，即以某个基准刀具的刀位点作为所有刀具的检测基准，这也是对刀仪测量系统的校零工作。

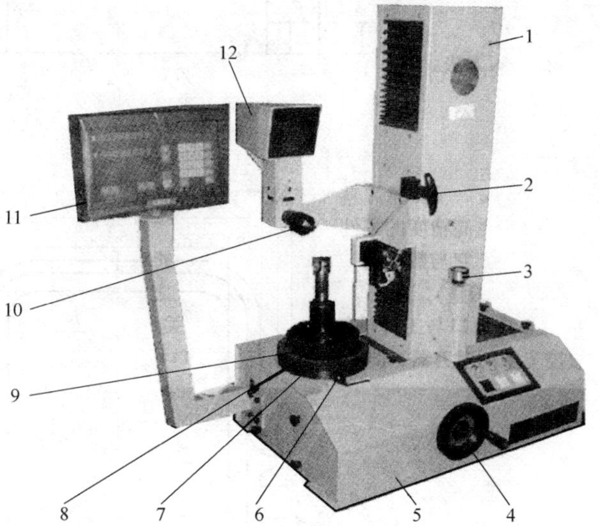

图 4-24　光栅数显对刀仪的组成

1—立柱　2—锁紧手柄　3—微调旋钮　4—纵向移动手轮　5—基座　6—主轴锁紧手柄　7—主轴回转手轮　8—主轴　9—刀具夹紧手轮　10—投影角度调整手轮　11—计算机数显系统　12—刀尖放大投影屏

将用于校零的基准刀（或者专用的校零刀）装入主轴锥孔，并夹紧固定。移动 X 滑板，使刀尖进入投影屏，令刀尖的顶圆弧调整到屏幕十字线分划水平线相切的位置，按下数显盘上的 X 键，当前仪器的 X 值显示在 X 行上，该 X 值是相对于仪器主轴前端面中心基准的测量值。用键盘将 X 数值键入屏幕的存储缓冲区，按输入键 ENTER，将该值存入存储器。

用同样的方法校准基准刀的 Z 坐标值，并存入存储器中。基准刀的零点校准工作结束。

③ 刀具的刀位点坐标测量。将要测量的刀具插入仪器主轴孔中，移动滑板，刀尖进入投影仪，转动主轴，使刀尖前刀面保持垂直测量状态，锁紧主轴，细测刀尖的两个方向，使刀尖圆弧与投影仪十字线相切，将数显盘测得的 X 和 Z 坐标值键入缓存，并按回车键存储到系统的存储器中。刀具的对刀测量即告完成。

用机外对刀仪所测得的刀尖 X、Z 坐标偏移值，相对于对刀仪的主轴锥孔安装条件而产生。该数据与刀具安装到数控机床主轴锥孔中的工作位置有一定差距，尤其是当机床主轴锥孔与仪器主轴锥孔间的精度差异较大时。所以，用机外对刀仪产生的刀位点偏移补偿值，尤其是刀长补偿值和刀尖位置偏移补偿值这两个参数，在使用时还需要进一步核准，并利用实际切削的尺寸结果对刀具的补偿值在线调整。

【实践与练习】

4.1.5　设计基准的判断与工件坐标系原点的选择练习

试判断图 4-25 所示零件的设计基准，并合理选择其外部轮廓铣削加工时的工件坐标系原点位置。

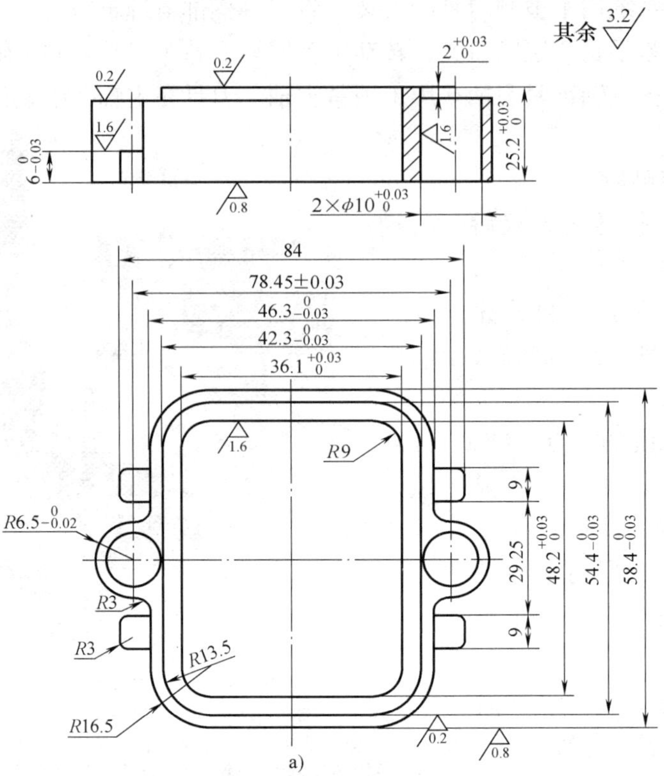

a)

b)

图 4-25 外形轮廓的铣削加工图样

a）零件图 b）立体图

【思考与练习】

1. 什么是设计基准？如何判明某一尺寸的设计基准？
2. 为什么要尽量使设计基准与工艺基准保持重合？
3. 数控车床上对刀的实质是什么？
4. 如何用刀具的试切法对刀？
5. 如何求工件的几何中心坐标值？
6. 用偏心式寻边器时应该注意哪些问题？
7. 用光电式寻边器对刀时应注意哪些问题？
8. 寻边器的使用规范包括哪些主要内容？
9. 怎样测定一个孔几何中心的坐标值？
10. 什么叫对刀仪？其主要用处是什么？

11. 对刀器与对刀仪有什么区别？
12. 常用对刀器有哪些规格？有哪些结构形式？
13. 如何用对刀器测定刀具长度补偿值？
14. 如何用对刀器测定工件的高度？
15. 常用刀具预调仪有哪几大主要结构？
16. 如何正确操作使用对刀仪？应注意些什么问题？
17. 在批量生产中，对零件进行夹具定位安装时，应如何选择对刀基准？

课题 4.2　凸轮型腔的铣削加工工艺

【学习目标】

1. 知道数控铣削加工刀具参数的基本选择内容。明确数控铣刀选择的注意事项。
2. 会正确选择数控铣削加工的刀具类型与刀具直径。
3. 知道顺铣和逆铣的定义及其正确选用方法。
4. 会设置数控铣削加工刀具路线的正确方法。正确设置刀具的切入和切出路线。

【学习任务的提出】

4.2.1　凸轮型腔的铣削加工

图 4-26 所示工件已经完成方形毛坯的轮廓加工，试编制凸轮形腔的铣削加工程序。工件材料：45 钢。

凸轮型腔位于工件的几何中心，根据基准重合原则，坐标系原点应该选择工件的几何中心点。按照对刀知识，可以测得工件几何中心的机床坐标位置，以便设定工件坐标系。

因工件较薄，为了稳定安装，确定压紧不需加工的四个角的顶面；工件底面平放在铣床工作台上。试确定粗、精铣削加工的切削用量和刀具参数。

【相关知识】

4.2.2　铣削加工刀具参数的合理选择

1. 刀具结构类型的选择

刀具类型的选择应根据具体的加工型面而决定，如图4-26工件的型腔根部结构为90°直角，所以应采用平头刀具铣削加工。

刀具开始切削时，有一段沿轴线方向的切削进给，不能直接用立铣刀，而应采用具有完整端面切削刃的键槽铣刀或者圆柱形模具铣刀。刀头形式应该采用能够进行 90°清角的平头刀。

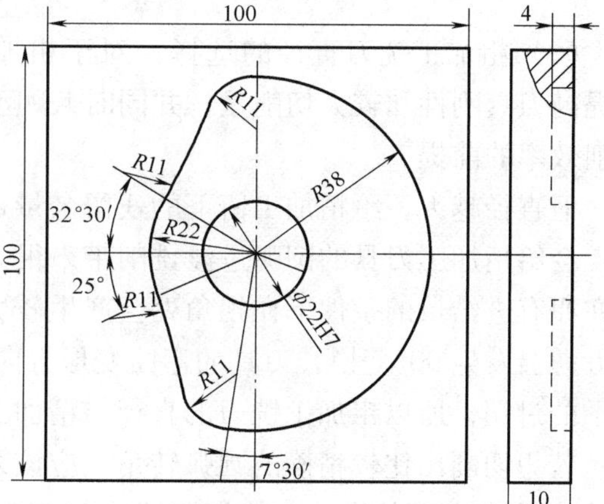

图 4-26　凸轮形腔图样

2. 刀具直径的选择

刀具直径的选择要兼顾加工精度和加工效率。精加工主要保证加工精度；粗加工主要追求高加工效率。

（1）精加工铣刀直径的选择　精加工的刀具首先要保证对清角和侧壁内圆弧过渡两个方向的加工精度，其次是刀具的刚度。

图 4-27 所示为一般铣刀的结构。当工件侧壁根部与底面采用圆角过渡时，要选择符合圆角要求的带圆弧顶刃的铣刀，如图 4-27 所示的环形切削刃。环形刀也称为鼻形刀，是根部圆弧过渡精加工的首选刀具，具有各种规格的过渡圆角半径 r。

精加工时的铣刀直径应尽量大些，以保证刀具刚度和减小切削时刀具的弯曲变形，在工件表面留下的接刀痕小，切削精度高。但刀具直径首先应满足工件内腔侧壁过渡圆角的加工要求，如图 4-28 所示。

图 4-26 所示型腔的精加工，铣刀首先考虑对刀尖圆弧半径 r 的要求，采用 90°直角过渡的平形刀。刀具直径要满足侧壁的最小内曲率半径 $R11$mm 的要求，不能超过该值。精加工单边铣削余量可留 0.25 ~ 0.50mm，$\phi10$mm 铣刀可以通过型腔中部 $R22$mm 的狭窄区域，所以选择 $\phi10$mm 的精加工铣刀。

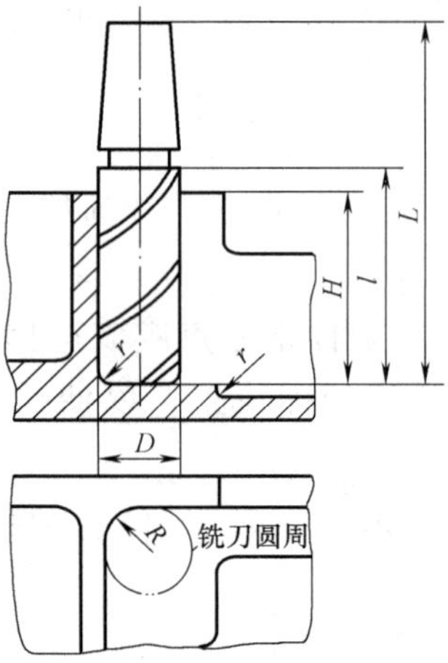

图 4-27　环形刀的各部尺寸结构

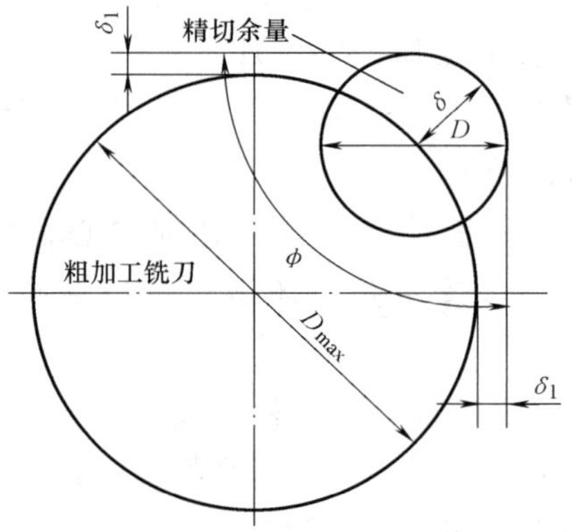

图 4-28　侧壁过渡圆弧的精切余量

（2）粗加工铣刀直径的选择　对于粗加工，为了提高铣削效率，应采用大直径铣刀，以提高刀具刚性和较大切削量；并同时兼顾型腔的结构条件。粗加工刀具采用大直径是保证切削效率的前提。

但直径越大，给精加工留下的残留余量也越大，如图 4-28 所示。选择较大的粗加工铣刀，会给精加工刀具的圆弧过渡铣削带来很大的切削载荷。直径较小、刚度较差的精加工刀具在原有进给量的条件下在拐角处会产生较大的弯曲变形，如图 4-29 所示。此处的切削阻力方向会发生 90°变换，刀具的弯曲变形方向随之改变，极易在内圆弧转角处产生如图 4-30 所示的过切，所以粗加工铣刀的直径与精加工铣刀的直径不要相差过大。

若想切削出比较精确的圆弧转角，应该采用较小直径的铣刀，并在圆弧转角处采用圆弧插补 G02 或 G03 的进给，使切削阻力始终保持一定，以维持铣刀弯曲变形量不发生突变。这是对圆弧转角有较高精度要求的工艺手段。

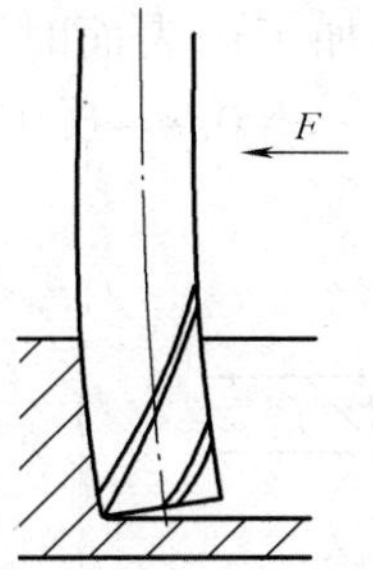

图 4-29 铣刀的弯曲

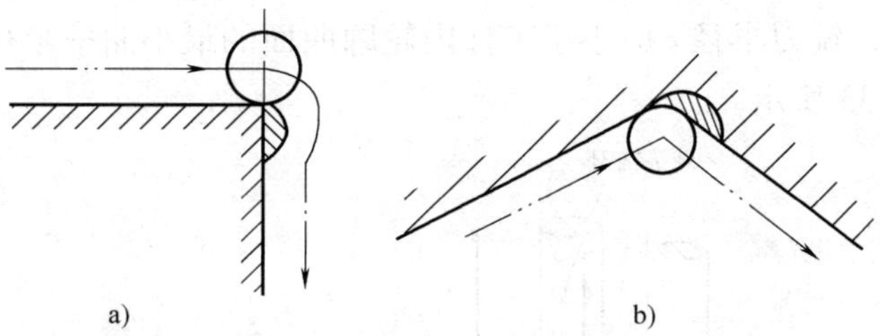

图 4-30 铣刀的切削阻力变化引起拐角过切

图 4-26 所示工件的型腔结构比较紧凑，型腔中心是一个直径为 ϕ22H7 的不加工岛屿，尺寸空间比较小，并留出一定的精加工余量，所以粗加工铣刀的直径应该在 ϕ11mm 以下，本例选择直径 ϕ10mm 的模具铣刀。

3. 选择铣刀时的其他注意事项

（1）刀尖圆弧半径 r 应尽量小　选择环形铣刀时，要注意铣刀端刃对切削质量的影响，如图 4-31 所示。由于铣刀端部圆弧过渡刃上各点的回转半径不相等，其切削速度亦不相同，如 A、B 两点。由于其离铣刀回转轴线距离不等，靠近轴线较近的 B 点回转半径 R_B 明显小于靠近外缘 A 点的回转半径 R_A，所以 B 点的切削速度比 A 点小，严重影响 B 点的切削质量。在选择铣刀直径参数时，刀尖圆弧半径 r 不要过大，圆弧半径 r 值越大，圆弧刃上端面切点 B 越靠近轴心，切削速度越小。一般，r 值应根据过渡圆弧的大小来选择。

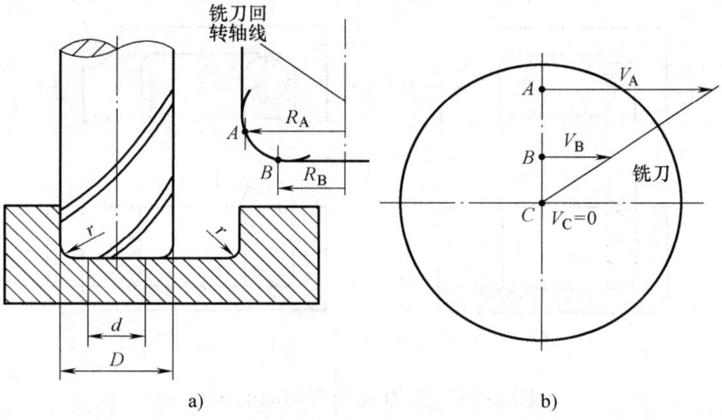

图 4-31 铣刀圆弧刃各点的切削速度

（2）尽量不用球头刀粗切　一般，不采用球头模具刀粗加工内腔。因为球头铣刀会在走刀路径上产生端面切削残留，如图 4-32 所示，给精加工带来困难。仅在加工特殊表面时采用球头铣刀。

根据图 4-31，处于端面铣刀轴心点的切削速度等于零，如 C 点。该位置的圆弧切削刃很难切出高质量的表面。所以，球头刀在使用时有铣刀轴线相对于加工表面的法线必须保证不小于 20°夹角的工艺要求，极限情况下不得小于 10°。一般情况下，球头刀不适合用于粗切加工。

对于必须要采用球头刀的复杂空间曲面，由于 C 点的切削速度为零值，所以在精加工中也应尽量避免采用刀心 C 点作为切削刃与工件的接触点（也称切触点）进行切削。

（3）选择铣刀直径应以工件的最小曲率半径为依据　为了保证精加工内表面时不产生过切，铣刀半径 r 应小于工件内轮廓曲面的最小曲率半径 ρ。一般，取 $r=(0.8\sim0.9)\rho$，如图 4-33 所示。

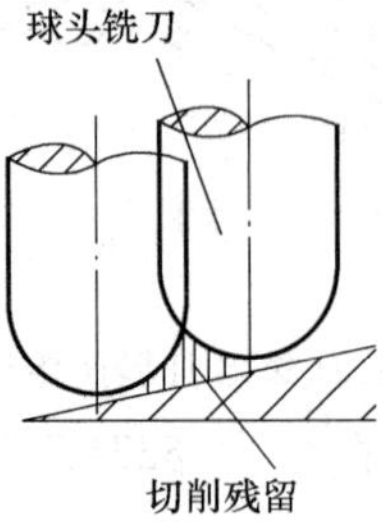

图 4-32　球头铣刀的端面切削残留

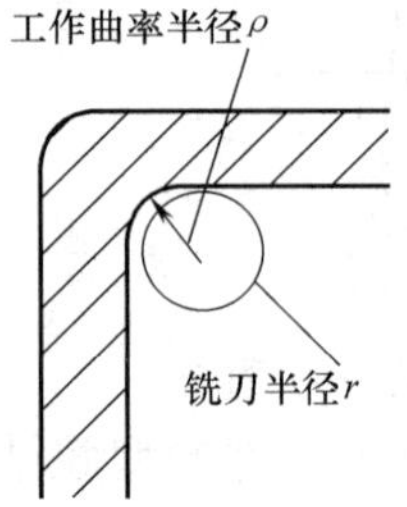

图 4-33　工件最小曲率半径对铣刀的影响

如果工件的最小曲率半径较小，则铣刀直径应更小，会影响粗铣加工效率。可将粗铣和精铣分开，粗铣削采用稍粗点的铣刀，以保证铣削效率。

（4）铣刀的工作切深 H 不得过大　铣刀刃的轴向切削长度也称为每次工作切深 H，由于铣削切削的不对称性，会给铣刀带来很大偏载，引起铣刀轴线较大的弯曲变形。为保证铣刀具切削加工时有足够的刚性，要求每次工作切深 H 不能过大。一般，铣刀半径 $R>0.2H$，如图 4-34 所示。

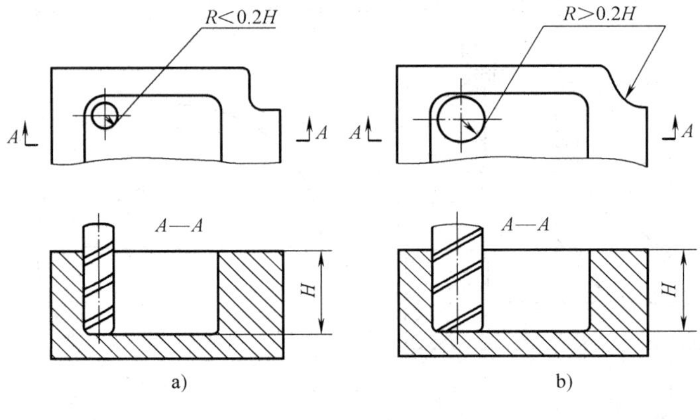

图 4-34　铣刀直径与切深的关系

（5）对铣刀切削部长度 l 的要求　为了保证刀具在加工工件时具有一定的刃部切削余量，对于深槽铣削和不通孔铣削，刀具切削刃的结构长度 l 应该如图 4-27所示，留有 5～10mm 的预留长度，即

$$l\geqslant H+(5\sim10)$$

加工各类通槽和通孔时如图 4-35 所示，铣刀切削刃部的长度应满足 5～10mm 的切削超越长度，即

$$l\geqslant H+r+(5\sim10)$$

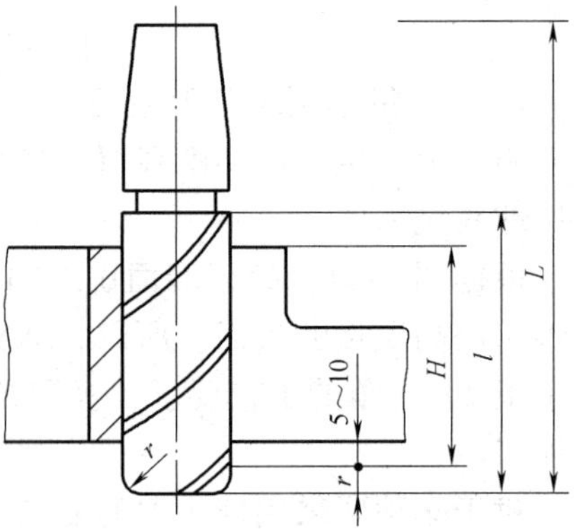

图 4-35　铣削通槽时的超越长度

4.2.3　两种铣削方式

铣削加工中有顺铣和逆铣两种不同的加工方式，

选择不同的铣削方式，对加工精度和刀具磨损等因素的影响程度也不同。

1. 逆铣

（1）逆铣加工的定义　如图4-36所示，根据铣削加工中铣刀的转向与不同的进给方向，可以把铣削加工的切削方式分为顺铣和逆铣两种。

当铣刀利用其圆柱面上的侧刃对工件进行切削时，切削区内的刀刃对工件所产生的切削力可用图4-36表示。铣刀的不同转向和不同的切削进给方向，对工件与刀具所产生的加工结果和影响也不同。

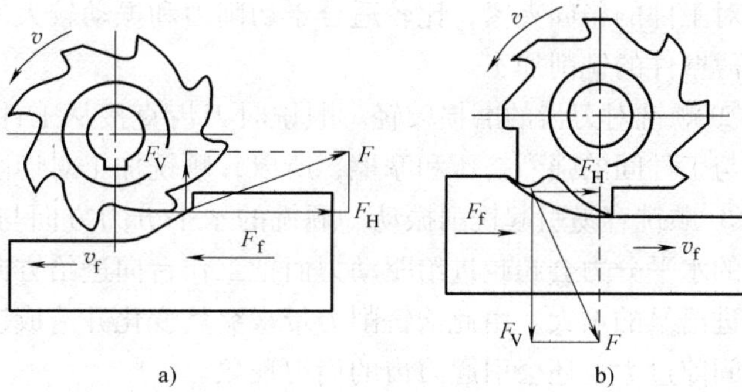

图4-36　逆铣与顺铣

图4-36a所示铣刀的切削合力，可以被分解为水平 F_H 和垂直 F_V 两个方向的分力。当铣刀切削时，每一个刀齿的切削过程都由工件的已加工面向待加工面移动，所产生的垂直分力 F_V 方向向上，而水平分力 F_H 的方向与进给驱动力 F_f 的方向相反，把这种水平切削分力与进给驱动力方向相反的铣削加工方式称为逆铣加工，即水平分力与进给力方向相反的铣削方式称为逆铣。

（2）逆铣加工的特点与应用　逆铣加工时具有下列特点：

① 逆铣加工的切削过程比较平稳。在逆铣加工中，主要的切削分力为水平分力 F_H，其方向与进给驱动力 F_f 的方向相反，这有利于消除刀具与工件之间的各种驱动结构间隙，避免切削进给加工过程中的纵向振动。所以，逆铣切削过程比较平稳，加工表面质量较好。

② 逆铣对工件的夹紧要求高。由于逆铣加工时的垂直分力 F_V 的方向向上，使安装在工作台上的工件向上拉离安装基面，不利于工件稳定安装。所以在逆铣时应对工件稳固夹紧。精加工的切削力较小，一般的夹紧都可以满足要求。

③ 逆铣对切削刃的磨损损耗较大。逆铣时刀齿先在工件的已加工表面上进行强烈的挤压摩擦，然后开始逐渐挤入工件材料，形成切屑，每一个切削刃所形成的切屑厚度值都由零逐渐增厚。所以，逆铣对切削刃的摩擦和磨损比较严重，切削刃的磨损速度较快。

由逆铣的加工特点可以看出，逆铣不适合于切削力大、对夹紧力要求较高的粗铣加工。如果机床的几何精度较差，进给系统的机械间隙较大，不能够保证平稳、安全地顺铣加工时，也应采用逆铣加工。

④ 逆铣表面加工硬化较严重。由于逆铣加工经过刀齿的强烈挤压，生成的表面硬化现象较为严重，存在较复杂的残余应力，不利于表面形状的长期稳定；同时，逆铣所造成的表面加工硬化也会给后续的钳工精修工序带来困难，所以，对于铣削加工后还需要经过钳工修研工序的表面，不宜采用逆铣加工。

2. 顺铣

（1）顺铣加工的定义　如图4-36b所示，切削水平分力方向与进给驱动力方向相同的铣削加工称为顺铣。

（2）顺铣加工的特点　与逆铣加工相反，切削力的主要指向是向下压向工作台，而水平分力 F_H 的方向与进给驱动力 F_F 方向相同，其特点如下：

① 顺铣加工有利于工件的稳固夹紧。由于顺铣加工中的垂直方向分力 F_V 指向工件和安装基准台面，巨大的切削力主要由工作台承受，而不是由进给驱动系统承担。因此，顺铣有利于对工件的稳固夹紧，比较适合于切削力和振动较大的粗铣加工。顺铣尤其适合于刚性较差的薄壁件的铣削加工。

② 顺铣对刀齿的磨损较轻。顺铣时刀齿直接从工件待加工表面切入工件材料，不需要经过与工件间的强烈挤压和摩擦，所以，顺铣加工对切削刃的磨损较轻。

③ 顺铣容易引起铣削振动。顺铣的水平分力方向与进给驱动力的方向相同，所以铣刀切削的水平分力会超越进给驱动力而把工作台向进给方向拉动，造成丝杠传动间隙的反向和瞬时进给量的增大。由此给铣削力带来突然变化并造成铣削过程的振动，如果丝杠螺母间的传动间隙过大，还会引起刀齿的崩刃现象。

（3）顺铣加工的应用　由以上分析可以看出，从对刀具的磨损和对工件的可靠夹紧，采用顺铣比逆铣更为有利。

在切削用量和切削力较小的精铣加工中，如果丝杠与螺母的间隙经过一定的消隙措施能够有效控制和消除，在铣削水平分力 F_H 不足以拉动机床工作台的条件下，采用顺铣会得到比较好的加工效果。

对于精度要求较高的长切削，为尽量减小刀具磨损，应采用顺铣加工。

对刚性较差的薄壁和薄板件，一般应考虑采用顺铣加工。

顺铣加工的一个重要条件是必须有效地控制和消除丝杠螺母间的传动间隙。反之，则应采用逆铣加工。

目前，数控机床的几何精度较高，各传动结构间的配合间隙较严格，而且具有专门的传动间隙消除结构有效控制和消除进给传动齿轮、丝杠及机床导轨处的传动间隙，所以，采用顺铣加工的优越性大于逆铣加工。

对于进给机构传动间隙较大、几何精度较差的旧设备，为了防止顺铣所产生的振动和切削刃崩齿，应采用逆铣，尤其是在切削用量较大的粗铣加工中。

当铣削加工表面为毛坯时，工件表面的硬质颗粒较多，铸件、锻件的表面硬化层较厚，表面热加工黑皮较严重时，为避免切削刃过度磨损，应采用逆铣加工。

4.2.4　铣削加工中的走刀路线

走刀路线也称为走刀轨迹、刀具路径，是指加工过程中刀具刀位点相对于工件的移动轨迹。铣削加工中的刀具走刀路线设计得是否合理，直接影响铣削精度、刀尖定位精度、切削效率、刀具磨损等切削质量。所以，走刀路线设计是铣削加工中一项重要的工艺设计内容。

1. 二维形腔轮廓加工的走刀路线

如图 4-26 所示，平底凸轮型腔采用 X、Y 两个方向坐标轴的联动插补，即可完成其轮廓曲面的铣削加工，所以称为二维型腔。

二维形腔铣削加工的走刀路线有行切法、环切法和复合法三种不同形式，如图4-37所示。

（1）行切法　如图4-37a所示，腔体的加工由铣刀一行一行的铣削轨迹形成，这是形状比较规则的二维型腔铣削经常采用的走刀方式。

对应于一定大小的型腔，采用行切法的走刀路线比较短，对运动轨迹的坐标计算量较少，加工程序段数量少，程序简单。但行切法加工在每一次铣刀换向时，由于走刀方向的改变，给铣刀带来弯曲变形和改变方向，极易在工件两侧壁留下刀具换向痕迹。行切法多用在高切除率的粗加工中。

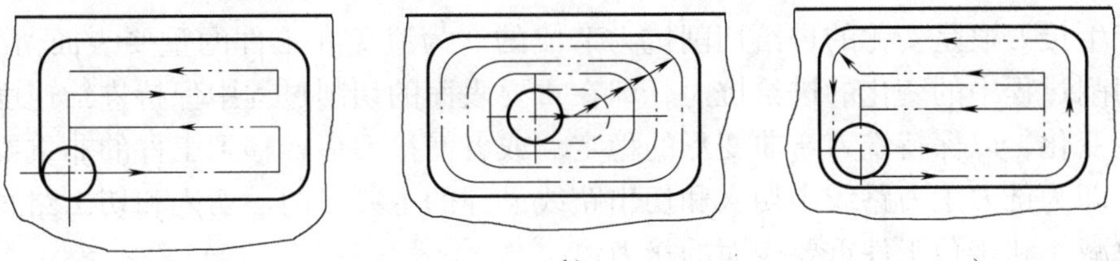

图4-37　型腔的三种走刀路线

（2）环切法　图4-37b所示为环形切削法，也称为环切法，是按照工件轮廓要求的形状一圈一圈平行走刀加工的运动方式。环切法中的每一圈运动都依据工件型腔的最终形状，走出一圈与其平行的环形路线，所以最终加工的轨迹可以形成较高精度的连续腔体轮廓，在腔体侧壁不易留下换向痕迹。

这种方法的缺点是走刀路线的累积行程较长，加工程序段较多。用时较长。优点是复杂轮廓表面的成形精度较高。在高速进给数控加工中，对形状较复杂的型腔采用环切法。

（3）复合法　图4-37c所示的走刀路线是复合切削法，是行切法与环切法的优点组合。粗加工时采用行切法，精加工时采用环形切削方式对工件轮廓精修，可以同时保证较高的切削成形效率和加工精度，是大面积铣削中经常采用的铣削形式。

2. 二维型腔的走刀方向选择

内、外轮廓的铣削走刀方向取决于铣削方式，如图4-38所示。在铣刀正转方向切削时，刀具相对于工件切削的绕行方向反映了铣刀的铣削方式。当如图4-38a所示方向相对于工件铣削加工时，对工件是顺铣加工；而如图4-38b所示方向时即为逆铣加工。所以对工件走刀方向的选择，实际上是决定采用顺铣还是逆铣铣削方式。应该根据精度、效率以及刀具磨损等多方面的加工要求最终确定铣刀相对于工件的切削绕行方向。

在数控加工中，尤其是在精度较高的数控铣床和加工中心上对工件精加工时，应该优先考虑采用顺铣，即刀具如图4-38a所示方向安排走刀路径。

在走刀路线比较复杂的工件轮廓铣削加工中，精加工常与粗加工采用同一个NC加工程序描述加工轮廓，所以切削用量不太大的粗加工也采用顺铣，即图4-38a的走刀方向安排走刀路线。

3. 铣刀的切入和切出路线

（1）切入、切出路线正确设计的原因　直径较小、刚性较差的立铣刀切削时，由于较大的径向切削抗力，极易造成刀具径向弯曲变形，如图4-29所示。当切削即将结束，径向切削抗力减小为零时，由于刀具弯曲变形的弹性恢复，往往会在工件加工表面留下较明显的

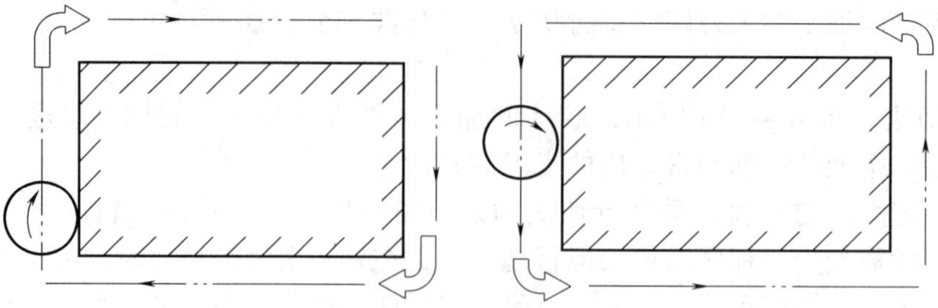

图 4-38　外轮廓的顺铣和逆铣

接刀痕。产生接刀痕是变化的进给切削抗力造成的。为避免在工件的重要表面留下接刀痕，需要避免切削过程中的变化的进给抗力，即在重要表面的切削过程中保持进给速度的大小和方向不发生变化，以保持铣刀弯曲变形的稳定。或者使接刀痕转移到工件的非重要表面和非重要部位，即为铣刀走刀路线中切入和切出路线设计的主要目的。切入和切出路线的科学设计可以有效减小和避免工件重要表面的接刀痕。

（2）走刀路线设计中的“切入”、“切出”原则　刀具的切入路线和切出路线的正确设计应遵循“切入”、“切出”原则。

为了避免在工件加工表面留下接刀痕，铣刀开始进入工件理论轮廓线时的走刀方向应与工件轮廓曲线相切，即“切入”原则；在铣刀即将切出工件时，其走刀方向也应与工件轮廓曲线相切，即“切出”原则。也就是要掌握刀具由轮廓曲线的切线方向进入，切线方向退出，如图 4-39 所示。

加工路线设计中的“切入”、“切出”原则符合“最小误差方向原则”。由工艺系统的弹性变形所引起的加工误差最大的方向为加工表面的法向方向。当刀具切削进给时，铣刀的最大弯曲变形发生在进给方向上，让该方向与工件的轮廓方向保持平行或相切，会使工件轮廓因刀具弯曲所产生的加工误差最小。

图 4-40 所示工件的外轮廓铣削加工，A 点是刀具对工件的正式切入点。为保证在切削 A 点时，不发生进给运动的速度变化和方向变化，将铣刀由 E 点开始切削，保持 EA 线与工件圆弧相切。

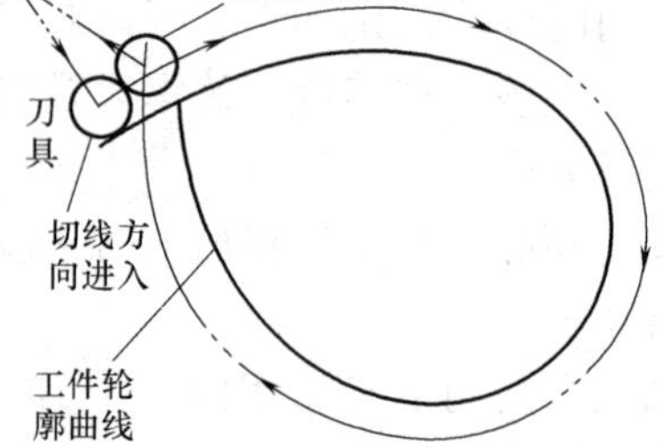

图 4-39　走刀路线的“切入”、“切出”

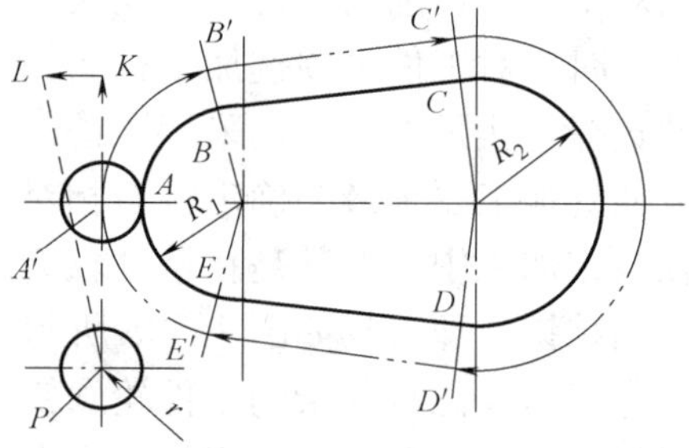

图 4-40　轮廓铣削时的“切入”、“切出”原则

同理，铣刀切离工件时，应沿 AK 线方向继续切削，而通过理论轮廓上的最后一点 A，可以避免在 A 点处产生接刀痕。

图 4-41 所示为刀具的“切入”、“切出”路线与刀具的半径补偿关系，即刀具由原点向“切入”点运动的过程中，需要及时将刀具半径补偿值补偿到刀心的定位点上。编写刀具移

动程序时，应及时调用刀具的半径补偿功能和半径补偿值，以便于刀具的正确运动。在刀具返回原点的移动中，也应及时清除半径补偿值，以便调用下一把刀具的参数。

图 4-42 所示为在空间狭小的内表面铣削加工中，刀具的“切入”、“切出”路线。一般，在型腔平面方向上，常采用圆弧切入路线，以便保持刀具相对于加工轮廓的“切入”关系。此时需要细心设定刀具运动的圆弧切点位置，以保证刀具在工件内的安全移动，并妥善处理好刀具各项补偿参数的调入和清除。

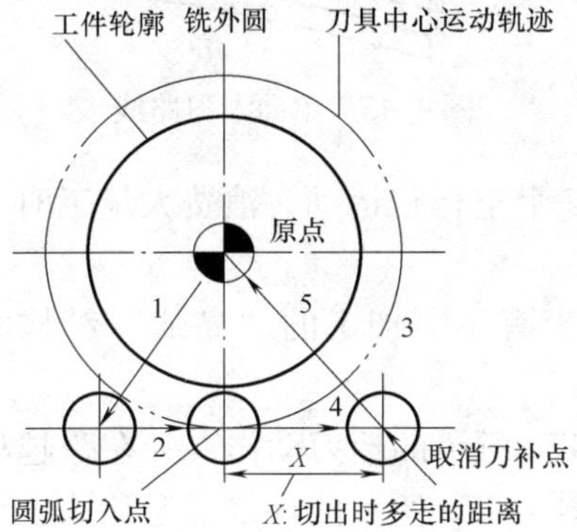

图 4-41　及时进行刀具的圆弧半径补偿

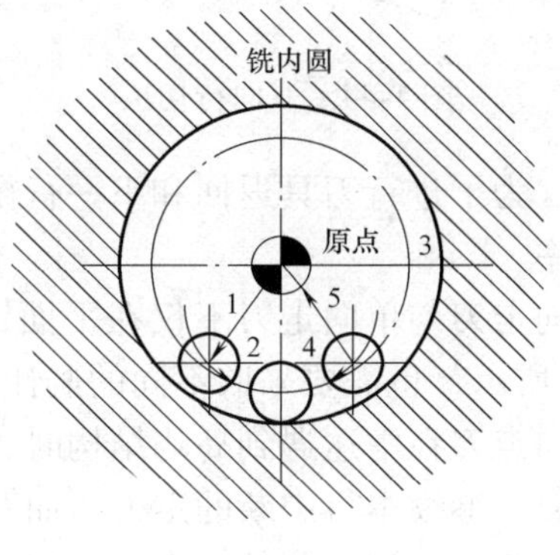

图 4-42　狭小内表面的“切入”、“切出”

（3）轴线方向上的切入路线　在刀具轴向，为使刀具不断向深度方向切进，常采用如图 4-43 所示的螺旋进给路线或斜线进刀方式。图 4-43a 所示为斜线切入方式，即在轴向位置不同的两个切削层之间，刀具从上一层高度沿螺旋线或斜线以渐进方式切入工件，直到下一层高度，再开始正式的型腔切削。图 4-43b 所示为螺旋切入方式，刀具沿着螺旋方向逐渐深入到新的深度，有利于保护刀尖，并使切削平稳。

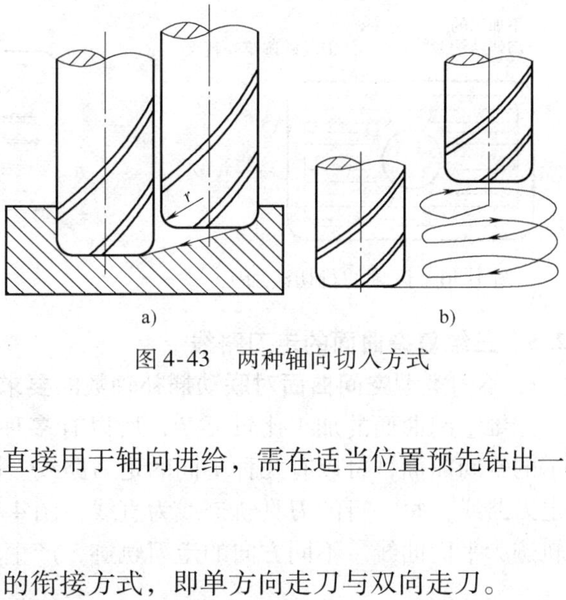

图 4-43　两种轴向切入方式

对于不具备完整端面刃的立铣刀，不能直接用于轴向进给，需在适当位置预先钻出一定深度的工艺孔。

4. 单方向走刀与双向走刀

在行切法走刀方式中，有两种行与行间的衔接方式，即单方向走刀与双向走刀。

（1）双向走刀　双向走刀方式如图 4-44 所示，也称为往复式走刀，走刀轨迹呈己字形分布。

这种走刀方式的最大优点是刀具左右两个方向的运动行程都处于切削状态中，刀具空行程短，节省非切削时间。其缺点是刀具向左和向右走刀时的铣削方式不同，对应于同一侧方向的铣削加工余量，铣刀向右走刀时若为顺铣，则铣刀反向向左走刀时是逆铣，产生两种不同的效果。

（2）单向走刀　为了避免双向行切的缺点，可以采用图 4-45 所示的单向走刀。单向走刀需把前一行的尾和下一行的首相连接，铣刀在前一行结束处退出，在下一行开始处再次进

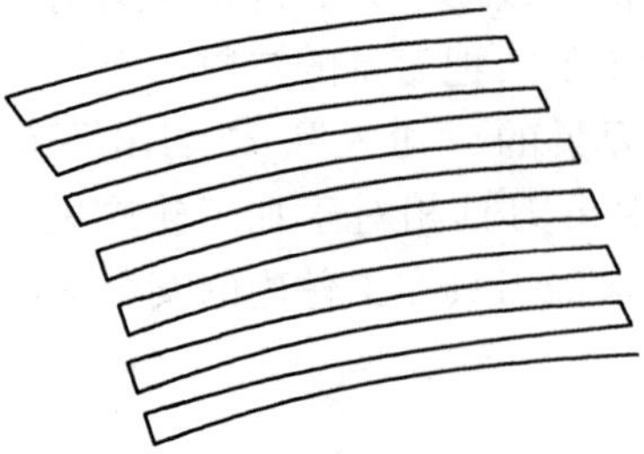
图 4-44　双向行切法

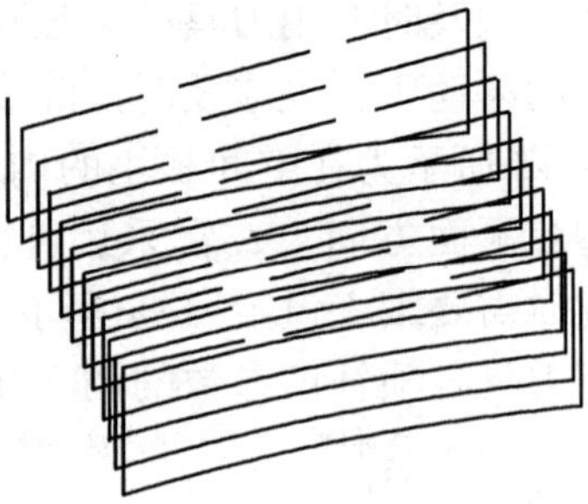
图 4-45　单向走刀路线

入切削。为了进行刀具返回和下一行衔接，需要完成三个空行程运动，浪费大量工时，影响加工效率。

双向走刀与单向走刀不仅在平面铣削中有差别，当有不需加工的“岛屿”结构时，如图 4-46 所示，也需要采取不同的避让方式。

单向走刀在中途遇到岛屿结构时，需要进行图 4-47a 所示的抬刀动作，并在跨越岛屿后重新下刀，继续本行中断的走刀。而双向走刀则采取图 4-47b 所示的环绕形避让法，节省了抬刀和下刀的时间。另外，由于一般立铣刀的端刃结构不宜直接轴向下刀，所以，此类行切法多采用双向走刀法。在具有岛屿结构的铣削加工中，经常采用环绕式走刀加工。

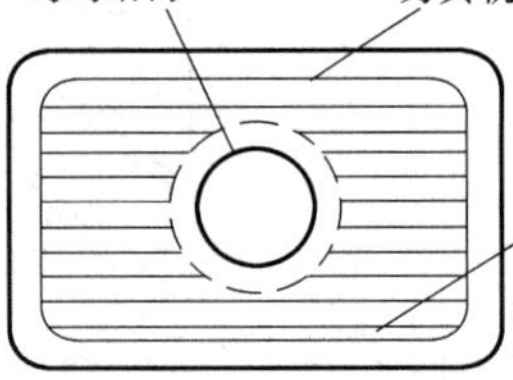

图 4-46　区域的行切法加工

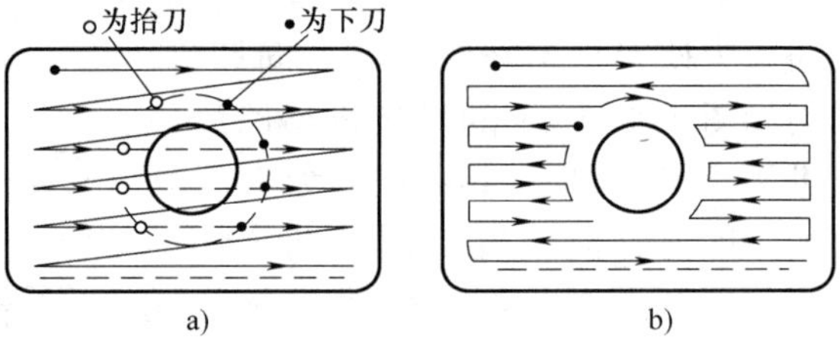

图 4-47　具有岛屿的单向、双向行切

4.2.5　三维复杂曲面的走刀路线

1. 不同类型空间曲面对联动插补轴数的要求

三维空间曲面的加工比较复杂，所以有多种不同的铣削走刀路线设计方案。如图 4-48 所示的空间曲面，可以有几种不同的走刀路线。图 4-49a 所示为沿着曲面的表面素线方向安排走刀路线，每一行的刀具轨迹线为直线。图 4-49b 所示为沿着横截面方向走刀，每次的刀具轨迹为平面曲线。不同方向的走刀轨迹，产生不同的加工质量效果，对机床数控系统运算

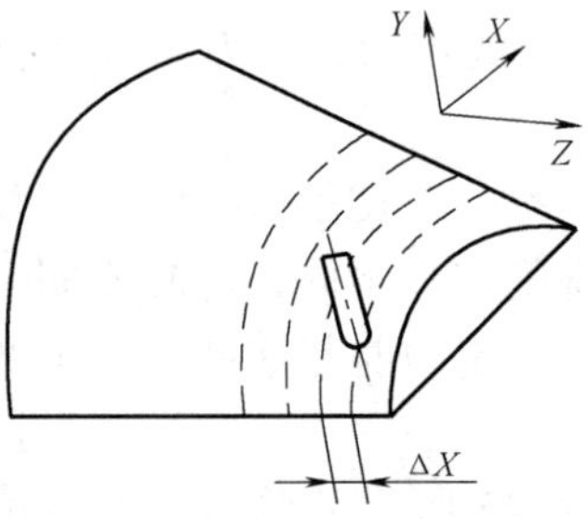

图 4-48　复杂曲面轮廓的加工

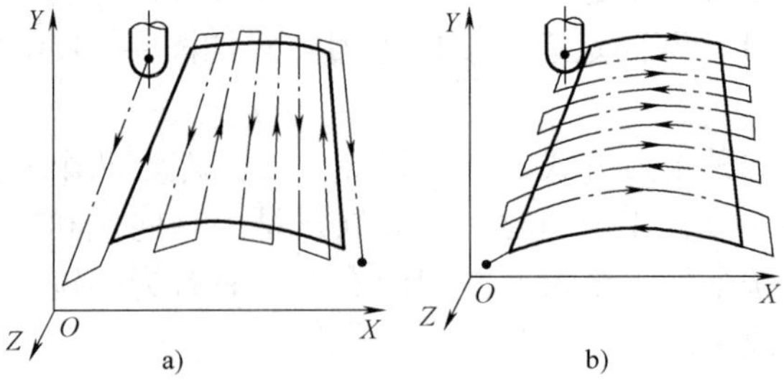

图 4-49　曲面轮廓的两种加工路线

插补能力的要求也不同。

对图4-48所示工件的加工，采用图4-49b方法走刀。在 $X-Y$ 平面内，需要进行两坐标插补，每完成一行切削，刀具向 Z 轴方向做一个小进给，在新的截平面位置再次进行新的平面插补。插补无需在第三轴上同时进行，主要是应用机床的两轴插补功能，习惯上把这类插补称为两轴半插补。

较简单的空间曲面轮廓，通过数控机床的两轴插补功能和三轴插补功能可以实现对轮廓的加工要求。但复杂的空间回转结构、曲面结构和曲面间的复杂过渡，需要数控机床具备多轴插补功能才能够实现。

对图4-50所示的型腔，利用机床的三轴插补功能可以分层切削完成腔体的成形加工。而图4-51中的工件曲面，需要铣刀在三维空间插补运动的基础上，附加主轴的角度摆动。这需要数控机床具备多轴插补功能，以便控制球头铣刀的球心刀位点进行三维插补移动的同时，还能够进行铣刀轴线摆动插补控制和相应的圆弧补偿控制，这需要机床数控系统具备五轴联动插补功能。

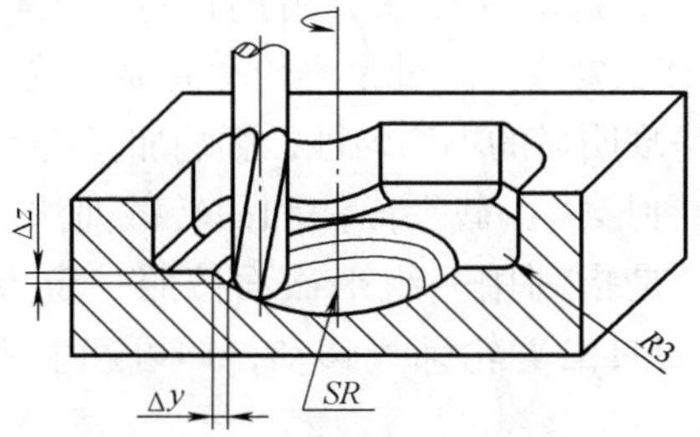

图4-50　三维形腔的铣削加工

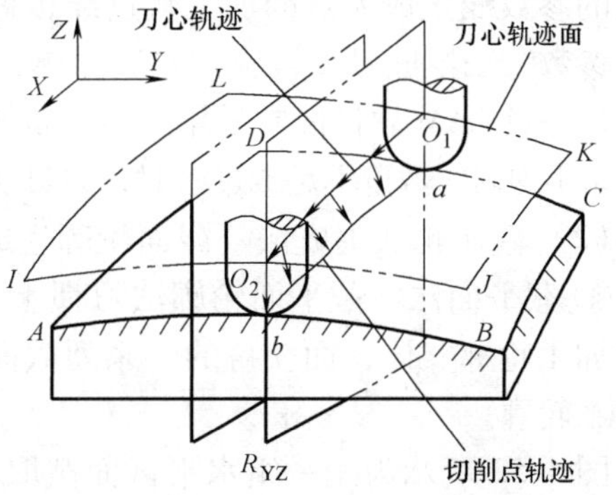

图4-51　铣刀刀心移动轨迹与轴线摆动

5轴联动插补数控机床不仅具有 X、Y、Z 三个移动坐标轴间的联动插补功能，还同时具备两个回转坐标的插补能力，可以完成主轴摆动和围绕工件摇摆，是目前数控机床的主流产品。

2. 多坐标插补走刀路线的自动生成原理

比较简单的曲面轮廓可以手工编程；而复杂空间曲面的加工程序则需要借助计算机自动编程软件编制刀具的走刀轨迹，进而生成NC加工程序。在利用计算机CAD/CAM辅助设计软件生成刀具加工路线的设计方法中，走刀路线依靠对切削路线不同的描述手段和相应的设置参数而由CAM软件自动生成，将其称为“刀具轨迹”或“刀具路径”。

根据计算机CAD/CAM软件自动生成刀具移动轨迹所利用的不同的设计参数类型，目前的刀具加工走刀轨迹生成原理主要有三种：参数线生成法、截平面轮廓生成法和投影线生成法。

（1）参数线生成法　计算机利用CAD辅助设计，根据所提供的相关形体参数（即各种设计参数）所自动计算生成的对工件几何形体的描述参数线设定刀具的移动路线，称为参数线生成法，如图4-52所示。

参数线生成轨迹法适于描述曲面网格规整、变化缓和的轮廓曲面，如图4-52所示的曲面轮廓。其下方为描述曲面的网格形式，而参数线是网格线的一种表达方式。利用某一个方

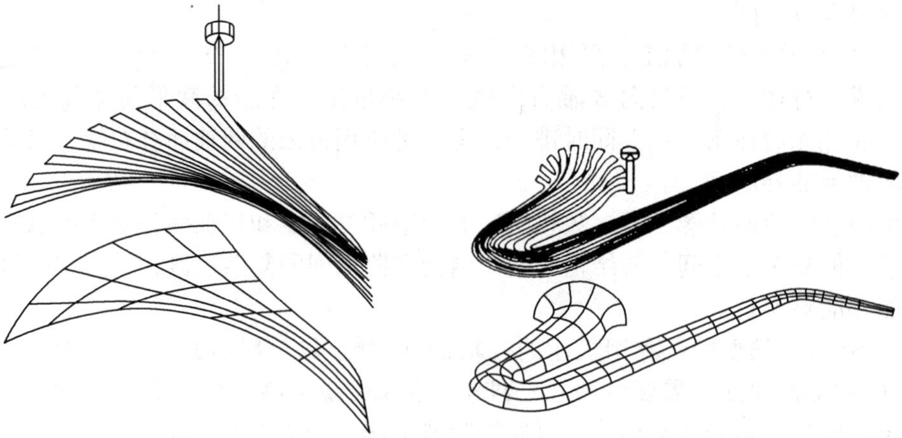

图 4-52　刀具轨迹的参数线生成法

向上的参数线生成刀具的加工轨迹线，称为参数线法。

参数线法生成刀具轨迹，方法简单，计算工作量小，运算速度快，占用计算机内存空间小，是一般 CAM 软件经常采用的刀具轨迹生成方法。其主要不足之处是当轮廓局部区域的参数线分布不均匀、数量不足或过密时，刀具轨迹的分布也呈现明显的不均匀性，影响加工效率。

（2）截面轮廓生成法　截面轮廓生成法主要有两种形式：截平面法和回转截面法。

① 截平面法　截平面轮廓法习惯上也称截面法，是指利用一组平截面按照一定方向截取待加工轮廓实体，而获得的一系列截面轮廓线，将刀具沿着轮廓线移动，即可产生所需要的加工轮廓。

图 4-53 所示为用一组水平截面截取轮廓实体，可以得到一系列水平轮廓线作为刀具的加工轨迹，即可产生工件轮廓。这是目前应用最为广泛的一种截取手段。

图 4-54 所示的工件表面，在 CAD 设计阶段，用一根母线在一个圆弧导动线引导下，通过扫描法在空间所形成的扫描回转曲面。可以利用一组与导动线相互平行的平截面截取该回转曲面，如图 4-55a 所示，得到一系列截面轮廓线，作为刀具的加工轨迹，以形成所需要的回转曲面。也可以如图 4-55b 所示，用回转曲面的平行轴截面进行截取，得到一系列的直线轮廓，形成工件曲面。

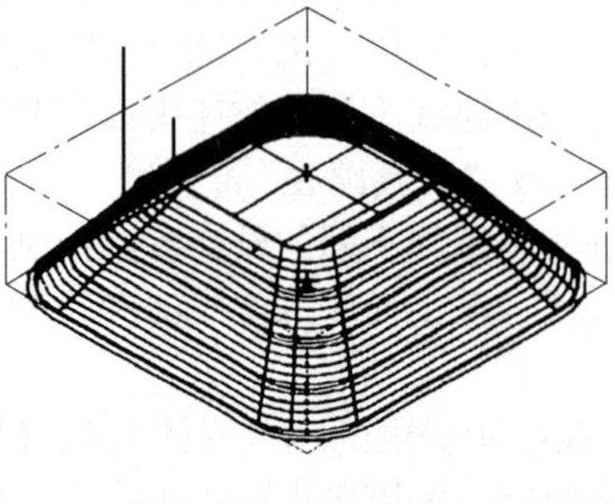

图 4-53　用水平截面轮廓描述工件轮廓

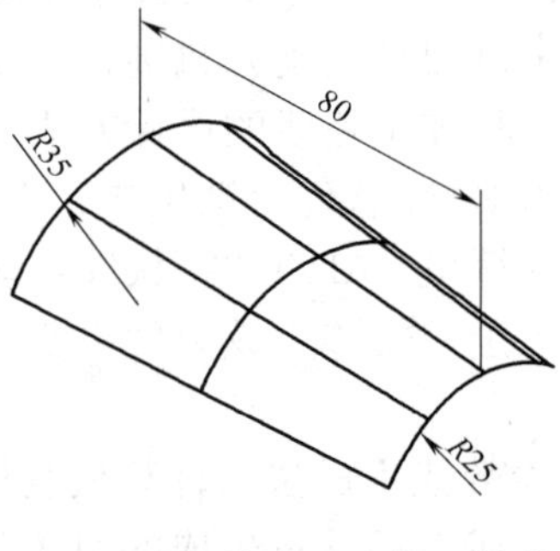

图 4-54　用扫描法生成的回转曲面

图 4-56 是截平面法的不同形式，截面的截取方向不同，所截得的截面轮廓组的形状也不同，可以灵活地用以对工件曲面轮廓的表达。

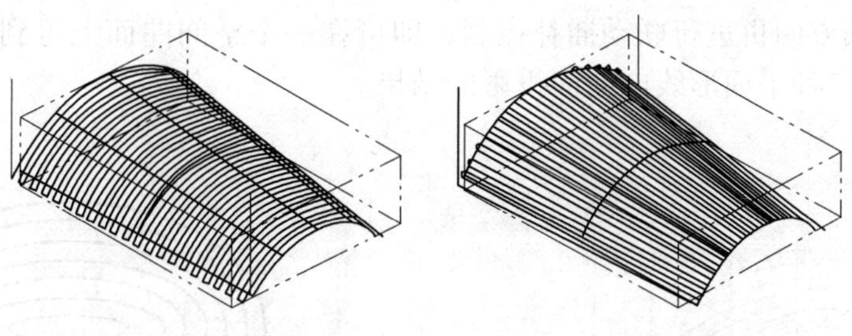

图 4-55　不同方向的截平面获得不同的走刀轨迹

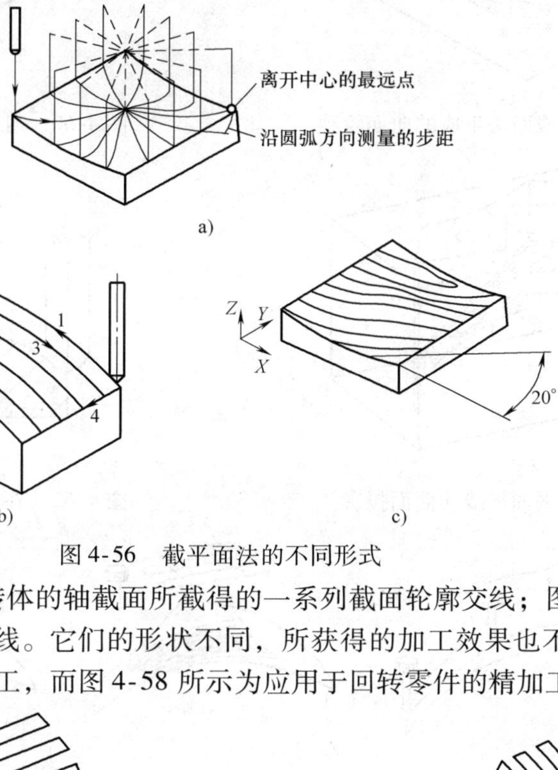

图 4-56　截平面法的不同形式

图 4-57 所示为利用回转体的轴截面所截得的一系列截面轮廓交线；图 4-58 所示为利用端截面所截得的一系列截面线。它们的形状不同，所获得的加工效果也不同。图 4-57 所示为应用于对回转零件的粗加工，而图 4-58 所示为应用于回转零件的精加工。

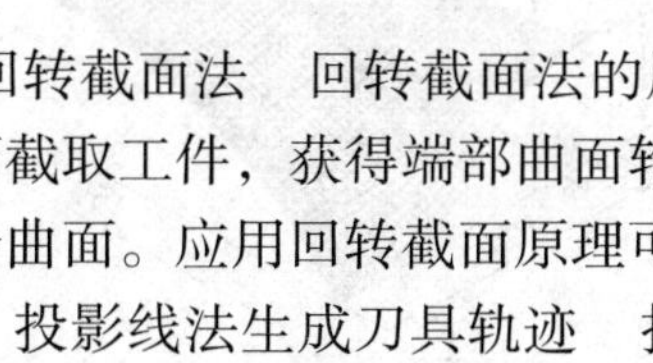

图 4-57　回转体的轴截面交线

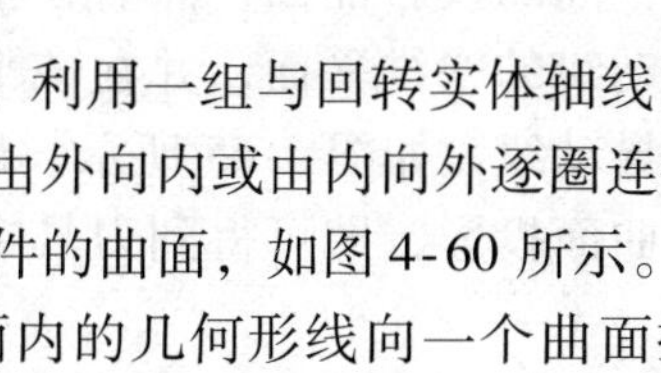

图 4-58　回转体的端截面交线

② 回转截面法　回转截面法的原理如图 4-59 所示。利用一组与回转实体轴线同轴的回转圆柱面截取工件，获得端部曲面轮廓线。把截面交线由外向内或由内向外逐圈连接，即可描述一个曲面。应用回转截面原理可以描述一般盘类零件的曲面，如图 4-60 所示。

（3）投影线法生成刀具轨迹　投影线法指将一平面内的几何形线向一个曲面投影，即先在一个平面内描述被投影的几何形线，再投影到指定曲面的表面上，如图 4-61 所示。

由于在一个平面上形成一个复杂二维曲线的方法目前已经比较成熟，可以用许多方法方便灵活地在平面上生成较为复杂的曲线，所以在此基础上，如图 4-62 所示，将刀具的平面走刀轨迹向第三轴方向再进行联动插补控制，即可在一个空间曲面上得到投影轨迹的效果。图 4-63 所示为将三种平面形线向曲面投影的结果。

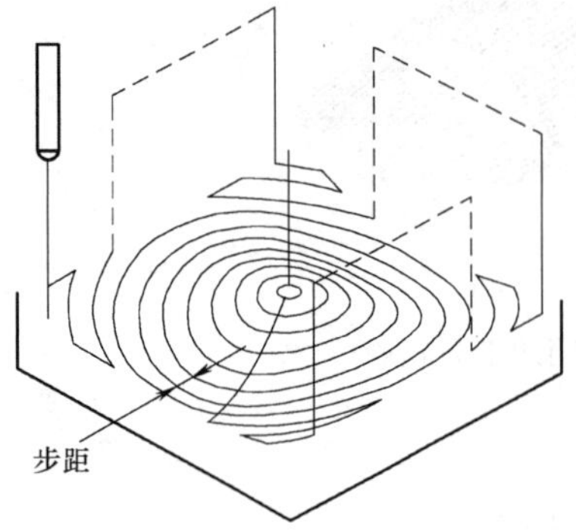

图 4-59 回转截面法生成的曲面轮廓

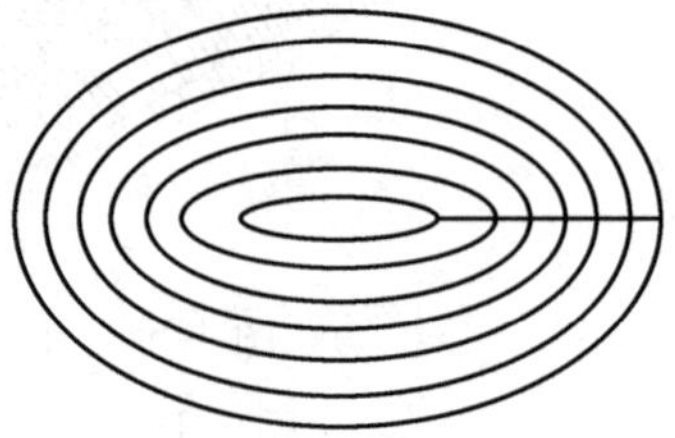

图 4-60 对盘类件端部曲面的描述法

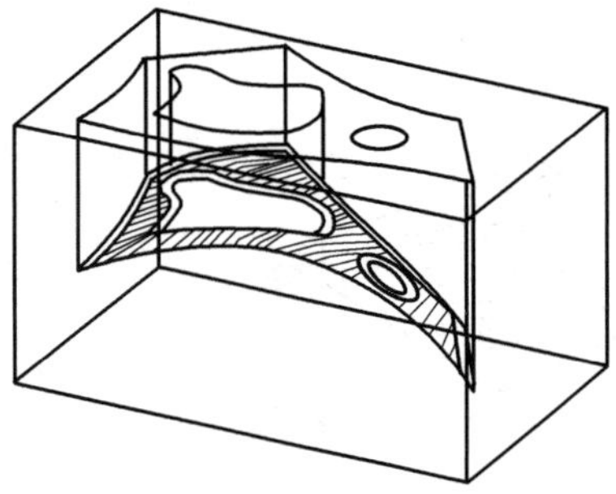

图 4-61 将平面形线向曲面投影

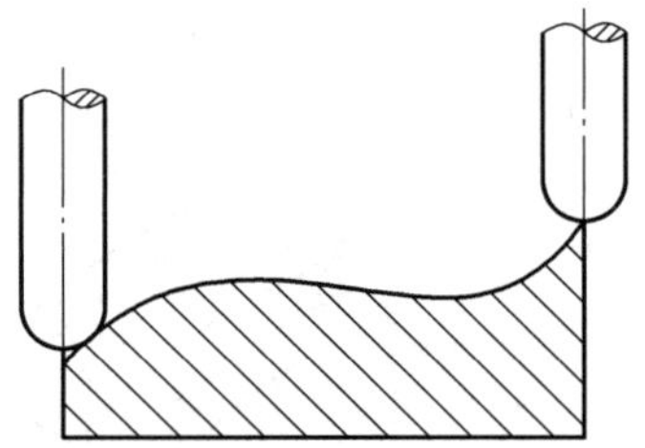

图 4-62 在 Z 轴方向上进行投影插补

图 4-63 平面形线向曲面的投影

在二维平面上的几何形线称为刀具投影轨迹的导动线。创建刀具三维空间投影轨迹的方法分三个主要步骤，图 4-64 所示为投影法的第一步。首先描述和定义空间的投影曲面，然后在指定的投影方向上创建导动线的二维平面，并在该平面上产生要进行投影的导动线，如图 4-65 所示。最后将二维导动线向投影曲面投影，即可得到刀具在曲面上的空间投影轨迹。

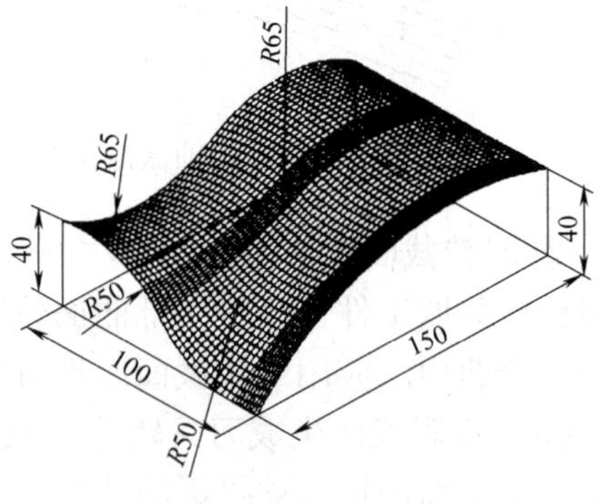

图 4-64 创建空间投影曲面

上述投影关系也可以反过来应用。对于投影角度较大、坡度比较陡峭的投影面，平面导动线在空间投影面上的投影会引起较大的变形与失真，对于需要在曲面上得到较真实形状的图形，需要按照相反的顺序产生刀具的投影轨迹。例如，对于分布在曲面上的文字、图案花纹等，需要在曲面上保持其实际大小和形状，此时可首先将曲面上的花纹向投影平面投影，然后对平面上的投影线进行刀具二维轨迹的插补描述，最后再向第三轴 Z 轴方向进行插补。

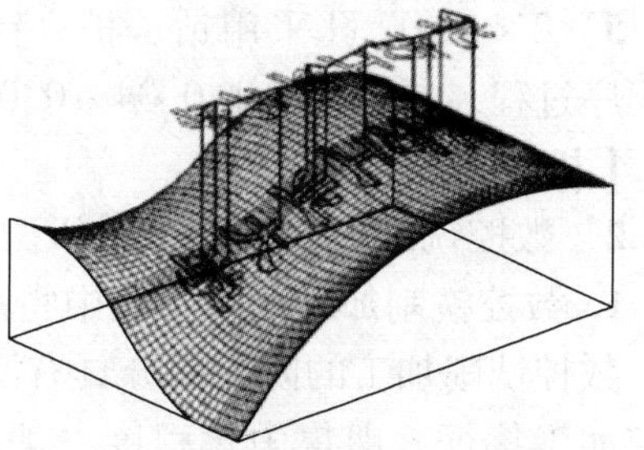
图 4-65　将导动线向曲面投影

投影线生成轨迹法在空间曲面图形的加工中应用比较灵活，易于控制，其原理在大多数 CAD/CAM 软件中都有其应用，经常用来处理其他方法所不能完成的复杂轨迹的生成。

【思考与练习】

1. 数控铣刀的类型应根据什么选择？
2. 精铣加工的刀具选择应掌握哪些原则？注意哪些问题？
3. 粗铣加工应怎样选择刀具？
4. 铣刀选择时应注意哪些方面的注意事项？
5. 对铣刀的程长度有哪些要求？
6. 铣刀的刀尖圆角在选择时应注意哪些使用要求？
7. 什么叫顺铣？顺铣有哪些特点？适用怎样的使用场合？
8. 什么叫逆铣？逆铣有哪些特点？在什么场合下可考虑使用逆铣？
9. 二维轮廓的铣削加工走刀路线有哪三种形式？
10. 行切法有什么特点？
11. 环切法有什么特点？应用于什么场合？
12. 如何正确确定走刀方向？
13. 为什么会产生接刀痕？如何避免产生接刀痕？
14. 什么叫“切入”、“切出” 原则？
15. 单向行切和双向行切各有什么特点？

课题 4.3　数控铣削加工工序设计

【学习目标】

1. 知道数控铣削加工的阶段划分原则。

2. 会进行数控铣削加工工序设计及工艺参数的合理选择；会计算数控铣削加工的各工序尺寸。

【学习任务的提出】

4.3.1　工件的数控铣削加工工序参数确定

试对图 4-66 所示零件进行数控铣削加工的工艺过程设计，试确定铣削的加工阶段划分和各个铣削工序的工艺参数。

工件圆弧槽铣削加工的工艺要点提示：

1）圆弧槽侧壁 $R_a1.6\mu m$ 的表面粗糙度质量要求，需要精铣加工完成。

2）粗加工铣刀直径不能过大。

3）槽根部的 R4mm 过渡圆角需要用环型铣刀加工。

4）考虑到粗铣产生的切削残留，精加工后还需要进行清根加工。

5）2 × ϕ8H7 孔采用钻、扩、铰的加工工序过程，铰削余量取0.04～0.08mm。

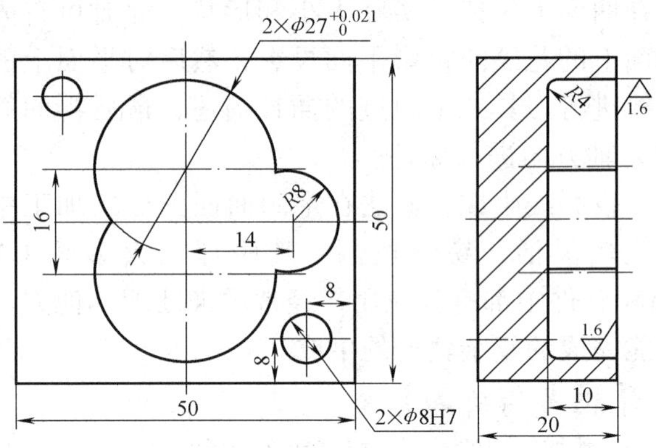

图4-66 圆弧槽形腔的铣削加工

【相关知识】

4.3.2 数控铣削加工阶段的划分

1. 数控铣削加工的工序集中特点

数控铣削加工的阶段划分具有明显的数控加工特征，即集中化程度一般较高，这一点不同于普通机械加工。普通机械加工为了消除粗加工所产生的高温和切削应力，都把粗加工和精加工明显分开，如有可能，还在精加工之前安排以去除内应力为主要目的的热处理。而数控加工则不然，为了追求较高的加工效率，并避免多次重复装夹所带来的安装误差，数控加工经常在一次装夹情况下，完成铣、镗、钻、铰等多道工序。在数控加工中心上，稍微复杂的箱体，在一次安装条件下，往往要经过数十道工序的加工。所以，数控加工中的各工序具有典型的高集成度，而较少采用工序分散原则来划分加工阶段。

2. 数控铣削加工的加工阶段划分

对于较重要的复杂结构件，数控加工仍将粗加工和精加工分开，以确保在低温条件下精加工。

如果条件许可，数控铣削加工可以划分为粗加工、半精加工、精加工和清理加工四个阶段。

（1）粗加工　数控铣削的粗加工主要追求高切除率，同时切削残留尽量少。否则会增加精加工的工作量。

在数控铣削加工中，粗加工的切削残留是一个重要问题。大直径、高刚性的粗铣刀会产生大量切削残留，尤其是工件形状比较复杂时。在选择粗铣参数时，要充分兼顾精加工的要求，认真选择刀具参数和切削参数。

（2）半精加工　半精加工的目的是为精加工做好工艺准备，包括去除材料加工应力的热处理和提高工件材料综合性能的热处理准备、精加工安装基准的准备等。在数控铣削加工中，对于一般精度要求的工件一般不再半精加工而直接进入精加工。

（3）精加工　精加工是完成零件图样最终要求的主要手段，达到图样精度是精加工的主要目的。在精加工阶段，将完成零件绝大部分的精度要求。但一般情况下，数控铣削加工的精加工，往往不是零件的最终加工，之后还需要进行必要的残留量清理加工。

（4）清理加工　在数控铣削加工中，由于工件形体结构与铣刀刃部结构不统一，往往造成粗加工和精加工的大量切削残留，例如工件的圆弧转角、腔体底部的圆角过渡、走刀过程中产生的接刀痕、圆弧刀尖的行切所遗留下的端面残留等。对于不影响使用性能的表面质量的残留，可以通过钳工的清理修磨进行手工清理，而对于影响装配质量和强度性能的圆角残留，需要用小直径圆弧刀清理精修，称为清理加工或者清根加工。

上述加工阶段的划分不是绝对的，大多数工件可以不经过半精加工，也有许多零件只经过粗加工和精加工两大阶段即可满足加工精度。

4.3.3　加工中心上的加工顺序安排

加工中心上多工序加工顺序的安排应遵循以下原则：

1. 先面后孔

先铣削各个面，包括平面和圆弧面，内表面、内圆柱面等各类铣削面，再进行孔的镗削、钻削等加工，因为铣削加工的切削力大，冲击严重，负荷重，先铣削加工，有利于降低温度和后道工序的平稳切削，提高质量。

2. 先粗后精

先粗加工，再精加工，待所有粗加工全部加工完成后，再精加工，有利于精加工的平稳进行和降低切削温度，也有利于及早发现并剔除有严重缺陷的毛坯。

3. 先主要后次要

先加工主要表面，再加工次要表面，这是一般工件的基本加工原则。

4. 先基准后其他

先加工基准表面，再加工其他非基准面和不重要表面。

4.3.4　数控铣削加工的工序余量

铣削加工的工序余量直接影响后道工序加工的成功与否，是工序设计的重要内容。

工序余量留得过大将达不到预先加工的目的，并给后续工序带来过多的工作量，不利于提高工作效率和加工精度。工序余量选择过小，有可能产生废品，过小的余量不能保证纠正前工序和本工序的各种误差。在对某些误差因素把握不准时，例如，热处理变形量，后工序的定位与夹紧误差等不确定影响因素较多时，对工序余量应选择宁大勿小的保守原则。批量生产中的各工序余量也可以在加工过程中逐渐修改和调整。

铣削加工是典型的高效加工，无论是粗铣还是精铣，都可以达到高切削效率。对于加工余量，只要铣刀的结构和刚度许可，多数余量都可一次性去除。根据铣削不同的精度要求，对铣削加工余量的选择也不同。

铣削加工中的工序余量比较大，远远超过车、镗加工的工序余量。一般，圆周铣削时，精铣余量可以留 0.25 ~ 0.50mm；端面铣削控制在 0.50 ~ 1.0mm 范围内。半精铣需要 1 ~ 2mm 的加工余量。

对于不同的加工精度，可以根据具体要求来采取不同的铣削加工工序阶段。

当表面粗糙度要求在 R_a 12.5 ~ 25μm 时，对于不大于 6mm 的加工余量，都可一次性切除。如果粗铣余量过大，可以采用两次铣削，同时兼顾机床和夹具等工艺系统的刚性条件。

当加工表面粗糙度要求在 R_a3.2 ~ 12.5μm 时，可以分粗铣和半精铣两步切削完成，粗铣时预留的 0.5 ~ 1.0mm 余量，在半精加工中去除。

当加工表面粗糙度要求在 R_a0.8 ~ 3.2μm 时，可分粗铣、半精铣和精铣三步完成，精铣余量需留 0.20 ~ 0.50mm，半精铣余量可留 1 ~ 1.5mm。

其他数控切削加工中的常用工序余量可以参考表 4-1 初步选择。

4.3.5　数控铣削加工的切削用量

数控铣削加工的切削用量一般比普通切削加工用量小。因为数控加工是高效自动化加工，其机动时间内的切削加工效率相当高。但更换刀具和调整对刀，占用机床的非机动工时，浪费时间。为了减少停机换刀和调整的时间，数控加工中的刀具耐用度一般较高，所以，切削用量应小。

表 4-1 各种毛坯的数控切削加工工序余量参考 （单位：mm）

尺寸分段	粗加工（IT10）	半精加工（IT8）	精加工（IT6）	细加工（IT5）
普通轧制件毛坯				
<50	1~2	0.40~0.45	0.20~0.30	0.1~0.15
≥50~120	1.5~3.5	0.45~0.55	0.25~0.35	0.12~0.20
≥120~180	2~5	0.50~0.65	0.30~0.40	0.13~0.25
模锻制件毛坯				
<50	1.5~3.5	—	0.25~0.35	0.15~0.20
≥50~120	2.5~8	—	0.30~0.60	0.17~0.40
≥120~180	3~10	—	0.35~0.60	0.20~0.35

<table>
<tr><td>小尺寸孔加工</td><td>第一次钻削</td><td>第二次钻削</td><td>扩孔钻</td><td>粗铰孔</td><td>精铰孔</td></tr>
<tr><td>≤30</td><td>一次钻</td><td>—</td><td>0.50~1.0</td><td rowspan="2">0.10~0.15</td><td rowspan="2">0.04~0.08</td></tr>
<tr><td>30~50</td><td>孔径的2/3</td><td>其余钻削量</td><td>1.0~2.0</td></tr>
</table>

大尺寸孔镗孔	粗镗孔（IT9）	半精镗孔（IT7）	精镗孔（IT6）	
>30	3~6	0.15	0.10	

数控铣削加工的各切削用量参数可以参考表 4-2 和表 4-3。

1. 铣削进给速度 *F*（mm/min）

数控加工的进给速度 F 与铣刀转数 n、铣刀齿数 z 和刀齿的每齿进给量 f_z 相关。

铣削加工中每齿进给量 f_z 的大小取决于被加工工件材料的力学性能、切削刀具的刀片材料性能和对加工表面的粗糙度要求等因素，其中最主要的是被切削的工件材料性能和刀具材料的切削性能两大因素。

工件材料的硬度越高、强度和韧性越强，越难以切削，每齿进给量应越小；反之，工件材料的机械强度较差时，每齿进给量可以选择得高些。

根据刀具材料的性能，刀片材料的硬度越高，冲击韧度越好，铣削时的每齿进给量可以越高。

对于机床，每齿进给量越大，每齿的切削厚度越厚，切削力越大，对机床的动力性能和刚性要求也越高。

每齿进给量 f_z 乘以铣刀齿数 z，就是铣刀的每转进给量 f_r。它反映了铣削加工的表面质量，每转进给量越小，铣削表面粗糙度质量越高。而每转进给量越大，铣刀的切除效率越高。

表 4-2 给出了高速钢铣刀和硬质合金铣刀的每齿进给量。一般，高速钢铣刀的每齿进给量粗铣时可在 0.10mm 左右；精铣时在 0.05mm 以内选择。硬质合金铣刀的每齿进给量粗铣和精铣均可在 0.15mm 左右。该参考值只是一般情况下的安全进给量，是比较稳妥和保守的参量，并不包括对加工有高精度或高效率时的用量选择。在特定加工条件下的最佳工艺参数，需要通过实际工艺试验测得。

表 4-2　铣刀的每齿进给量 f_z

工件材料	每齿进给量 f_z/(mm/z)			
	粗铣		精铣	
	高速钢铣刀	硬质合金铣刀	高速钢铣刀	硬质合金铣刀
钢	0.10~0.15	0.10~0.25	0.02~0.05	0.10~0.15
铸铁	0.12~0.20	0.15~0.30		

每齿进给量 f_z 一经确定，即可计算铣削进给速度

$$F = f_z zn$$

式中　F——铣削进给速度（mm/min）；

f_z——每齿进给量（mm/z）；

z——铣刀齿数（z）；

n——铣刀转速（r/min）。

一般，对钢材铣削的进给速度 F 为 250~500mm/min；对一般铸件的铣削加工，进给速度 F 在 300~600mm/min 范围内选择。

目前的高速铣削，进给速度可以达到 40~80m/min，该值已经达到普通切削加工的主运动速度。

2. 铣削加工中的切削速度 v

切削速度反映了加工效率，而直接影响切削效率的因素主要有刀片材料性能、切削温度、机床动力性能和数控系统的高速控制功能等诸因素。

普通数控铣削的切削速度可以参考表 4-3 选择。参考值是早期普通数控铣削切削速度的大致情况，随着各种新型切削刀片材料的不断出现，参考数值也不断被修改。有些数据甚至有很大提高，需要根据具体工艺条件和刀具材料灵活调整。

表 4-3　铣削加工的切削速度 v

工件材料	布氏硬度 HBW	切削速度/(m/min)	
		高速钢铣刀	硬质合金铣刀
钢	<225	18~42	60~150
	≥225~325	12~36	50~120
	≥325~425	6~21	30~75
铸铁	<190	21~36	60~150
	≥190~260	9~18	45~90
	≥260~320	4.5~10	21~30

数控铣削加工的主轴转速 n 与切削速度 v 间的关系

$$n = \frac{1000v}{\pi d}$$

式中　n——铣床主轴每分钟转数（r/min）；

d——铣刀刃的回转直径（mm）；

v——切削速度（m/min）。

数控加工 NC 程序中的主轴转速 n 可以根据上式计算结果并结合机床的动力性能和所允许的主轴转速具体选择，也可以根据刀具寿命在加工过程中随时调整。

由于数控铣削加工的铣刀直径有时很小，在清根加工中常采用直径 4mm 以内的小铣刀，所以需要铣床主轴具有很高转速，以维持应有的切削速度。目前，主流产品数控加工中心所配置的电主轴转速可以达到 2 ~5 万 r/min。

3. 标准铣刀的常用切削用量

各种铣削加工情况下的推荐切削用量：

（1）平面粗铣刀：铣削深度 0.1 ~0.3mm；每齿进给量 f_z =2 ~4mm/z；采用表 4-3 推荐的铣削速度。

（2）球头立铣刀：铣削速度 100 ~150m/min；每齿进给量 f_z =0.1 ~0.2mm/z；进给速度 v_f =100 ~150mm/min。

（3）T 形槽铣刀：铣削速度 100 ~150m/min；每齿进给量 f_z =0.08 ~0.15mm。

【思考与练习】

1. 数控铣削加工的工序余量、切削用量如何确定？
2. 数控铣削加工阶段如何划分？

模块五　数控加工中心的加工工艺

课题 5.1　加工中心的选刀与换刀指令

【学习目标】

1. 知道数控加工中心上的刀具选择与刀具交换指令的区别，会正确应用选刀指令。

2. 知道加工中心对轮廓加工中两类拐角过渡方法的特点及其应用。

【学习任务的提出】

5.1.1　多刀多工序零件的数控加工

多刀多工序加工的工件适于在数控加工中心上进行，如图 5-1 所示工件各孔的加工。试对其拟定加工工艺过程并编写 NC 程序。

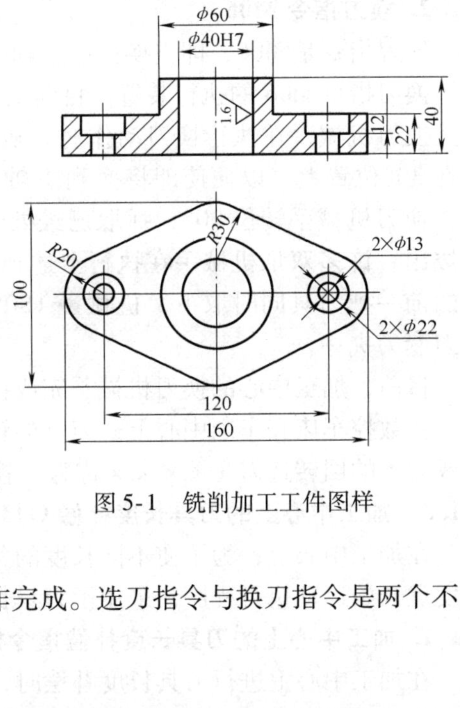

图 5-1　铣削加工工件图样

【相关知识】

数控加工中心（MC）是指具有刀库和自动换刀装置的数控机床。

在加工中心上，工件一次装夹即可完成多把刀具的多工序加工。所以，数控加工中心具有典型的工序集中特点。在安排工艺过程时，结构比较复杂的多工序箱体类、轴类零件的切削加工都优先选择数控加工中心。

目前，数控加工中心主要有三种形式：铣削加工中心、车削加工中心和车铣复合中心。

5.1.2　关于选刀指令和换刀指令

在加工中心上交换刀具通过选择和转换两个动作完成。选刀指令与换刀指令是两个不同的概念，负责其指令执行的部件也不同。

1. 选刀指令 T××××

T××××是选刀指令，即刀具选择指令，用于将程序指令给出的刀具由刀库中挑选出来，并将该刀具放置到刀库的换刀基准刀位上，以便于下一个换刀动作的执行。

选刀指令 T××××动作的执行装置是刀架和刀库。

小型刀库的加工中心的容量一般不超过 40 把刀具。刀库形式多为盘式。选择一把刀具约需 10s，大型刀库的刀具预选时间更长。所以，为了节省刀具的调用转换时间，一般采用提前选刀法，即前一把刀具切削时，刀库开始选择后工序所用刀具，命令刀库寻找下一道工序的刀具，并放到换刀预定位置，以节省刀具的寻找调用时间。

提前选刀的程序格式如下所示：

N50 M06 ;　　　　　　　　（换刀装置将当前抓取的刀具换入主轴）

N60 G00 X __ Y __ ;　　　　　（X、Y 定位）
N70 Z __ ;　　　　　　　　　（Z 定位）
N80 G01 Z __ F __ T0303 ;　　（刀库开始对下一把刀进行选择）
……
…… ;

有时为了简捷，可以把 N80 句的 T0303 指令写进 N50 句中，即

N50 T0303 M06 ;（机械手换当前刀具，刀库预选下一把刀具）

这一句的动作效果与前一例相同。数控系统执行第 N50 句时，首先执行本程序段中 M06 换刀指令，因为它有优先权。换刀装置将已经抓取的刀具换入机床主轴，再执行本段 T0303 指令，刀库开始选择下一把 03 号刀具，最后把选出的 03 号刀具放到刀库的换刀标准刀位上，等待下一个 M06 换刀指令的到来。

所以，一般都把程序段中与 M06 写在同一行的 T0303 指令直接看成选择下一把刀的指令，而与前一把刀的换刀指令写在同一行中，即为提前选刀。

2. 换刀指令 M06

换刀指令是 M06，即更换机床主轴中的当前刀具。

换刀指令 M06 的执行装置，目前最常用的是换刀机械手，如图 5-2 所示。

换刀机械手在执行换刀动作时，机床主轴首先进行 M19 主轴停止前的定向控制，停止在 30°位置上，以便使即将换到主轴上的刀柄端面键槽与主轴端面键位置相对应。然后，换刀机械手转位 90°，抓取已经处于换刀基准位置的新刀，将其从刀库的刀夹或刀套中拔出。许多双爪机械手在执行上述抓刀和拔刀动作时，同时将处于机床主轴锥孔内用过的前一把刀具同时取下，机械手 180°转位，将新刀插入主轴锥孔，也将旧刀插入刀库的刀套刀夹中。

目前，加工中心的换刀机械手完成换刀的时间一般在 2 秒内。

在数控车床和车削中心上，刀具的转换可以通过刀架的回转换位达到目的，所以也把刀架或刀库的回转选刀 T××××称为“换刀”，严格地说，选刀与换刀二者之间有很大区别。

5.1.3 加工中心上的刀具长度补偿 G43、G44、G49

在加工中心上，为了使不同长度的各个刀具能够进入同一个 NC 加工程序，并由同一个出发点开始运动执行程序，采用了刀具长度补偿原理统一机床主轴对刀具的引导。

1. 加工中心上的刀具长度补偿指令格式

在加工中心上进行刀具长度补偿时，可以利用 G43、G44、G49 指令。

例如，对当前的 03 号刀具进行长度补偿的程序段如下：

N40 G90 G49 G54 G00 X __ Y __;　（当前 03 号刀具进行安全平面内 G54 工件坐标系的 X、Y 定位，同时对当前刀具长度参数的缓存区数据清零）

N50 G43 Z __ H03 ;　　（调用刀具长度补偿功能，同时打开 H03 刀具参数库，将刀具执行点由主轴前端面转移到刀位点上，执行 Z 坐标定位）

这样，在以后的刀具 Z 方向移动命令中，系统都自动将 03 号刀的移动基准由主轴前端面转移到刀具的刀位点上。这样做的前提条件是，在调用 03 号刀具时，必须同时打开 H03

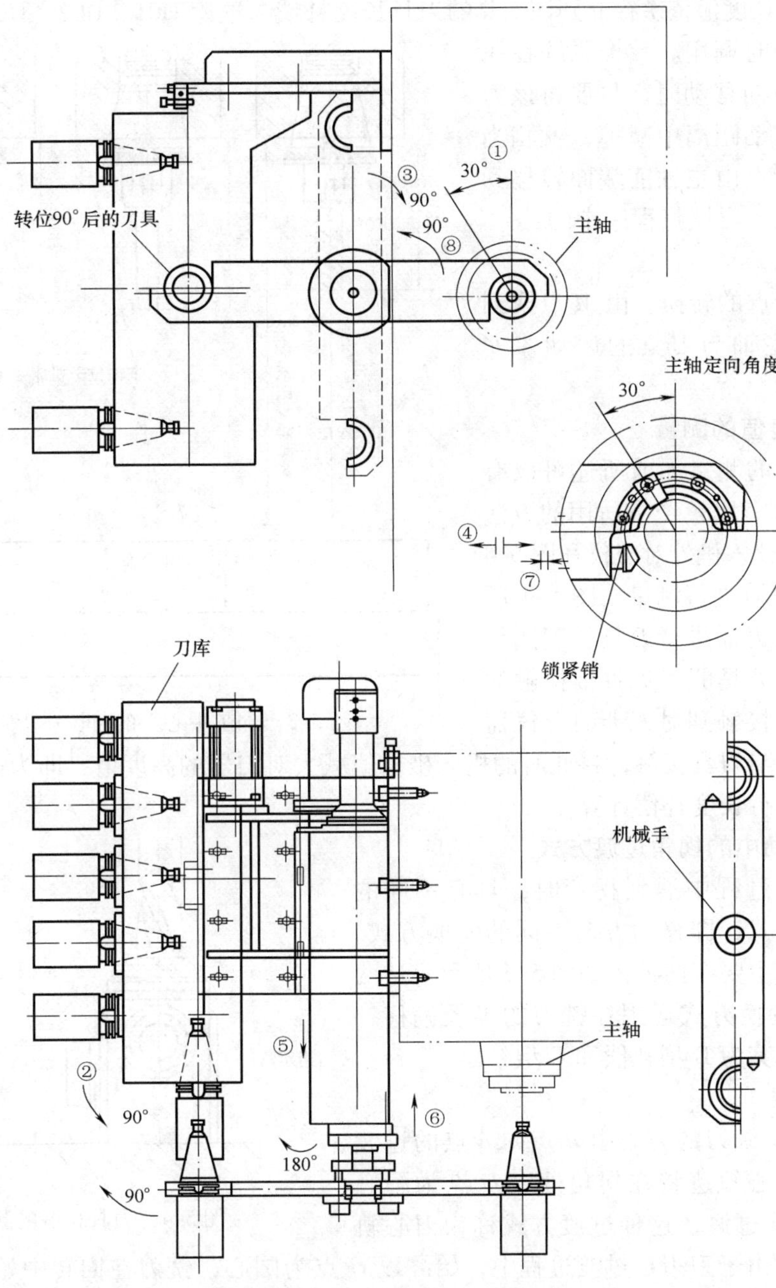

图 5-2　双爪换刀机械手换刀动作

刀具参数库；否则，机床的主轴前端面是执行程序中的 Z 轴方向定位，这是很危险的动作。

为了使下一把刀也能够安全、正确地进行长度补偿，在一把刀具用完后，一定及时将不再使用的长度补偿参数从程序执行的缓存区中清理干净。所以，在前一把刀的返回移动中，必须及时用清理指令 G49 将缓存区清零处理，以便下一把刀的补偿参数进入。

2. 刀具长度补偿基本原理

刀具进行长度补偿的基本原理，如图 5-3 所示。在将刀具装到加工中心刀库中时，要同时将各刀在主轴内的伸出长度进行实际测量，例如图 5-3 中的 H01、H02、H03 长度值，然后将每一把刀的长度值依次存储到该刀具的刀具长度补偿参数库 H01、H02、H03……中，以便于程序对其随时调用。数控系统在执行一把刀的 Z 方向移动时，只要将该刀具的长度值从移动距离中减掉，就相当于将程序的执行点由主轴前端面转移到刀位点上。所以，习惯将程序中的：

G43 H03;

看成是程序执行点的转换。由 M 点换到刀位点，机床主轴与刀具的运动才安全。

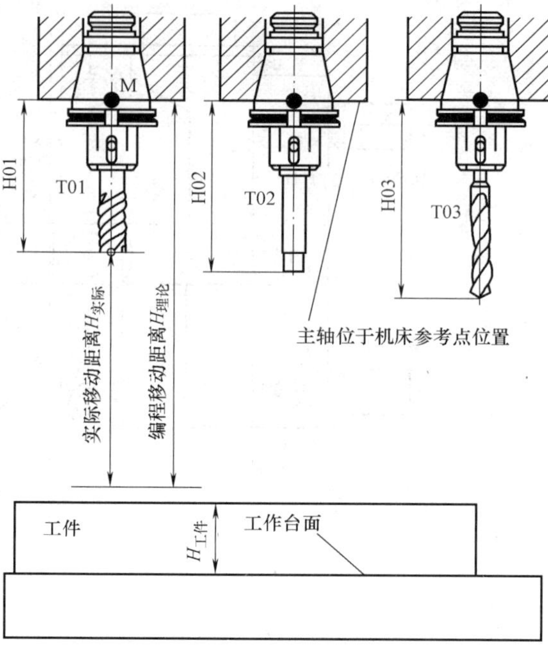

图 5-3 加工中心上的刀长补偿原理

3. 刀具长度值的测量

对刀具长度的测量如前所述可以有各种不同的方法。比较经济适用的方法是利用刀具预调仪、机外对刀仪和图 5-4 所示的 Z 轴对刀器进行测量。图 5-4 所示为使用 Z 轴对刀器进行刀具长度测量对刀的情况。令刀具的刀尖直接接触对刀器，在刀尖刚接触到对刀器时，仪器发出信号，表示与刀具接触，将此时的机床坐标值减去对刀器的高度值，即为该刀具的长度值，用该数值进行长度补偿计算。

5.1.4 走刀移动中的拐角过渡方式

铣刀在切削过程中遇到拐弯时，具有不同的转弯动作控制方式，即移动方向不同的变换方式。目前常用的方式主要有两种，如图 5-5 所示。这两种走刀方向的变换方式运用在铣刀的半径偏移补偿设置中，也称其为 B 型补偿和 C 型补偿。

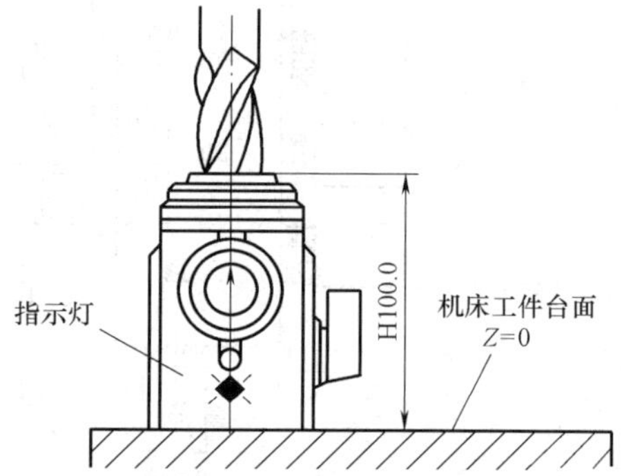

图 5-4 刀具长度的测量

1. B 型补偿

图 5-5a 所示铣刀的刀心由 a 点向 b 点的过渡过程中，铣刀刀心轨迹将在拐角处以 O 点为圆心进行 ab 圆弧路线过渡，这种过渡方式称为刀心轨迹的 B 型补偿。由于刀刃在过渡过程中，始终以 O 点为圆心，铣刀在回转中始终对 O 点进行切削，随着铣刀切削余量的不断减小，铣刀的走刀弯曲变形程度不断恢复，所以会对 O 点的工件材料不断地形成切削，待到刀心完成拐角的过渡转到 b 点时，铣刀会将 O 点的尖角逐渐铣掉，而形成一个小的圆弧过渡。采用 B 型拐角补偿将得不到尖锐的 O 点尖角。

2. C 型补偿

如果想在 O 点得到尖角，需要采用图 5-5b 的铣削走刀过渡方式，令铣刀刀心过 a 点时不停顿继续向前切削，直至到达 c 点。c 点是两个刀心轨迹的交点，转换刀心运动方向在 c 点完成。此时，切削刃的回转不会切削到 O 点材料，即可在 O 点得到理想的尖角。这种拐角过渡方式称为 C 型补偿，是需要在拐角处得到尖角时采取的过渡方式。

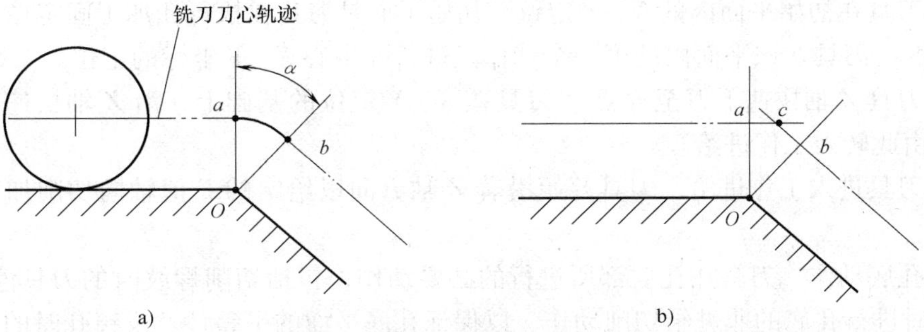

图 5-5　两种拐角补偿
a）B 型补偿　b）C 型补偿

一般的拐角过渡切削方式需要在机床的切削参数设置中进行，在 CAD/CAM 计算机辅助设计自动加工的切削参数设置中，需要操作者对拐角方式进行选择。

课题 5.2　孔加工的常用固定循环

【学习目标】

1. 掌握常用孔加工固定循环指令的特点及其应用场合。
2. 会正确应用数控加工中心上的各种孔加工固定循环指令。

5.2.1　孔加工固定循环的基本知识

1. 加工中心上孔加工固定循环的种类

加工中心上经常使用各种对孔加工的循环指令，见表 5-1。利用固定循环指令可以使各类孔的加工程序大为简化。

表 5-1　FANUC—6MC 的孔加工固定循环

G 代码	进给方式	孔底动作	返回方式	适用场合
G73	间歇性进给	—	快速	啄进式高速深孔钻
G74	F 切削进给	暂停 - 主轴正转	切削退出	攻左旋螺纹
G76	F 切削进给	主轴定向停 - 刀具让刀	快速	单程精镗孔
G80	—	—	—	取消固定循环
G81	F 切削进给	—	快速	钻孔
G82	F 切削进给	暂停	快速	锪孔镗阶梯孔
G83	间歇性进给	—	快速	啄进式钻孔
G84	F 切削进给	暂停 - 主轴反转	切削退出	攻右旋螺纹
G85	F 切削进给	—	切削进给	网纹精镗孔
G86	F 切削进给	主轴停止	快速返回	镗孔
G87	F 切削进给	主轴停止	快速返回	反镗孔
G88	F 切削进给	暂停 - 主轴停止	手动操作	镗孔
G89	F 切削进给	暂停	切削进给	精镗阶梯孔

2. 孔加工固定循环的动作分解

孔加工固定循环的一个完整循环可以分解为图 5-6 所示的六个动作。在不同的孔加工循环中，可以对各个不同的分解动作进行所需要的参数设置。六个动作的分解情况如下：

（1）刀具在初始平面内的 X、Y 定位　初始平面是刀具在执行孔加工固定循环时的出发点所在平面。刀具在该平面内的第一个动作是进行孔中心 X、Y 坐标的定位。

（2）刀具 Z 轴快速下刀至 R 点　刀具在 X、Y 定位的基础上，沿 Z 轴快速下刀进到 R 点，以便由此转入工作进给。

（3）刀具进入工作进给　刀具开始沿着 Z 轴方向以给定的 F 值轴向切削加工，直至孔底。

（4）孔底动作　刀具在孔底部所进行的必要动作，包括切削螺纹时的刀具停止与反转、镗阶梯孔时进行孔底的非进给切削动作，以保证孔底平面的平整性。反镗孔时的刀具定向及径向移动、精镗孔时的孔底让刀退出等动作。

（5）刀具 Z 方向返回到 R 点　刀具根据切削程序，以既定方式从孔底返回到 R 点，以便对下一个动作进行准备。如果下一道工序仍在该平面内切削其他孔，则在该平面进行下一个孔的 X、Y 坐标点定位。

（6）刀具返回到初始平面　如果 R 平面内没有其他加工孔，则刀具沿 Z 轴退回，直至到达初始平面。

至此，刀具完成对一个孔的加工循环。

根据对不同孔加工动作的不同要求，可以分别对各个分解动作进行必要的工艺设置。

3. 孔加工固定循环中的相关概念与规则

（1）初始平面　初始平面是刀具执行一个孔加工固定循环时出发点所在的平面。

在靠近工件的空间范围内进行 X、Y 平面的快速移动，往往比较危险，容易造成刀具、夹具与工件相碰撞。为了保证具有一定长度的刀具在进行 X、Y 定位移动时不与机床工艺系统发生碰撞，初始平面的设置位置需要达到一定的提升高度，所以，该平面也称“安全平面”。即所有刀具在该平面高度内的 X、Y 定位移动都非常安全。

如图 5-6 所示，初始平面高度的选择要兼顾安全和效率两方面问题。安全平面高度设置得太低，容易发生刀具移动中的碰撞；而选择位置过高，会影响加工效率，尤其当刀具在加工过程中需要多次返回初始平面时。

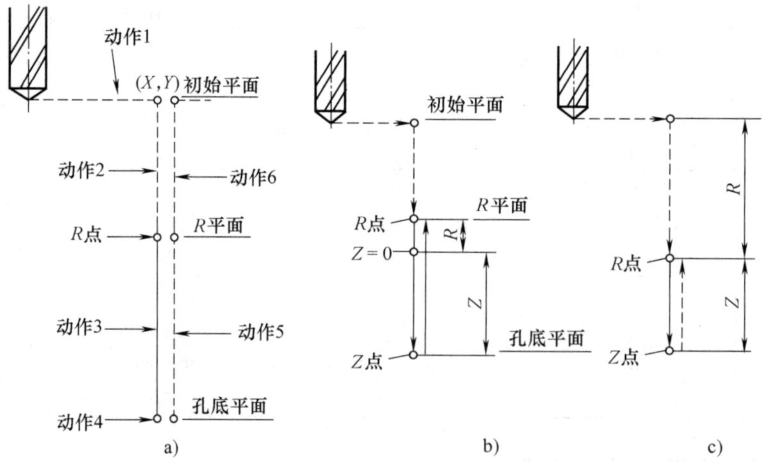

图 5-6　孔加工固定循环的动作分解

初始平面高度的确定一般以长度最长的刀具为基本依据，同时考虑加工过程中对工件观察与操作的方便。

（2）参考平面 R 与安全间隙 ΔZ　参考平面是 R 点所在的平面，也称为 R 平面，是刀具在 Z 轴方向上进刀时由快速移动转为慢速工作进给的界限高度。它客观上限定了刀具在快速趋近工件时的最后停刀位置，是工件不与工件相碰撞的最后界限。

为了安全，该位置应设置在距离加工孔工件表面 2～5mm 的高度上，钻头与工件表面间的距离称为安全间隙，用 ΔZ 表示。其具体大小可根据工件表面质量选择。当表面是尚未加工的毛坯表面，可以根据毛坯面的具体情况取较大值。

当同一把刀具要对处于不同高度平面上的同规格孔依次加工时，其 R 平面的 Z 坐标高度也不同，所以称 R 平面为各个孔的参考平面。

（3）孔底平面 Z　孔底平面是刀尖在完成孔加工时的 Z 轴高度平面。不通孔孔底即为孔的底平面；而通孔孔底平面是刀具穿透孔底后，刀尖继续延伸到 Z 轴方向的最后停刀位置。

以上三个平面的设定实际上是为孔加工在 Z 轴方向上设置了三个高度，以便于对孔加工进行必要的描述和参数设置。

（4）刀具返回位置指令 G98 和 G99　G98 指令为令刀具自孔底直接返回到初始平面。G99 指令为令刀具从孔底直接返回到 R 平面。两种不同的返回目标表达了孔加工结束时，刀具返回移动的目标点。如果需要在 R 平面内继续其他孔的加工，则需要在程序段前写上 G99，以对刀具完成孔加工后的返回位置进行提前约定。

（5）关于 G90 和 G91 的约定　G90 为绝对值指令的约定，G91 为增量值指令约定。如果在一个孔加工固定循环的前面给出 G90，则孔加工固定循环程序段中的给出参数均为绝对值。例如下列程序段：

G90 G81 X __ Y __ R __ Z;

由于前面有了 G90 绝对值指令的约定，所以程序段中的 X __ Y __ R __ Z 值均为绝对值。这里的 R 值和 Z 值都直接反映 R 点和 Z 点在工件坐标系中的绝对 Z 坐标，如图 5-6a 所示。

如果在一个孔加工固定循环程序段的前面给出了 G91，则孔加工固定循环程序段中的给出参数均为增量值。例如程序段：

G91 G81 X __ Y __ R __ Z;

该程序段的最前面写进了 G91 增量值的约定，则该程序段中的 X __ Y __ R __ Z 值均为增量值。其 R 点和 Z 点的位置如图 5-6b 所示。实际 R 点的位置是刀尖在前一个高度（初始平面）的基础上叠加上一个程序给出的 R 值所得到的 Z 坐标位置，即图 5-6a 中的 R 点。而孔底平面位置是在当前刀尖位置 R 点的基础上再叠加上一个程序所给出的 Z 值所得到的 Z 点。这个 Z 点的位置与前面绝对值编程的孔底位置有差别。

为了在一个 R 平面内连续完成多个同尺寸结构的孔加工，往往需要在孔加工程序段中利用 X __ Y __增量达到移动孔位的目的。这时需要进行 G91 约定，此时的 Z 点位置是在上一个刀尖点即 R 点的基础上的增加量。

5.2.2　各种孔加工固定循环功能的工艺应用

1. 深孔钻削加工 G73 和 G83

G73 和 G83 都用于钻深孔，为了帮助排出孔中的碎屑，采用图 5-7 所示啄进式的运动方式，即在钻削过程中不断将钻头抬起，达到断屑和排屑目的。

G73 与 G83 的区别在于，当采用图 5-7b 所示的 G83 循环方式钻孔时，每次都要将钻头返回到 *R* 点；而采用图 5-7a 所示的 G73 循环，每次只需返回一个提前由机床参数所设定好的 *d* 值，而不必返回到 *R* 平面。所以 G73 用时较短，钻削效率更高。G73 称为高速深孔钻。

2. 钻孔循环 G81、G82

G81 和 G82 用于进行一般孔的钻削加工。二者的区别是 G81 到达孔底后直接快速返回；而 G82 则具有孔底动作设置功能，可以在孔底进行暂停进给的光整加工，所以 G82 不光用于钻孔，还大量用于对各种沉孔的锪孔加工。G81 主要用于一般孔的钻削和用中心钻进行定位的点钻加工。

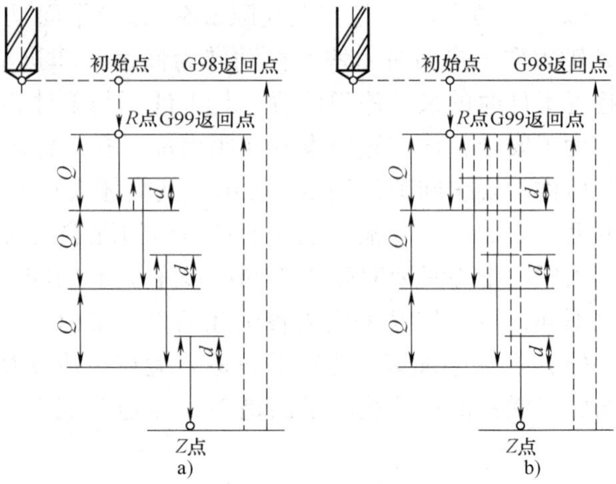

图 5-7 啄进式钻孔加工

3. 攻螺纹循环 G74、G84

G74 用于切削左旋螺纹，G84 用于切削右旋螺纹。

执行 G74 时主轴反转，按照给定的螺距参数进给，到达孔底后，主轴反向转动，刀具原路退回。

为了满足第一扣的螺距要求，选择 *R* 点时应该留出足够大的切入长度，一般可控制在 3～6mm。螺距较大、主轴转速较高时，螺纹的切入长度需要留得大些。

G84 为切削一般的右旋螺纹。工作时主轴正转，退出时主轴反转。

切削螺纹时的主轴转速一般不超过 800r/min，常选择在 200～600r/min 范围内。

4. 镗孔加工

G76、G85、G86、G87、G88、G89 都可用于镗孔加工，但各自具有不同的加工特点。

（1）G76 单程精镗　G76 是单程精镗加工指令，其加工特点是镗刀在孔底时主轴可定向停止，即主轴的准停控制，如图 5-8 所示。然后切削刃沿径向让刀，回退一个 *Q* 值，使刀尖离开工件表面，再进行刀具的轴向退出快速移动。刀尖进行让刀动作再行退出，避免了刀尖对孔壁的划伤，又可以快速退出刀具，所以 G76 称为快速单程精镗加工。

（2）G85 和 G89 网纹双向镗削　G85 和 G89 都是具有双向切削进给控制的镗削加工，对于需大量双向往复加工的精密孔，例如各类气缸套、液压缸套等高精度大孔，都需要采用这种镗孔或珩磨的形式加工。由于双向加工在孔壁上形成的是网状纹理，所以也称为网纹加工。

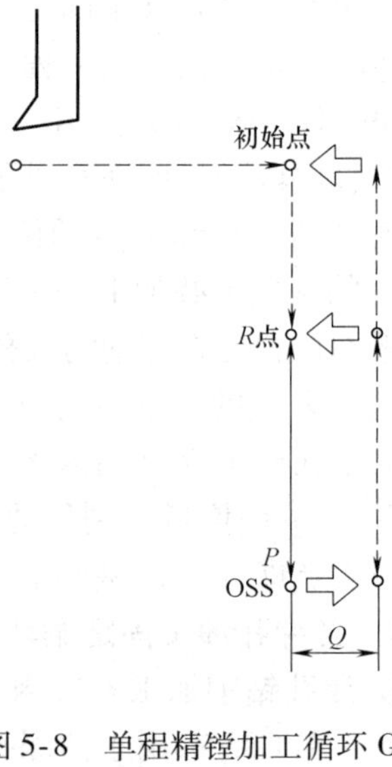

图 5-8 单程精镗加工循环 G76

G85 与 G89 的区别在于 G89 具有孔底动作设置功能，可以在孔底实现暂停，并对阶梯孔和具有端面台阶面的孔底精加工。

（3）G86 粗镗孔　G86 指令中的刀具在孔底停止转动，并立即沿轴向从孔中退出。所以 G86 一般用于孔的粗镗加工、钻孔和扩孔加工。

（4）G87 反镗　G87 反镗也称背镗加工，是对内孔反方向的端面及台阶进行镗削加工的手段。图 5-9 所示反镗的走刀路线如下：

机床主轴及刀具进行 X、Y 定位；主轴进行刀刃的定向准停；此时的刀尖已超过反镗孔的端口尺寸，为了让刀具能够顺利进入孔中，主轴要进行径向偏移量 Q 的移动；主轴轴向进入孔深位置的 R 平面；刀尖在 R 平面进行 $-Q$ 的径向进刀；主轴与孔轴线重新重合时，主轴正转；然后沿轴向向上进给对孔壁镗削加工，直至到达孔底 Z 平面位置；主轴定向准停；刀尖径向偏移，自孔内退出；刀具轴向退出，返回到初始平面；刀具径向偏移，恢复 X、Y 的定位位置。至此，刀具完成一个反镗加工的全部循环。

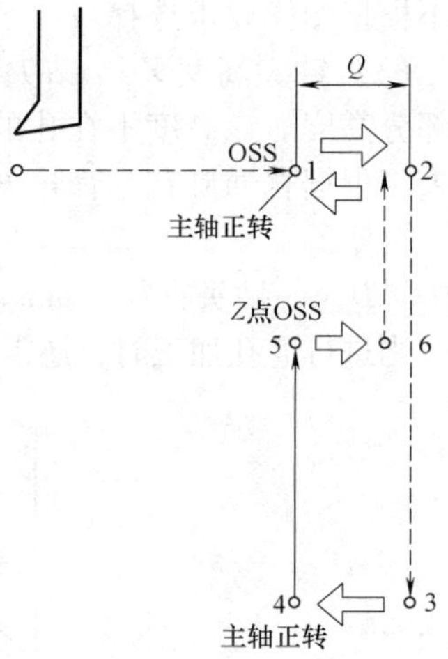

图 5-9　反镗加工循环 G87

可见，反镗加工固定循环是镗孔循环中最为复杂的循环。

在反镗加工中，孔底平面 Z 的位置高于 R 参考平面的位置，在此，R 平面为最低位置。进给走刀沿着正 Z 方向进行，所以在进行程序编制和切削加工时，不要发生误操作而引起碰撞。

（5）G88 手动镗孔加工　G88 的手动镗孔操作中，主轴只进行一个方向的自动走刀进给运动。当镗孔到达孔底时，主轴停止转动，系统自动转为手动状态，需要利用手动退刀。

以上所有的孔加工固定循环，都需要提前用 M03 或 M04 将主轴启动，然后再进入孔的加工循环。

课题 5.3　数控钻孔加工的工艺参数

【学习目标】

1. 知道数控孔加工中的有关工艺参数的意义。
2. 会对孔加工循环中的各工序参数进行正确的选择。

1. 钻孔加工中的孔深尺寸 Z_f

用麻花钻钻孔时，其孔加工循环程序段中的孔深尺寸 Z_f 的确定方法应图 5-10 可以看出，当钻头刀位点处于图示位置时，刀位点到孔底的走刀距离由三部分尺寸所组成：安全间隙 ΔZ、孔的有效深度 Z_d 和钻头的钻尖高度 Z_p。

$$Z_f = \Delta Z + Z_d + Z_p$$

（1）安全间隙 ΔZ　安全间隙 ΔZ 的大小由欲加工孔的表面质量所决定。当工件表面的已加工质量较高时，ΔZ 可以在 2 ~ 5mm 范围内选择。

对于已加工过的表面，钻孔、镗孔、铰孔可取 $\Delta Z = 2 \sim 3$mm。

在已加工表面上进行螺纹加工时，需要预留出切入长度，$\Delta Z = 3 \sim 6$mm。

直接在毛坯表面上钻孔时，根据毛坯表面质量取 $\Delta Z = 5 \sim 10$mm。

（2）孔的有效深度 Z_d　孔的有效深度值是孔的圆柱部分的深度尺寸，不包括钻头的钻尖圆锥部分。对于螺纹孔，有效深度是指攻螺纹前的底孔圆柱有效部分的深度尺寸。Z_d 的大小根据图样要求选择。

（3）钻尖高度 Z_p　钻尖高度是指由普通麻花钻的两个 118°夹角的主切削刃所形成的圆锥部分高度。该高度不在孔的有效深度范围内。计算钻头的走刀深度行程时，应该将它考虑进去。根据普通麻花钻锋角 $\theta \approx 120°$的关系，钻尖高度 Z_p 的大小可由下式简单计算

$$Z_p = D\cot\theta/2 \approx 0.3D$$

式中　D——钻头直径（mm）。

当进行通孔加工时，还需将 Z_f 中附加进钻头圆柱部分的超越量 Z_e，如图 5-10b 所示。

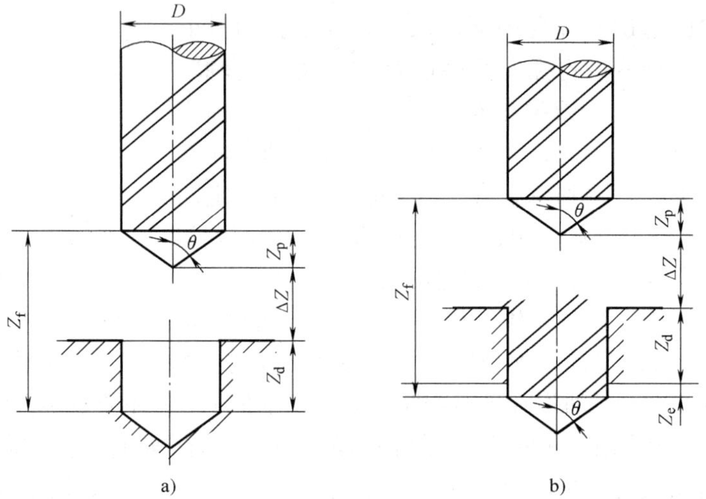

图 5-10　孔深尺寸的计算

$$Z_f = \Delta Z + Z_d + Z_p + Z_e$$

刀具超越量 Z_e 根据刀具直径确定，一般可取 2 ~ 8mm。

2. 钻削加工的切削用量

（1）主轴转速 n 与切削速度 v_c

① 主轴转速 n。钻削时的主轴转速 n 与切削速度 v_c 间的关系如下

$$n = \frac{1000v_c}{\pi d}$$

所以，主轴转速 n 值由钻孔的切削速度 v_c 决定。

② 切削速度 v_c。普通铣削加工，高速钢铣刀的切削速度一般在 150m/min 以内，常用值是 50 ~ 100m/min。对于排屑条件较差的高速钢麻花钻，切削速度则小得多，一般不超过 35m/min。

各种切削条件下的钻削速度可以参考表 5-2 和表 5-3 进行选择。

表 5-2 和表 5-3 中所给出的参数比较保守，在目前各种先进刀片材料广泛应用的条件下，实际生产中的孔加工切削用量往往比表中给出的值大得多，需要根据工艺条件实际切削后多次调整。

（2）每转进给量 f（mm/r）　与铣刀不同，标准麻花钻是双刃刀具，其刚性条件极差。根据不同钻头直径的刚度条件，直径越小每齿进给量亦越小。按照常规，直径 10mm 的高速钢钻头每齿进给量在切削普通钢材时可达 0.10mm，直径 20mm 的钻头每齿进给量约 0.20mm。其他直径钻头切削其他材料的进给量可以参考表 5-2 和表 5-3。

表5-2和表5-3给出了钻孔加工的常用切削速度 v_c 和进给量 f 的参考数值。

表5-2　高速钢钻头加工铸铁的切削用量

材料硬度	160~200HBW		200~400HBW		300~400HBW	
切削用量	v_c/(m/min)	f/(mm/r)	v_c/(m/min)	f/(mm/r)	v_c/(m/min)	f/(mm/r)
钻头直径/mm						
<1~6	16~24	0.07~0.12	10~18	0.05~0.10	5~12	0.03~0.08
≥6~12		0.12~20		0.10~0.18		0.08~0.15
≥12~22		0.20~0.40		0.18~0.25		0.15~0.20
≥22~30		0.40~0.80		0.25~0.40		0.20~0.30

表5-3　高速钢钻头切削钢材的切削用量

材料强度 σ_b	520~700MPa（35钢、45钢）		700~900MPa（15Cr、20Cr钢）		1000~1100MPa（合金钢）	
切削用量	v_c/(m/min)	f/(mm/r)	v_c/(m/min)	f/(mm/r)	v_c/(m/min)	f/(mm/r)
钻头直径/mm						
<1~6	8~25	0.05~0.10	12~30	0.05~0.10	8~15	0.03~0.08
≥6~12		0.10~0.20		0.10~0.20		0.08~0.15
≥12~22		0.20~0.30		0.20~0.30		0.15~0.25
≥22~50		0.30~0.45		0.30~0.45		0.25~0.35

选择切削速度 v_c 和每转进给量 f 后，可以根据主轴转速 n 计算出编程所需的主轴转速。程序中的钻孔进给量 v_f 值由下式计算

$$v_f = nf$$

3. 镗孔加工切削用量选择

（1）切削速度 v（m/min）　由于镗孔是连续切削，其过程一般比较平稳，所以切削速度可以取得高一些。切削速度 v 的选择如下：切削铸铁材料时 v = 100~150m/min；切削钢材时 v = 150~200m/min；切削铝合金时 v = 200~400m/min。

（2）进给量 f（mm/r）　镗孔加工的每转进给量一般约在0.5mm，精镗加工约在0.10mm。具体数值可以参考表5-4选择。

表5-4　镗孔加工切削用量参数

工件材料		铸铁		钢和合金钢		铝铜及其合金	
切削用量		v_c/(m/min)	f/(mm/r)	v_c/(m/min)	f/(mm/r)	v_c/(m/min)	f/(mm/r)
粗镗	高速钢	20~25	0.4~1.5	15~30	0.35~0.7	100~150	0.5~1.5
	硬质合金	35~50		50~70		100~250	
半精镗	高速钢	20~35	0.15~0.45	15~30	0.15~0.45	100~200	0.2~0.5
	硬质合金	50~70		95~135			
精镗	高速钢	70~90	0.08	100~135	0.12~0.15	150~400	0.06~0.1
	硬质合金		0.12~0.15				

4. 铰孔加工的切削用量

铰孔用于纠正孔的几何形状误差提高表面粗糙度质量，所以铰孔切削用量一般较小，在

0.5mm 以下。

表 5-5 给出了高速钢铰刀的切削用量参考值。

表 5-5 铰孔加工的切削用量

工件材料	铸铁		钢及其合金		铝铜及其合金	
切削用量	v_c/(m/min)	f/(mm/r)	v_c/(m/min)	f/(mm/r)	v_c/(m/min)	f/(mm/r)
钻头直径/mm						
6~10	2~6	0.3~0.5	1.2~5	0.3~0.4	8~12	0.3~0.5
≥10~15		0.5~1		0.4~0.5		0.5~1
≥15~25		0.8~1.5		0.5~0.6		0.8~1.5
≥25~40		0.8~1.5		0.4~0.6		0.8~1.5
≥40~60		1.2~1.8		0.5~0.6		1.5~2

5. 各种孔加工的工序余量选择

孔加工各工序余量的确定可以参考表 5-6 和表 5-7。表 5-6 给出了在没有底孔的实体表面用麻花钻钻孔、扩孔、铰孔和镗孔各工序间的切削余量参考值。

表 5-7 则给出了在毛坯上预留出毛孔的孔加工各工序间的加工余量。

由表 5-6 和表 5-7 所给出的参数可以看出，对于小尺寸高精度孔，优先考虑采用钻、扩、铰孔的工艺过程。对于尺寸较大的孔，应在毛坯上预留毛孔，以便于进行镗孔加工。其加工工序一般为粗镗、半精镗和精镗。精镗和精铰的加工余量一般不超过 0.15mm。

表 5-6 在实体表面上直接钻孔的工序余量 （单位：mm）

工序	钻孔		粗加工		半精加工		精加工	
孔径	第一次	第二次	粗镗	或扩孔	粗铰孔	或半精镗	精铰孔	精镗
3	2.9	—	—	—	—	—	3	—
4	3.9	—	—	—	—	—	4	—
5	4.8	—	—	—	—	—	5	—
6	5.0	—	—	5.85	—	—	6	—
8	7.0	—	—	7.85	—	—	8	—
10	9.0	—	—	9.85	—	—	10	—
12	11.0	—	—	11.85	11.95	—	12	—
13	12.0	—	—	12.85	12.95	—	13	—
14	13.0	—	—	13.85	13.95	—	14	—
15	14.0	—	—	14.85	14.95	—	15	—
16	15.0	—	—	15.85	15.95	—	16	—
18	17.0	—	—	17.85	17.95	—	18	—
20	18.0	—	19.8	19.8	19.95	19.90	20	20
22	20.0	—	21.8	21.8	21.95	21.90	22	22
24	22.0	—	23.8	23.8	23.95	23.90	24	24
25	23.0	—	24.8	24.8	24.95	24.90	25	25

（续）

工序	钻孔		粗加工		半精加工		精加工	
孔径	第一次	第二次	粗镗	或扩孔	粗铰孔	或半精镗	精铰孔	精镗
26	24.0	—	25.8	25.8	25.95	25.90	26	26
28	26.0	—	27.8	27.8	27.95	27.90	28	28
30	15.0	28.0	29.8	29.8	29.95	29.90	30	30
32	15.0	32.0	31.7	31.75	31.93	31.90	32	32
35	20.0	33.0	34.7	34.75	34.93	34.90	35	35
38	20.0	36.0	37.7	37.75	37.93	37.90	38	38
40	25.0	38.0	39.7	39.75	39.93	39.90	40	40
42	25.0	40.0	41.7	41.75	41.93	41.90	42	42
45	30.0	43.0	44.7	44.75	44.93	44.90	45	45
48	36.0	46.0	47.7	47.75	47.93	47.90	48	48
50	36.0	48.0	49.7	49.75	49.93	49.90	50	50

表 5-7 预留毛坯铸孔和冲孔的加工余量

工序	粗镗		半精镗	粗铰或半精镗	精铰或精镗	工序	粗镗		半精镗	粗铰或半精镗	精铰或精镗
孔径	第一次	第二次				孔径	第一次	第二次			
30	—	28.0	29.8	29.93	30	80	75	78.0	79.5	79.90	80
32	—	30.0	31.7	31.93	32	82	77	80.0	81.3	81.85	82
35	—	33.0	34.7	34.93	35	85	80	83.0	84.3	84.85	85
38	—	36.0	37.7	37.93	38	88	83	86.0	87.3	87.85	88
40	—	38.0	39.7	39.93	40	90	85	88.0	89.3	89.85	90
42	—	40.0	41.7	41.93	42	92	87	90.0	91.3	91.85	92
45	—	43.0	44.7	44.93	45	95	90	93.0	94.3	94.85	95
48	—	46.0	47.7	47.93	48	98	93	96.0	97.3	97.85	98
50	45	48.0	49.7	49.93	50	100	95	98.0	99.3	99.85	100
52	47	50.0	51.5	51.93	52	105	100	103.0	104.3	104.8	105
55	51	53.0	54.5	54.92	55	110	105	108.0	109.3	109.8	110
58	54	56.0	57.5	57.92	58	115	110	113.0	114.3	114.8	115
60	56	58.0	59.5	59.92	60	120	115	118.0	119.3	119.8	120
62	58	60.0	61.5	61.92	62	125	120	123.0	124.3	124.8	125
65	61	63.0	64.5	64.92	65	130	125	128.0	129.3	129.8	130
68	64	66.0	67.5	67.90	68	135	130	133.0	134.3	134.8	135
70	66	68.0	69.5	69.90	70	140	135	138.0	139.3	139.8	140
72	68	70.0	71.5	71.90	72	145	140	143.0	144.3	144.8	145
75	71	73.0	74.5	74.90	75	150	145	148.0	149.3	149.8	150
78	74	76.0	77.5	77.90	78	155	150	153.0	154.3	154.8	155

（续）

工序	粗镗		半精镗	粗铰或半精镗	精铰或精镗	工序	粗镗		半精镗	粗铰或半精镗	精铰或精镗
孔径	第一次	第二次				孔径	第一次	第二次			
160	155	158.0	159.3	159.8	160	200	194	197.0	199.3	199.8	200
165	160	163.0	164.3	164.8	165	210	204	207.0	209.3	209.8	210
170	165	168.0	169.3	169.8	170	220	214	217.0	219.3	219.8	220
175	170	173.0	174.3	174.8	175	250	244	247.0	249.3	249.8	250
180	175	178.0	179.3	179.8	180	280	274	277.0	279.3	279.8	280
185	180	183.0	184.3	184.8	185	300	294	297.0	299.3	299.8	300
190	185	188.0	189.3	189.8	190	320	314	317.0	319.3	319.8	320
195	190	193.0	194.3	194.8	195	350	342	347.0	349.3	349.8	350

【思考与练习】

1. 什么叫选刀指令？选刀指令由什么装置执行？
2. 什么叫换刀指令？换刀指令由什么装置执行？
3. 什么叫提前换刀？提前换刀有什么好处？
4. 完成一次换刀，机床需要进行哪些动作过程？
5. 目前的换刀可以达到什么水平？
6. 换刀时为什么要主轴准停？主轴需要停止定位于什么方位？
7. 机床在进行 Z 方向移动时，若不进行刀具长度补偿，会发生什么问题？为什么？
8. 怎样测量刀具的伸出长度？
9. 加工中心上常用哪两种拐角过渡方式？应如何运用？
10. 孔加工固定循环可分解成哪几个动作过程？
11. 什么叫安全平面？在什么位置？R 平面有什么意义？
12. 常用的孔底动作有哪些？
13. 什么叫孔底平面？它的位置一定是最低的吗？
14. 深孔加工为什么要采用啄进式进给？
15. 钻尖高度 Z_p 怎样计算？安全间隙 ΔZ 应如何选择？
16. G76 镗孔具有哪些特点？
17. G85 循环具有哪些特点？可用来实现哪些加工？
18. 一个反镗（背镗）加工循环需要哪些动作过程？
19. 钻孔加工时的孔深尺寸 Z_f 怎样计算？其中包括哪些内容？
20. 钻削加工中的切削速度 v_c 和主轴转速 n 如何确定？
21. 对于一般的小尺寸高精度孔加工，常采用怎样的工艺过程？
22. 精镗和精铰的加工余量一般留多大？

模块六　数控加工的 CAD/CAM

课题 6.1　CAD/CAM 基本知识

【学习目标】

1. 知道目前 CAD/CAM 领域的常用软件名称及其各自的特点。
2. 懂得 CAD/CAM 的基本概念，基本达到会用 CAD/CAM 手段生成数控程序。

【学习任务的提出】

复杂的数控加工程序怎样通过计算机产生，CAD/CAM 的含义与内容是什么，通过计算机辅助设计与制造软件生成 NC 加工程序需要经过哪些步骤和过程，在计算机辅助设计中需要注意和掌握哪些基本知识，将是本模块所要讨论的主要问题。

6.1.1　CAD/CAM 数控加工程序生成的基本过程

1. CAD/CAM 知识简介

由编程坐标计算过程可以看出，用手工进行坐标点的计算是非常麻烦和费时间的一项工作，对于比较简单的图形和坐标点的计算，用手工进行计算有时可行，但对于稍微复杂的曲线和空间曲面的坐标计算，利用手工进行参数的计算和加工程序的编写很难胜任，有时甚至不可能做到。利用计算机进行各种复杂运算是目前常用的方法。各种 CAD/CAM 软件可以快捷和准确地求解复杂的空间曲面坐标，并且自动生成刀具相对于工件的切削运动轨迹，并自动产生机床所能够识别的数控加工程序。

数控加工程序的编写，经历了手工编程、计算机自动语言编程 APT 和人机图形交互式编程三个发展阶段。由于图形交互式编程的便捷性与 Windows 视窗式交流的直观性，使得该编程技术迅速被认可和接受，其发展越来越趋向于成熟，应用越来越广泛，已经成为目前数控加工程序生成的最主要手段。目前所流行的绝大多数 CAD/CAM 软件都是采用图形方式的人机交互对话进行各项加工参数的选择和设置编辑，进而形成机床所能够识别和运行的加工程序。

CAD/CAM 是计算机辅助设计 CAD（Computer Aided Design）和计算机辅助制造 CAM（Computer Aided Manufacturing）的简称，是指利用计算机作为工作的辅助手段，进行工作对象（工件或图形）的描述和建模。并利用计算机中所存储的各类数据库中的工艺参数，进行产品设计和制造的自动化技术。

CAD 计算机辅助设计的主要内容包括：2D 绘图、3D 造型（包括线框、曲面和实体三类典型的造型）、特征设计、运动分析与造型、几何特征计算分析、对象的着色渲染等内容。而 CAM 计算机辅助制造的主要内容包括：工艺过程设计、工艺装备设计、工序参数设计、加工精度控制、刀具运动轨迹的产生和加工程序的产生和编辑等项内容。

2. 数控自动编程与加工的基本流程

利用 CAD/CAM 技术进行数控自动加工的基本工作流程需要进行以下四个基本过程：

（1）零件的几何建模　零件的几何建模是在计算机中对零件的各种特征详尽描述，以便计算机对零件对象进行正确的模型构建，形成后续加工所必需的零件几何图形信息。目前，普遍采用三种几何模型构建：线架模型、曲面模型和实体模型。

① 线架模型。线架模型是指用简单线条表达零件轮廓，如图6-1a所示。用线架表达物体，方法比较简单，参数容量小，但对复杂轮廓的表达不够直观，缺乏真实的立体感，难以表达较复杂的工件轮廓及结构细节，有时的表达结果不唯一。

② 曲面模型。曲面建模技术是通过对零件的曲线和曲面进行描述和求解、集合、求交、过渡、光顺，形成对零件表面立体感的表达，从而为下一步的加工设计打下基础。图6-1b为零件的曲面模型表达，可以十分形象地表达零件的外观结构。这种表达模型容量较大，曲面轮廓的创建有时比较复杂，条件较多。

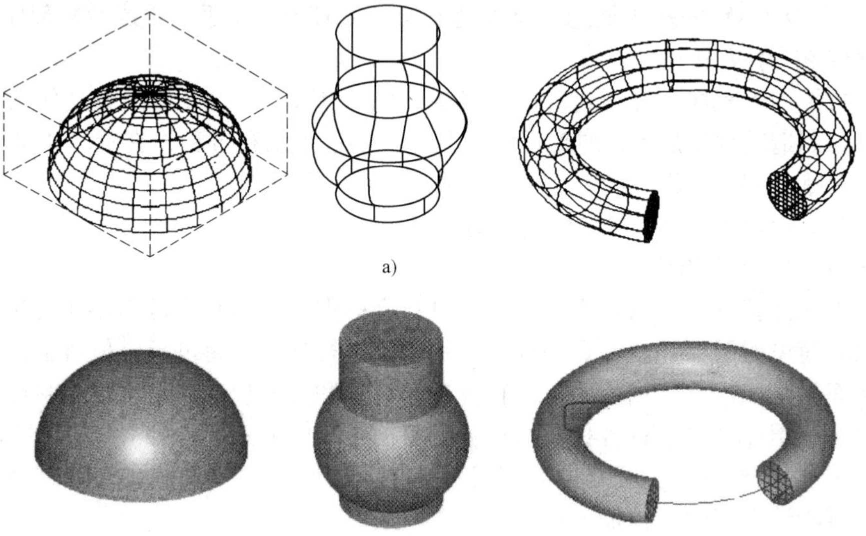

a)

b)

图6-1　零件的线架、曲面与实体模型

③ 实体模型。实体建模是利用对零件截面轮廓的描述形成组成零件的各个基本体素，再通过对体素的交、并集合拼接，进而形成零件的完整实体，最后通过对所生成的实体进行着色渲染，增强实体表达的立体感。

实体模型的外观与曲面模型几乎没有差别，但两者的概念和含义截然不同。实体solids具有一定的材料表达厚度，而曲面Surface不具有厚度，它是厚度无穷小的薄面片。曲面模型所表达的零件经过剖切后，内部是空的，不具有材料实体。

零件的几何建模反映了零件几何形体的各项信息，但依靠这些信息不能对零件进行切削加工。若在计算机中由CAD所产生的零件模型作为切削加工的对象，需向计算机提供诸如工件材料、加工精度、表面质量以及切削加工刀具、切削用量等工艺参数。这些参数信息需要在后续的CAM阶段中进行相应的设置和选择。

（2）计算机辅助工艺过程及工序设计　计算机辅助工艺设计是指利用计算机中所存储的庞大的加工工艺数据库，通过人机对话交流的形式，对零件的数控切削加工进行各项工艺参数的选择和自动生成。包括对各种工艺装备的选择、刀具的选择、切削加工方式的选择、刀具运动路线的必要设置、切削用量的选择、对加工精度的约定和设置和对工件毛坯的设定等基本工艺参数，以便计算机将这些基本条件作为建立零件切削加工模型的初始条件，进一步生成刀具对工件切削加工的运动路线。

(3) 刀具轨迹的生成和编辑 计算机利用前面所提供的建模条件，自动生成工件的毛坯轮廓，利用既定的刀具和切削用量，对工件进行走刀路线的描述，即刀具轨迹的生成。在刀具对工件的切削加工中，刀具轨迹即为加工程序。所以，复杂零件加工中的刀具轨迹生成是数控加工最为重要的内容，也是利用 CAD/CAM 软件所要完成的基本工作。

计算机系统完成刀具轨迹的自动生成还需要具备加工精度、走刀方式、运动起点与终点的位置选择、行距参数与步长计算、干涉检验等基本信息的约定和计算。

由计算机根据以上信息而自动生成的刀具移动轨迹往往具有许多缺陷，需要人工进行必要的编辑和修正，以便得到预定、安全、流畅的刀具运动轨迹。

由计算机自动生成的刀具加工轨迹，往往会产生各种过切和断续等运动缺陷，尤其对于轮廓比较复杂的工件，很容易形成刀具对工件和夹具的运动干涉，需要对刀具轨迹进行调整编辑。为了比较直观地检验刀具移动路线的正确性，数控系统都设置有数控加工仿真功能。利用加工仿真，可以检查、分析和验证刀具运动路线的正确性和安全性。对于需要修改的路径，可以利用编辑功能中的裁剪、删除、连接等工具对刀具路径进行必要的修改和调整，以得到所需要的正确刀具轨迹。

(4) 加工信息的后置处理 后置处理是指将前面已经产生和调整好的刀具路径转换成数控机床所能够辨认和执行的 NC 加工程序。

在数控加工程序 CAD/CAM 的生成过程中，把刀具走刀轨迹产生的全过程称为程序编制的前置处理过程，而把由刀具轨迹生成加工程序的处理过程称为程序的后置处理。

随着 CAD/CAM 技术的快速发展，许多优秀 CAD/CAM 软件的通用化性能有了很大提高，对各种数控机床的兼容性越来越强。其价格也逐渐降低，成为普遍的应用工具，使得数控编程和加工的集成化和自动化成为数控加工的主流技术。

6.1.2 常用数控加工 CAD/CAM 软件

目前应用较为广泛的数控 CAD/CAM 软件主要有下列几种：

1. Pro/ENGINEER

Pro/ENGINEER 简称为 Pro/E，是美国参数科技公司（PTC）研发的三维全参数化设计与制造软件，是世界上最为著名的 CAD/CAM 软件。图 6-2 所示为其安装界面。该软件自 1988 年问世以来，近 20 余年历经了好几个版本。Pro/E wildfire（野火）版 3.0 是 2006 年推出的版本，涵盖了从产品的概念设计、工业造型设计、三维模型设计、参数分析计算、动态模拟与仿真和生产加工设计的全过程。Pro/E 以其优质的曲面设计性能和强大的加工控制功能，被广泛应用于电子、通信、机械、模具、工业设计、汽机车、自行车、航天、家电、玩具等各行业。

图 6-2 Pro/E 的安装界面

Pro/E 的最大特点是大型化，发展到今天，它已经拥有了 80 多个专业模块，涉及到工业设计、机械设计、功能仿真、加工制造等各个方面。它整合了零件设计、产品组合、模具开发、NC 加工、钣金设计、铸造件设计、造型设计、逆向工程、自动测量、机械设计、动态仿真、应力分析、产品数据库管理、协同设计开发等众多功能于一体，成为全球 3D CAD/CAM 最为系统和标准化的全能软件。

Pro/E 是基于特征的全参数化软件，利用它所创建的三维模型的所有设计元素必须具有完整的描述参数，这些参数会在后续操作中被完整记录，在形成零件的所有特征中相互关联，称之为全关联。即无论是在二维工程图中进行了参数的修改，还是在三维零件模型或者最后的装配体模型中对参数的修改，都将关联到由特征截面到最终装配体的全部相关参数的改动。一旦设计参数间发生冲突，模型的生成会遇到各种困难。

正因为如此，Pro/E 的初学者往往会感觉困难重重，门槛很高。所以，目前 Pro/E 的一些市场份额逐渐被其他更为简捷和灵活的软件（例如 UG）所挤占。

2. UG

UG 是 Unigraphice 的简称，最早源于美国麦道飞机公司，其优势是在曲面的设计、分析计算和曲面的数控加工方面。

其典型特点是优越的参数化设计和变量化设计。UG 的特征造型技术与传统的实体和曲面造型功能进行了有机结合，非常适于各类曲面轮廓的设计与加工。其对一般曲面的加工方式完备，计算准确，实用性强，可以从简单的 2 轴加工到复杂的 5 轴联动加工以完成较为复杂的工件空间曲面的数控加工，并对数控加工过程进行自动控制和优化。

同时，UG 还提供了比较便捷的二次开发工具，其独立运行的、面向目标的集成数据库管理系统，允许用户对 UG 功能进行扩展运用，是航空、汽车、造船等曲面造型行业的首选 CAD/CAM 软件。UG NX4 软件的初始安装界面如图 6-3 所示。

图 6-3　UG NX4 的初始安装界面

3. Cimatron

Cimatron 软件是以色列出产的一款专门针对模具工装领域设计与制造的软件。它是制造业界公认的最优秀的数控加工软件及模具设计软件之一。由于它进入数控加工制造业的历史比较早，所以在数控加工应用中的认可率较高。它除了可以满足一般加工所需要的功能外，尚有很多人性化的特点。

它具有智能识别毛坯的功能，通过建立毛坯，可以将 CAD 描述的零件与毛坯进行比较，从而生成刀具路径，最大限度的消除空刀；提供了较为贴切的层间切削技术，从而为后续的精加工提供了均匀的加工余量，Cimatron 拥有真正的 3D 等距切削技术。Cimatron 软件是广大模具加工企业的首选。

4. MasterCAM

MasterCAM 软件是美国 CNC Software 公司于 20 世纪 50 年代开发的基于 PC Windows 的 CAD/CAM 系统。它的最新版本是 MasterCAM X^2，最大特点是体积小，使用方便，加工应用性强，易学易懂，便于操作，而且定位精度高，加工功能强大。所以，它很快成为中小企业欢迎的数控加工和产品设计工具。在我国有较大的市场空间，发展势头十分迅速，将会是极具潜力的 CAD/CAM 软件。

MasterCAM 主要是一款针对 CAM 而开发的软件，它的 CAD 功能较欠缺，早期的 MasterCAM不具备实体造型、特征造型和二维工程图样功能。正因为如此，MasterCAM 专门设置了具有较强转换功能的中性文件 IGES 广泛接受其他 CAD/CAM 软件格式的文件。所以，MasterCAM 对其他格式的 CAD 文件的接受能力较强。通过中性文件的转换功能，MasterCAM 可以接受包括 Pro/E、UG、CATIA、Cimatron、SOLIDWORKS、AutoCAD 等许多著名的 CAD 软件的格式文件。

MasterCAM 通过 IGES 数据规范交换系统管理和转换其他格式的 CAD/CAM 文件，并能够非常方便地完成这些文件 2D 和 3D 设计的 CAM 编程和数控加工。它小巧灵便的特点成为众多中小企业特别关注的对象。利用该系统可以方便地进行人 - 机交互，通过对系统各类数据库的访问，包括各类工艺参数模块、刀具轨迹生成模块、刀具轨迹编辑模块、三维加工动态仿真模块和后置处理模块的访问，进行人机交互对话与设置，完成零件的数控加工。发展到目前版本的 MasterCAM 已经可以直接识读 Pro/E 和 CATIA 的图形文件以及 AutoCAD 中的 DWG 文件。图 6-4 所示是 MasterCAM X 的安装界面。

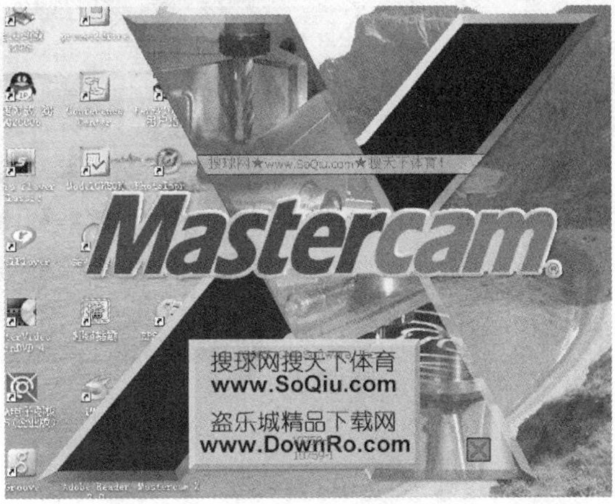

图 6-4　MasterCAM X 的安装界面

5. CATIA

CATIA 最初是法国达索飞机公司研制的 CAD/CAM 软件，通过市场整合，目前属于 IBM 公司。他的最大特点是曲面造型功能强大而便捷。广泛应用于航空和汽车设计和制造，在模具制造行业也具有一定市场。

【思考与练习】

1. 由 CAD/CAM 生成 NC 加工程序需要经过几个基本过程？
2. 什么叫 CAD/CAM？
3. 目前常用的 CAD/CAM 软件有哪些？各有什么特点？

课题 6.2　MasterCAM X 的基本知识

【学习任务的提出】

现以 MasterCAM X 软件为实例，介绍零件 CAD/CAM 设计与辅助编程的工艺知识，若想更深入地掌握 CAD/CAM 的技能，则需要学习专门课程。

6.2.1　MasterCAM X 的主界面

图 6-5 所示是 MasterCAM X 启动后的主界面，可以看出，其结构与 AutoCAD、UG、Pro/E 等大多数 CAD/CAM 软件的主界面类似，这是 MasterCAM X 版本的特点。MasterCAM 自进入 X 版本以来，一改过去用主次菜单进入各个功能界面的形式，而采用目前更为方便

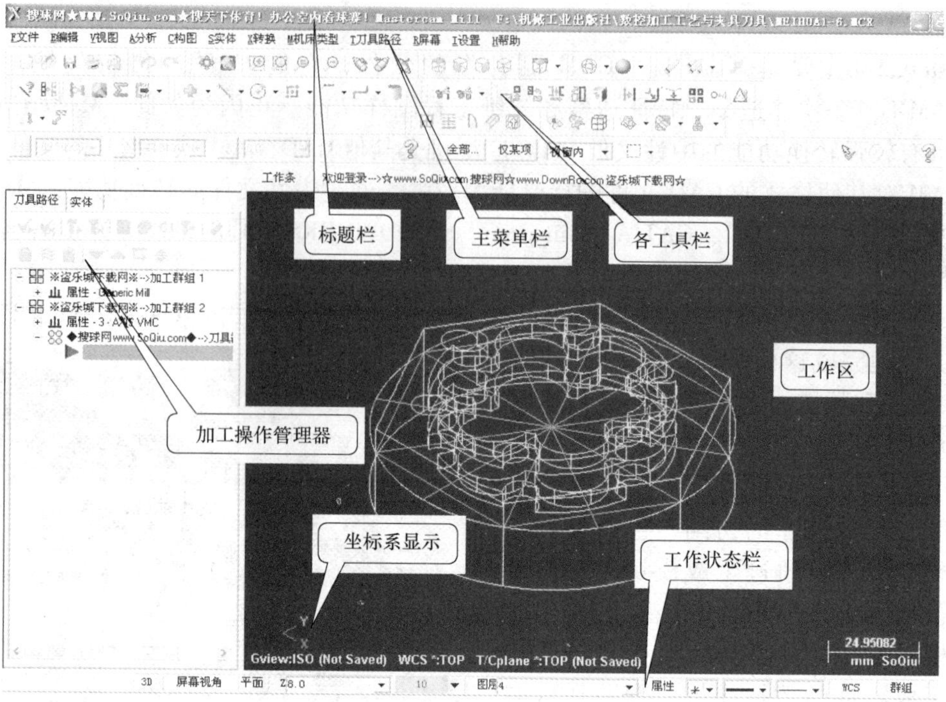

图 6-5 MasterCAM X 启动后的主界面

和快捷的通过下拉菜单直接进入的通用形式，更便于适应今后 CAD 软件工作界面的统一格式和标准化。

新的工作界面采用将各种常用工具条进行显示留驻的形式，以方便随时点选，也可以将某个不常用的工具条关闭不显示，还可以将其拖动到界面两边，以腾出更大的绘图空间，甚至可以将它拖放到屏幕中央的任意位置，成为一个临时的浮动工具条。不同的用户可以根据自己的工作特点选择适合自己的工具条界面结构。

6.2.2 MasterCAM X 的工作流程

应用 MasterCAM X 进行模具零件的 CAD/CAM，一般经过如下几个步骤：

1）根据零件工作图样或者产品实物要求描述并生成零件的轮廓几何参数，即零件的 CAD 过程，计算机需要接受信息了解零件最终完成后所要达到的各项要求。

2）设置零件加工的毛坯尺寸、轮廓和工件材料，以便于针对毛坯进行一系列的加工参数设置和加工过程仿真显示。

3）设置刀具的原点位置和对刀点。

4）设置刀具参数。

5）设置数控加工的工艺参数。

6）系统自动生成刀具路径，并进行必要的编辑修改。

7）刀具路径的加工模拟仿真检验与刀具路径修改。

8）刀具路径的后置处理，以便将刀具路径形成路径文件并进一步转换成数控机床所能够接受、识别和加以执行的 NC 加工程序。

9）根据数控机床的 NC 程序结构的要求进行程序项的添加与修改。

10）将最终的 NC 程序文件存储或输入数控机床进入加工运行。

6.2.3 MasterCAM X 所提供的七种曲面类型

所有曲面的构建都建立在其特征曲线的基础上。首先，建立曲面的特征曲线，然后对该曲线进行特定方向或路线的移动和操作，进而形成所需要的空间曲面。

MasterCAM 提供了七种三维曲面的构建功能，包括举升曲面、昆氏曲面、直纹曲面、旋转曲面、扫描曲面、牵引曲面和挤压曲面。

1. 举升曲面 Loft Surface

升举曲面是指通过平顺地连接所提供的一组截面曲线所生成的空间曲面，如图 6-6 所示。升举曲面由形体的两个以上的横截面轮廓线而形成，横截面方向是它的特征。

2. 昆氏曲面 Coons

如图 6-7 所示，昆氏曲面是在几个相互连接的曲面所围成的封闭空间区域中所生成的不规则曲面。

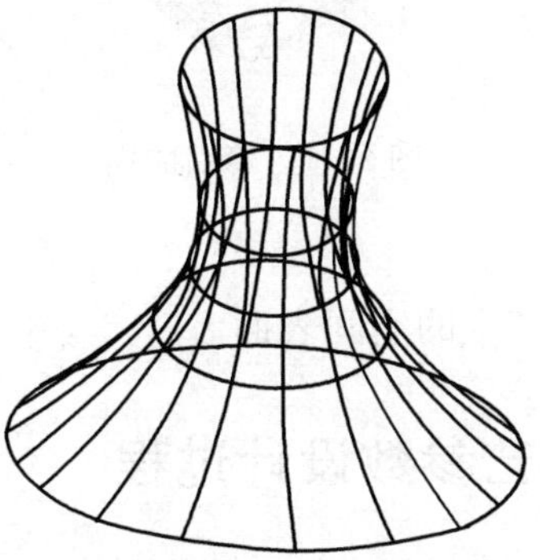
图 6-6 举升曲面

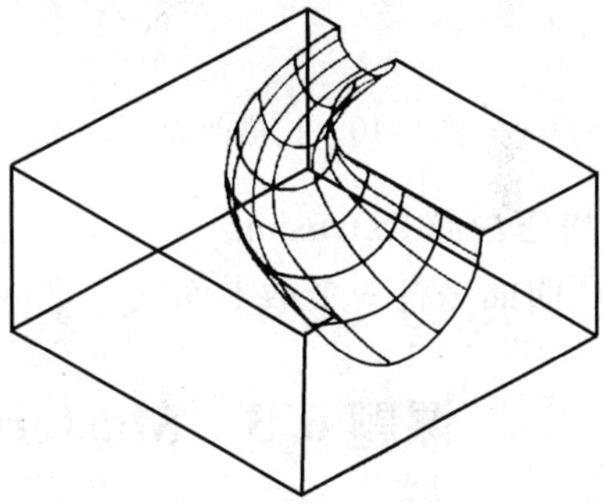
图 6-7 昆氏曲面

昆士曲面是美国麻省理工学院的 S. A. Coons 博士所提出的一种用四条边界线来构建曲面并进一步对曲面分片与拼合的造型方案，故名 Coons 曲面。这种方法是将曲面分割成许多小的网格，也叫缀面，并通过对这些网格的两个方向上的轮廓描述来表达和定义曲面。它是目前 CAD 对曲面造型表达能力最强、约束条件最充分的表达方法。

3. 直纹曲面 Ruled Surface

直纹曲面是由 2 条或多条曲线所生成的曲面，该曲面在 2 条曲线之间的素线是直线，如图 6-8 所示。

4. 旋转曲面 Revolve Surface

旋转曲面如图 6-9 所示，是由一条母线绕着固定轴线旋转所形成的曲面。

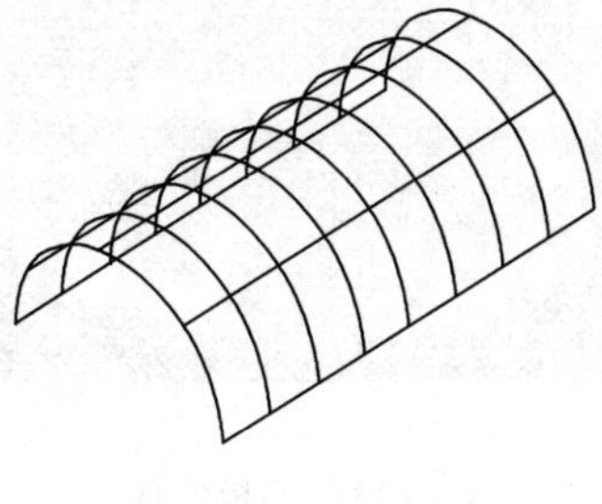
图 6-8 直纹曲面

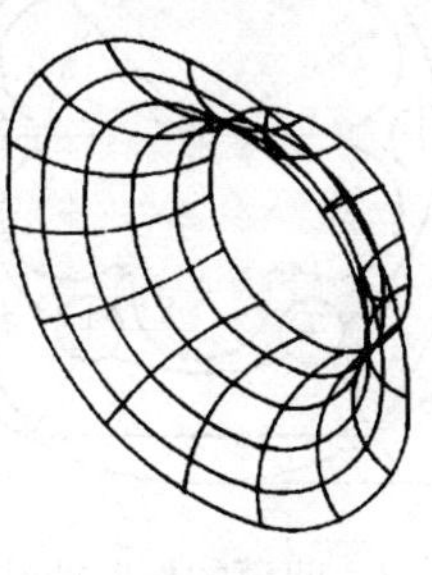
图 6-9 旋转曲面

5. 扫描曲面 Sweep Surface

扫描曲面是用工件的一个截面沿着一条特定的引导曲线（也称扫描路径）进行移动而形成的空间曲面。它可以由一个或两个截面沿特定曲线进行移动所形成，也可以是由两条特定曲线沿一个截面移动而形成，如图 6-10 所示。

6. 牵引曲面 Draft Surface

牵引曲面是一条平面曲线沿着一定的构图方向进行长度牵引和角度牵引所形成的曲面，如图 6-11 所示。

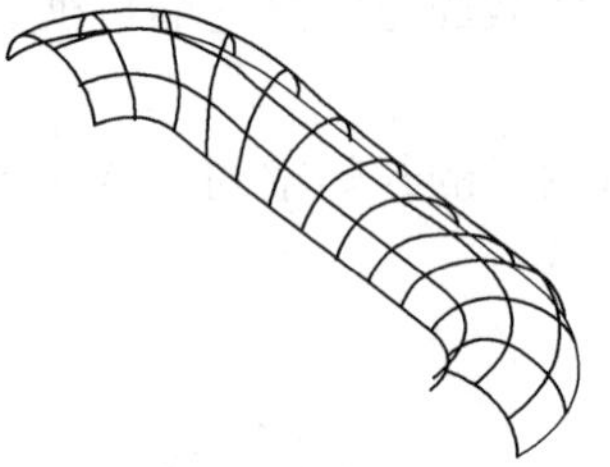

图 6-10 扫描曲面

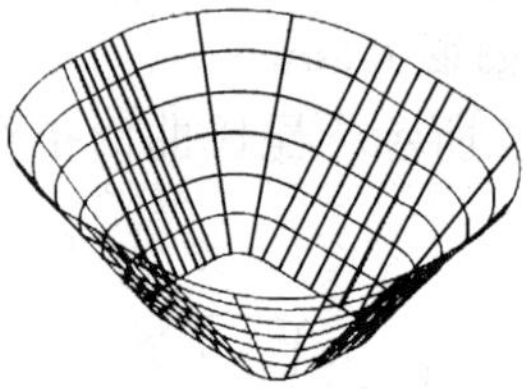

图 6-11 牵引曲面

7. 挤压曲面 Extrusion

挤压曲面是将一个截平面向一定的方向进行挤压所产生的空间表面。

课题 6.3 MasterCAM X 的工艺参数设计过程

【学习任务的提出】

在本课题中，将针对图 6-12 所示的凹模工件进行 CAM 的工艺参数设计过程和数控加工程序的生成。

图 6-12 所示零件为典型的凹模件，其内部型腔结构复杂，编程较为困难，曲线的节点较多，我们利用 MasterCAM X 的 CAD/CAM 功能，可以迅速而精确地产生数控铣削加工的 NC 程序。图 6-12 是凹模的形腔曲线图样；图 6-13 是最终加工完成的工件实体显示。

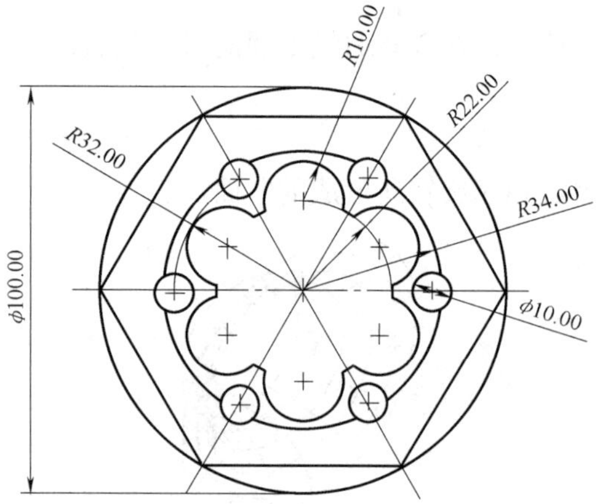

图 6-12 凹模的形腔曲线图样

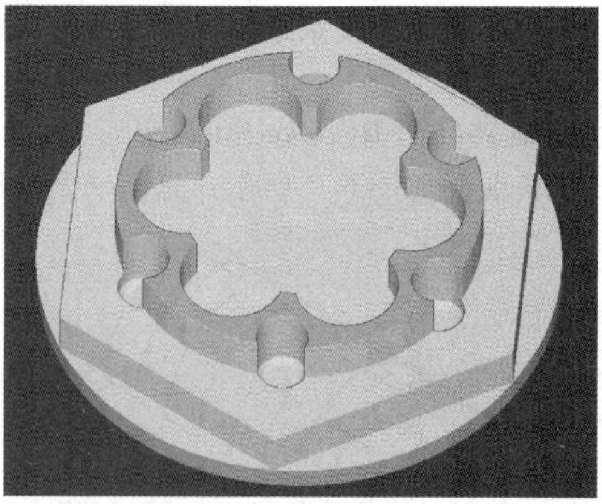

图 6-13 凹模实体

6.3.1　刀具加工安全区域设置

1. 首先描述凹模实体

利用 MasterCAM X 系统的 CAD 功能绘出凹模零件，以便使系统掌握零件内外轮廓的所有信息。在 MasterCAM 中，与其他 CAD 软件相同，可以用几种不同的方法表达零件信息。目前，最为直观的方法是生成零件实体，而最为简单的方法一般是绘制出工件的截面图样即可挤压生成零件实体。

可以直接利用 MasterCAM 的绘图功能绘出凹模图样。对于较复杂的图样，一般利用绘图功能更加强大的软件绘制，然后导入到 MasterCAM 中。

2. 选择数控机床

如图 6-14 所示，通过单击【机床】/【铣床 Mill】，系统将调出存储库中的各类铣床，可在系统的机床列表中选择所需数控加工机床的类型和相应机床型号。在此选择【3 轴联动立式加工中心 3 - AXIS VMC】，则在屏幕左侧，加工管理器中会立即添加三轴立式数控加工中心的树目录，如图 6-15 所示。

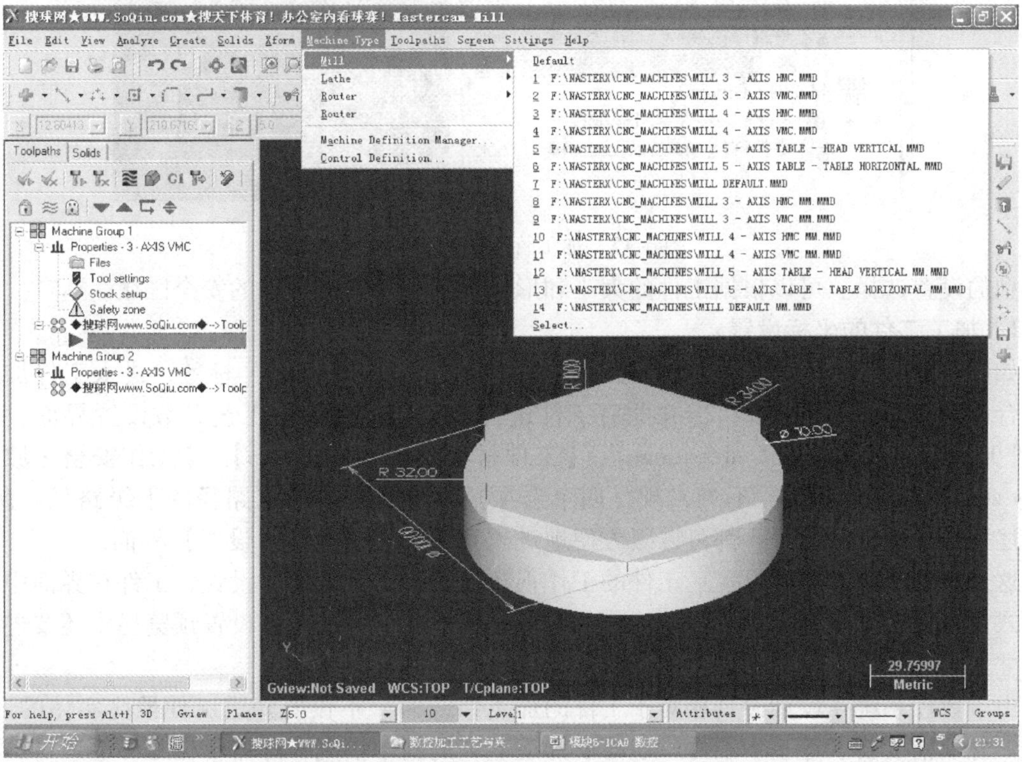

图 6-14　调出系统机床数据库中的铣床供选择

在加工管理器中单击三轴立式加工中心"3 - AXIS VMC"的下级展开按钮，会弹出"文件 Files"、"刀具设置 Tool settings"、"毛坯设置 Stock setup"、"安全区域设置 Safety zone"四个下级按钮。

3. 设置加工安全区域

首先进行刀具运行的空间安全区域设置，单击"安全区域设置 Safety zone"，调出加工安全区域设置对话框如图 6-16 所示。这里有"立方体"、"圆柱体"和"球体"三个安全区

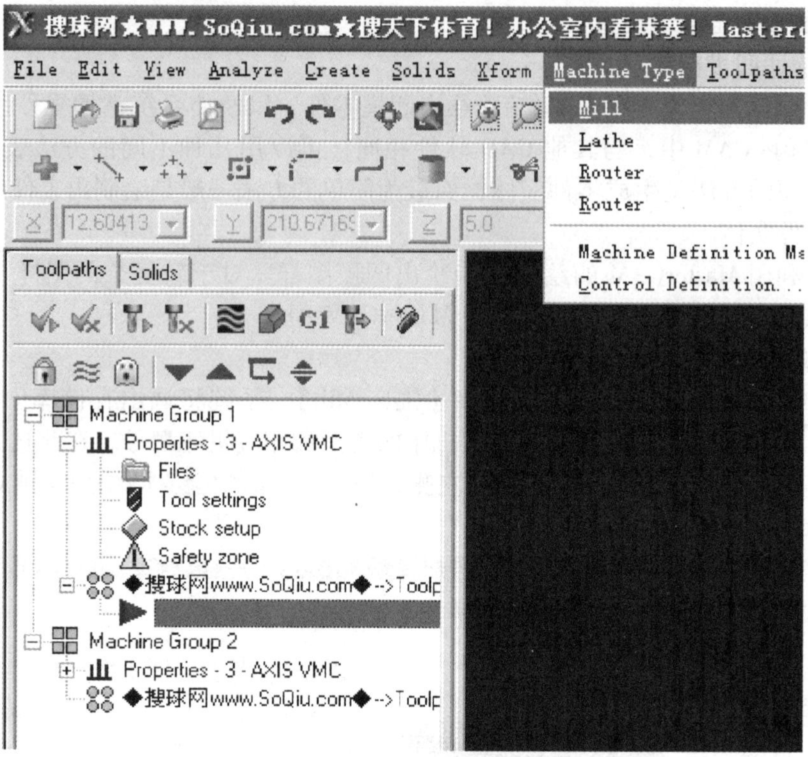

图 6-15　加工管理器的机床显示

域类型的设置选择。可以根据工件的大小和形状设置一个刀具运行的安全区域。

6.3.2　加工工件的坐标设置

如图 6-16 所示，单击管理器中的“工件材料设置 Stock setup”标签，进入工件加工参数组合设置对话框（图 6-17）。在此对工件进行加工的四大部分工艺参数设置界面，包括【文件 File】、【刀具设置 Tool settings】、【工件材料设置 Stock setup】、【工作安全区域设置 Safety zone】四个选项卡。不难发现，四个选项是工作管理器树状路径的下级路径。所以，从上述路线中的任何位置，都可以很方便地进入到【加工工艺参数设置】界面。

这里有五个项目需要设置：工件的工作视角设置；工件的形状设置；工件在界面中的显示方式设置；工件坐标原点位置坐标值的设置；另外在下方的毛坯设置预览栏中还要进行毛坯尺寸大小和工件坐标原点位置的设置。

由于数控系统在设计刀具相对于工件的加工路线时，不仅要知道工件最终实体的形状、尺寸、各项精度要求等基本条件，还需要知道毛坯的基本信息，即需要在工件毛坯材料的基础上通过切削产生最终所需要的零件实体。所以要将毛坯信息告知计算机，“材料设置 Stock setup”是对毛坯的描述。

（1）工件材料视角设置　首先进行工件毛坯加工时的视角设置，这一设置一般以工件在加工时的安装位置为依据，在这里选择俯视图 TOP，以便与前面的安全区域设置和后面的工件实体加工视角相对应。视角选择的操作过程是，单击【工件材料视角】栏左边的【视角设置】选择按钮 View selection，会弹出如图 6-18 所示视角选择列表，在其中点选 TOP，然后单击 OK 确认。

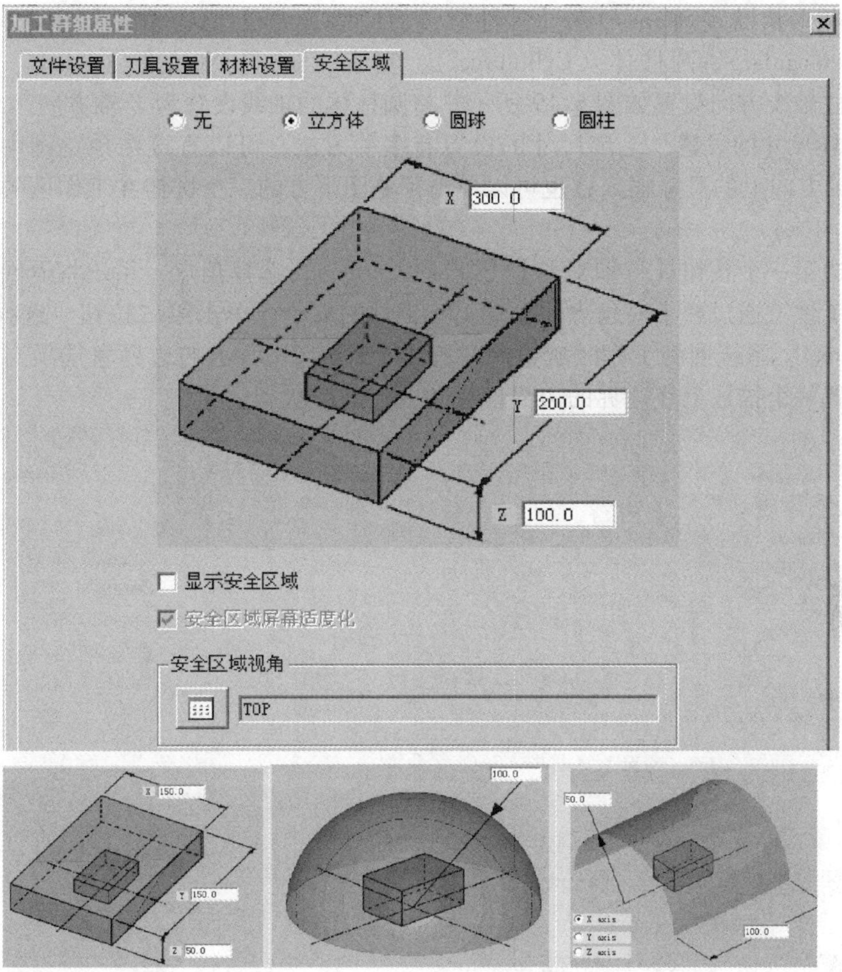

图 6-16　三种类型的安全区域设置

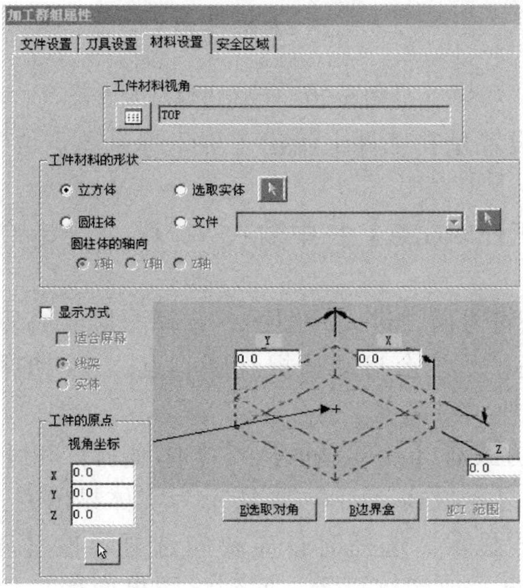

图 6-17　加工工艺参数设置界面

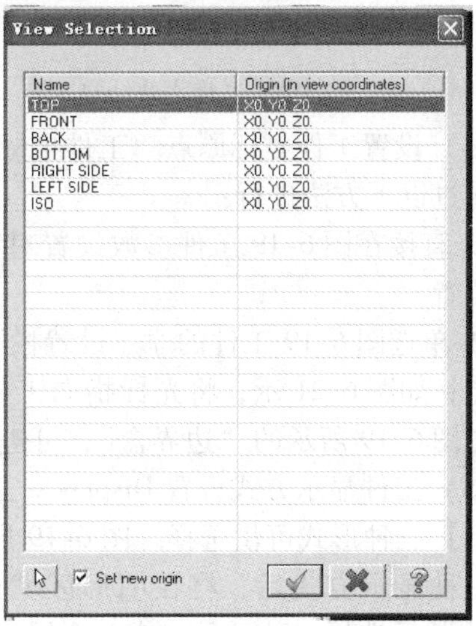

图 6-18　工件视角列表

（2）材料形状设置 Shape　在【工件材料的形状 shape】选择对话框中，有四个选项：立方体（Rectangular）、圆柱体（Cylindrical）、实体（Solid）和文件（File）。若选择圆柱体，弹出圆柱轴线方向设置如图 6-19 所示，将圆柱体的轴线设置为 Z 轴方向。

（3）毛坯尺寸的设置　毛坯尺寸的设置有多种方法，可以直接在预览图中进行 X、Y、Z 三个坐标轴方向上的尺寸输入；也可以单击预览图下方的三个按钮在工作区的图样中进行设置。

单击左边第一个按钮【选取对角】（Celect Corners）选择角点，系统将返回到工作区域中，可以在工件上通过两个对角点的框选给出工件的大小；单击第二按钮，选择【边界盒】（Bounding Box），系统回到工作区域，同时弹出如图 6-20 所示的边界盒选项对话框，在此可以通过设置一个描述毛坯边界的边界框反映毛坯的形状和尺寸。

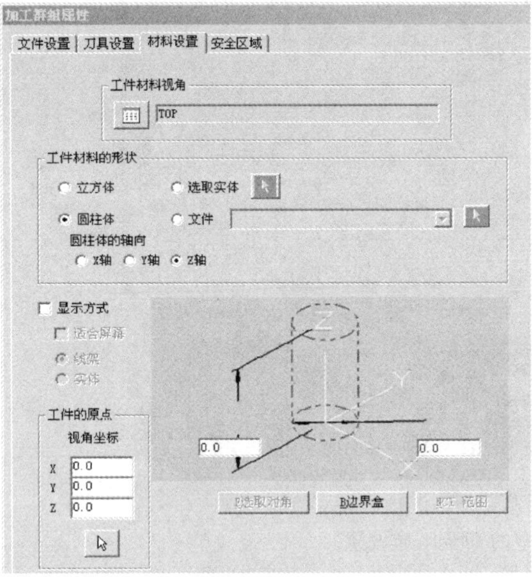

图 6-19　毛坯形状的描述

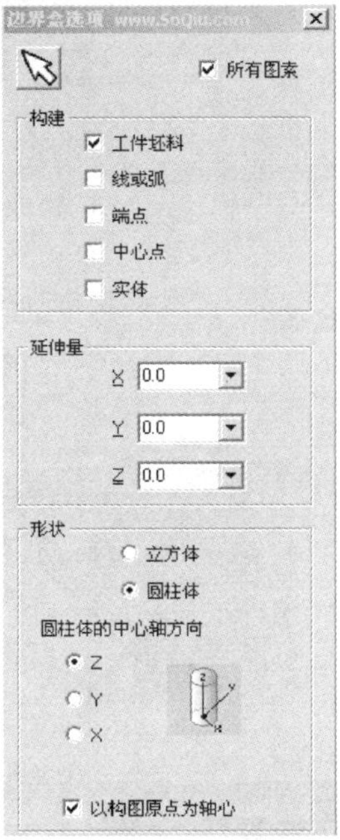

图 6-20　毛坯边界尺寸设置

（4）设置工件坐标原点　工件坐标系原点的设置是在工件上给出工件坐标系原点位置，可以通过以下方法进行：

① 直接在图 6-19 工件参数设置对话框的【工件的原点】栏中输入 X、Y、Z 坐标给出原点位置。

② 单选图 6-19 工件的原点设置栏下方的箭头符号后，进入绘图区，选择图形上的某点为原点；如图 6-21 示，将光标指向工件底部大圆，系统会自动捕捉到圆心点，选中即可。若单击图 6-19 所示的“边界盒”，可进入图 6-20 所示对话框。

（5）工件显示方式设置 Display　工件的显示方式有【线架显示】、【实体显示】和【全屏显示】三种形式可供选择。图 6-19 所示为线架显示方式，图 6-22 所示为实体显示方式。选择一种显示方式后，将在图形区域用相应形式显示。选择时首先要勾选显示框【Display】，然后选择一种显示方式：全屏显示、线框显示或实体显示。回到绘图界面后，会看到毛坯已经在绘图区域中，如图 6-23 所示。

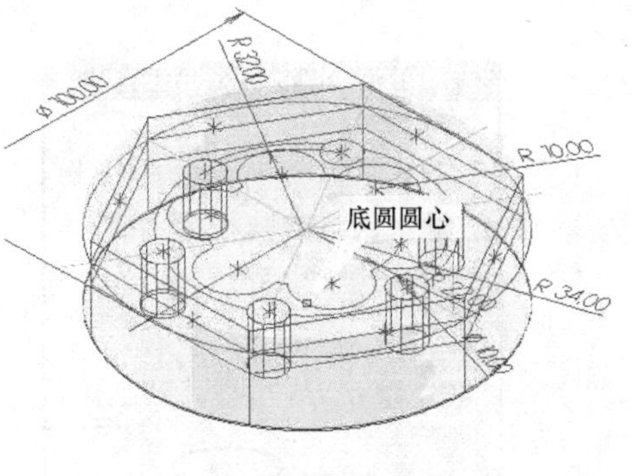

图 6-21　在图形中选择原点

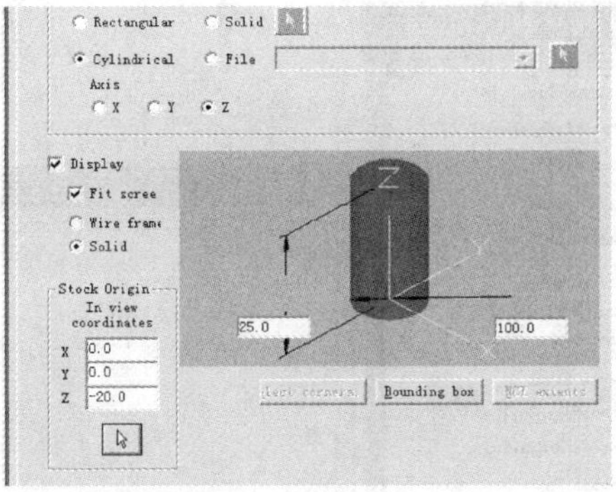

图 6-22　工件毛坯以实体显示的设置

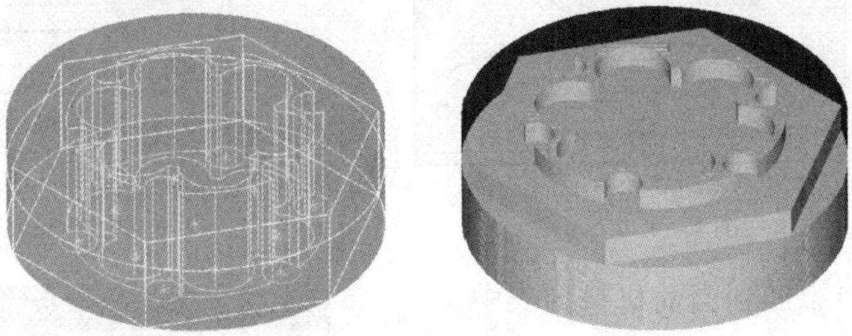

图 6-23　毛坯的线框显示与实体显示

6.3.3　工件的材料设置

被切削工件材料的力学性能直接影响切削加工的工艺参数。CAD 系统了解了工件材料性能，可以自动生成切削加工的相关工艺参数。为了较准确地产生加工参数和切削进给用量，需要描述材料的各项性能，即“工件材料设置”。

在 MasterCAM X 中，对工件材料的设置分为三种情况；当前使用的工件材料；系统的材料数据库；对新材料的描述。

1. 当前使用材料列表的进入

如图 6-24 所示，单击主界面的【刀具路径】Tool paths 菜单，选择最底部的【材料管理 Material Manager】，即可进入系统的“当前材料”列表，在此将显示上一次系统所使用的材料列表情况。

2. 系统的工件材料库

如果需要在材料列表中添加其他材料，可以查看系统的“工件材料数据库”，进入的方法是通过单击底部系统的工件材料【来源】（Srouce）库按钮进入。由于系统的材料库较大，一般先要对材料类型过滤：首先选择需要调出的材料类型，是公制还是英制，需在显示选项中选择。

如图 6-24 所示，选择【毫米】；单击材料来源选项的展开按钮，在其中选择【铣削材料 Mill - library】数据库，即调出系统的工件材料库，如图 6-25 所示。可以在库中需要的工件材料。

系统工件材料库的另一种进入方法是，在当前材料列表区域中点击右键，弹出如图6-26 所示的材料设置快捷菜单，实现材料列表的设置。其中的第一个选项是从材料库中选取（从材料库中选取）【Get from library】，通过该选项同样可以显示如图 6-25 所示的材料库表，

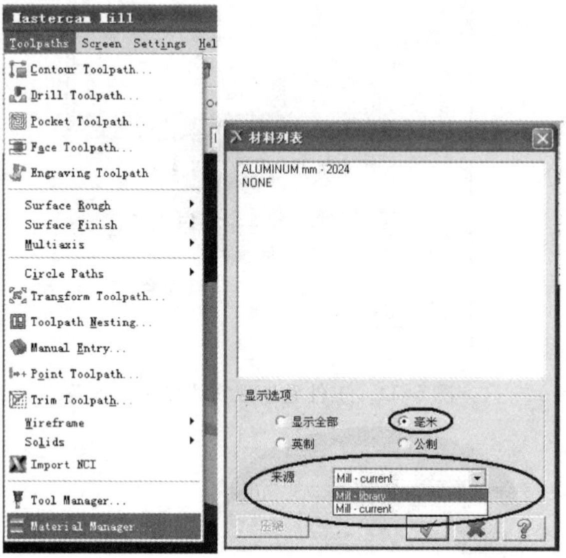

图 6-24　进入当前材料列表

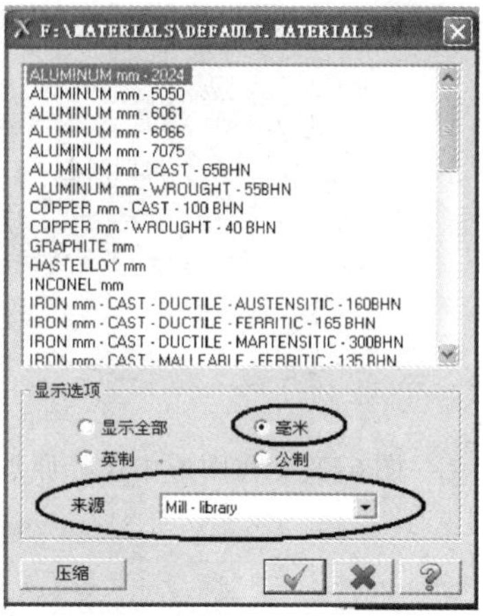

图 6-25　系统的铣削材料库

选择需要的工件材料添加到当前材料列表中。

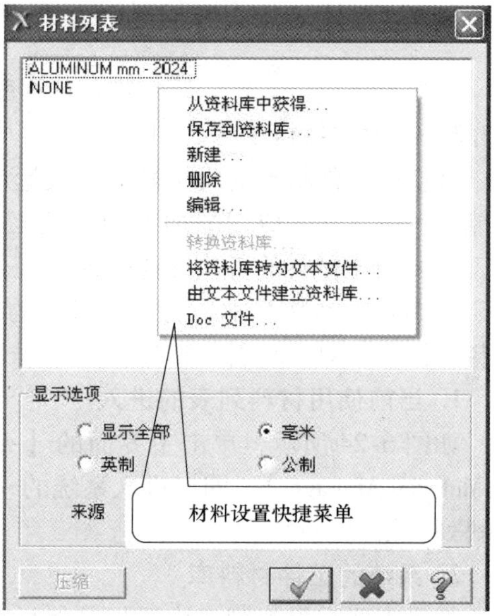

图 6-26　工件材料设置快捷菜单

3. 描述新材料

在图 6-26 快捷菜单中，第三项新建和第五项编辑都可以进入如图 6-27 所示的【新材料定义】对话框。其中的新建（Create new…）材料参数，可以对一种新的材料进行加工参数的设置。选择该选项后，系统打开材料定义设置【Material Definition】对话框。通过设置材料的各个加工参数定义一种新材料。

而编辑当前材料参数（Edit…）选项可以对当前使用的新材料进行必要的参数修改和编辑。选择该选项后，系统也打开【Material Definition】对话框，可以对需要加工的新材料进行相应刀具与切削参数的修改和编辑。

4. 由操作管理器进入材料库

在左侧工作管理器中选择【刀具设置】（Tool settings），可以直接进入图 6-24 所示的刀具设置对话框；选择下方的【材料选择】（Matreial select），即进入如图 6-25 所示的【材料设置】菜单。

6.3.4　刀具参数设置

MasterCAM 在生成刀具路径前，首先要选择该加工中使用的刀具。用户可以直接调用系统刀具库中的刀具，也可以修改由刀具库所产生的刀具得到所需要的刀具形式，还可以自己定义新刀具，并将其保存到刀具库中。

1. 从刀具库中选择刀具

MasterCAM 软件自带一个刀具参数库，库中包含各类刀具，从刀具库中选择刀具是刀具

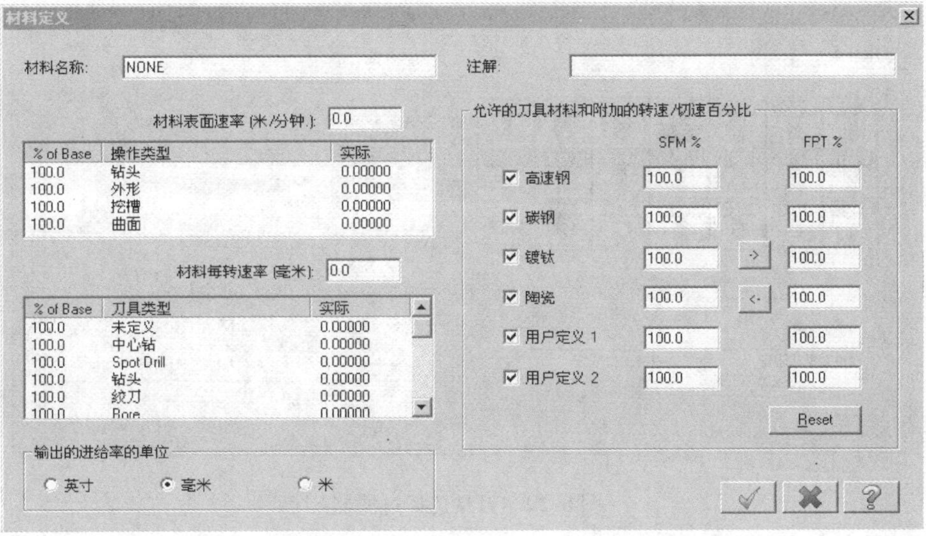

图 6-27　材料定义对话框

设置中最基本、最便捷的方法。

（1）系统刀库的进入　选择主菜单中的【刀具路径 Toolpaths】/【刀具管理 Tool manager】命令，如图 6-28 所示，系统将弹出“刀具设置管理”对话框。在对话框的右上角选择【Both】选项，则当前使用的刀具列表栏（对话框的上半部分）和刀具库列表（对话框的下半部分）一同显示。在下方的刀具库中选择所需刀具后单击右侧的向上加入按钮，当前被选择的刀具即加入到上方当前所使用的刀具列表中。

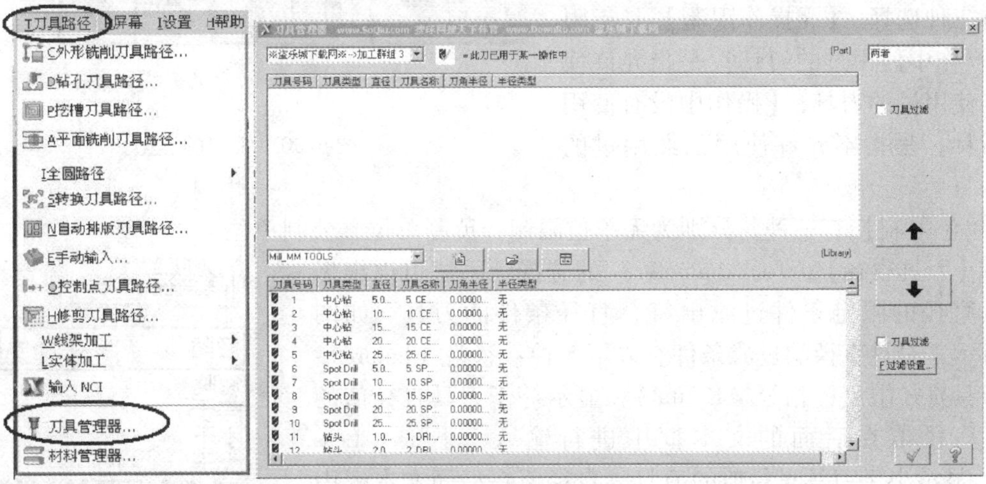

图 6-28　刀具管理对话框

刀具库中的刀具数量比较多，为快速选择刀具可以使用对话框中的【过滤器】选项，按刀具的类型、材料或尺寸等条件进行过滤，以便快速筛选出所需要的刀具。

（2）刀具的过滤选择　单击【刀具过滤】设置按钮，系统打开“刀具过滤器对话框”，如图 6-29 所示。过滤器中包括：【刀具类型】（Tool Type）、【刀具直径】（Tool Diameter）、【圆角类型】（Radius Type）、【刀具材料】（Tool Material）等四个选项，其含义如下：

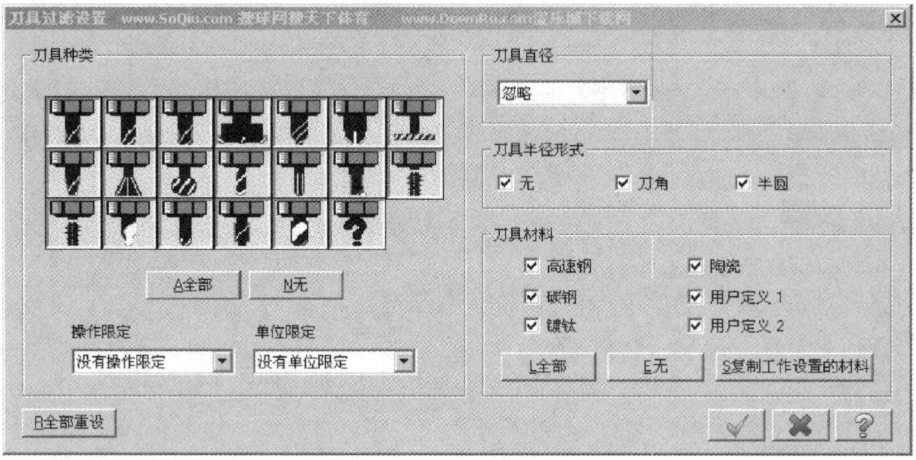

图 6-29　刀具选择过滤器

①【刀具种类】（Tool Types）的选择。在 MasterCAM 的铣刀中有 20 种刀具可供选择，各种刀具的图标与类型表达如图 6-30。将光标停放在刀具按钮上，将显示刀具的名称。选择某类型刀具，可提供过滤条件。

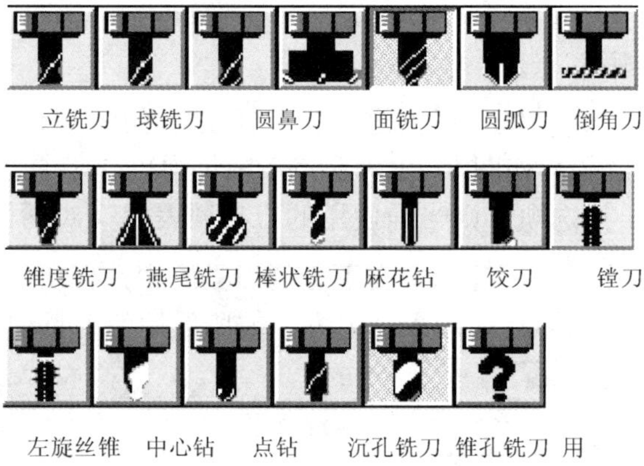

图 6-30　铣刀的类型

底部的【操作限制】选项指所设定的刀具是否允许是已经操作使用过的刀具。有三种选择：【无操作限制】是不限制；【操作中使用过的刀具】是指允许使用已经使用过的刀具；【操作中没有使用过的刀具】是指不允许使用已经用过的刀具。

【单位限制】有三种，分别为无单位限制、英制单位、公制单位。

②【刀具直径】（Tool diameter）的选择。系统可以根据对刀具直径的限定条件过滤出符合直径条件的刀具。如图 6-31所示，刀具直径的过滤条件有以下 5 种：忽略（Ignore）：忽略刀具直径限制；相等（Equtal）：显示等于刀具直径值的刀具，直径值在后面的文本框中进行输入；小于（Less than）：显示小于刀具直径值的刀具，直径值在后面文本框中输入；大于（Greater than）：显示大于刀具直径值的刀具，直径值在文本框中输入；中间（Between）：显示界于两个直径值之间的刀具，直径值在文本框中输入。

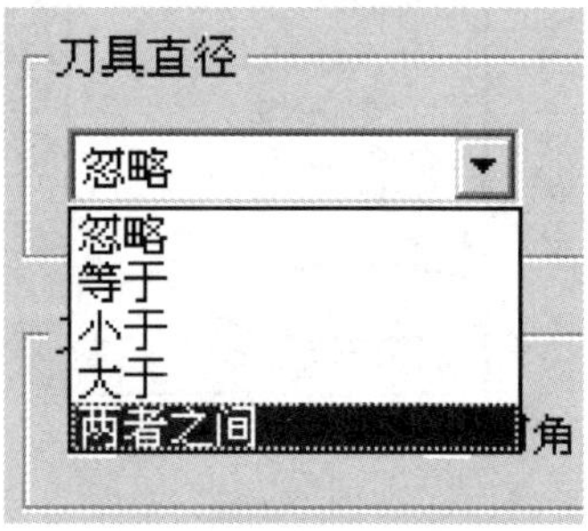

图 6-31　5 种刀具直径过滤条件

③【刀具半径形式】（Radius type）的选择。【刀具半径形式】选项是指刀具端部的刀尖圆角形式。三个选项的含义分别是：【无】（None）：显示无圆角刀具，即选择无圆角的平刀；【圆角】（Comer）：显示圆角刀具，也叫环形刀；【全半径圆角】（Full）：显示全半径圆

角刀具，即球头刀。

④【刀具材料】(Tool Material）的选择。刀具材料选项可以根据对刀具材料的限制过滤需要的刀具。有以下六种过滤选项：【高速钢】(HSS)；【碳钢】（Carbide）碳素工具钢；【涂钛材料】(Ti coated）氮化钛涂层硬质合金刀片；【陶瓷材料】(Ceramic）陶瓷刀片；【自定义1】(User Def1)；【自定义2】(User Def2)。

图 6-32　已选中刀具的快捷菜单

2. 修改刀具库刀具

从刀具库选择的加工刀具，其刀具参数（如刀径、刀长、切削刃长度等）采用的是系统给定的参数，用户也可以修改相应参数得到所需刀具。如图6-32所示，在刀具管理界面已有的刀具上单击鼠标右键，可以弹出所选择刀具的快捷菜单，单击【编辑刀具 Edit tool】命令，系统弹出如图6-33 所示的“刀具参数设置”对话框。有三个选项卡可以进入。

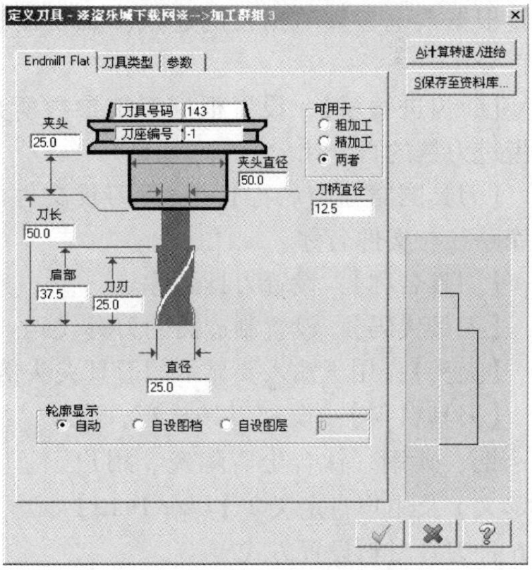

图 6-33　当前刀具基本参数卡

一是【当前所选择的刀具】卡，反映由刀具库中所调用的标准刀具的各项参数，包括刀具直径、刀柄规格、切削部尺寸结构、刀尖圆角和刀夹头参数等。

根据所选择的不同刀具类型，该选项卡的具体内容也不相同。主要参数选项的含义如下：

在当前刀具参数选项卡中的各个项目包括：【设置刀具直径】；【设置刀具有效切削刃长度】；【设置刀具刀削刃长度】；【设置刀具刀尖到夹头底端面的长度】；【设置夹头长度】；【设置夹头直径】；【设置刀柄直径】；【设置刀号】；【设置刀头号】；【设置刀具适用的加工类型】，分别为【粗加工】、【精加工】和【两种场合均可使用】3 种方式。

第二个卡片是【刀具类型】卡，如图6-34 所示，可以重新修改刀具类型。

第三张卡是【刀具的加工参数设置】卡，如图6-35所示，可以设置刀具的各项加工参数。

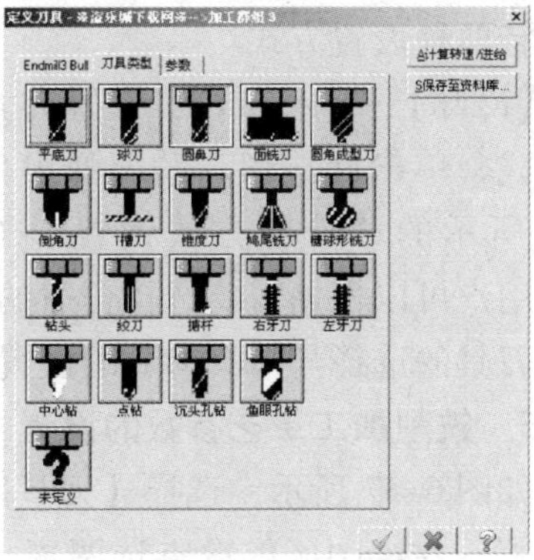

图 6-34　刀具类型的修改和选择

该选项卡的主要参数选项的含义如下：

【X、Y 粗铣步进】：设置粗铣削加工时在 $X-Y$ 平面内的步进量，其值按照刀具直径的百分比设置。

【X、Y 精铣步进】：设置 $X-Y$ 平面内精铣削的步进量。

【Z 粗铣步进】：设置 Z 轴方向的粗切削步进量。

【Z 向精铣步进】：设置 Z 轴方向的精切削步进量。

【底孔直径】：设置在镗孔或攻螺纹时刀具所需的底孔直径。

【直径补正号码】：设置刀具半径补偿号。

【刀长补正号码】：设置刀具长度补偿号。

【进给率】：设置刀具在 $X-Y$ 平面的进给率。

【下刀速率】：设置刀具在 Z 轴方向的进给率。

【提刀速率】：设置刀具的退刀速率。

【主轴转速】：设置主轴转速。

【刀刃数】：设置切削刃数。

【材料表面速率】：刀具切削速率百分率：设置根据系统参数所预设的建议平面切削速度的百分比。

【每齿进给量】：设置根据系统参数所预设每齿进刀量的百分比。

【刀具图路径与名称】：设置刀具文件的存储库路径与文件名称。

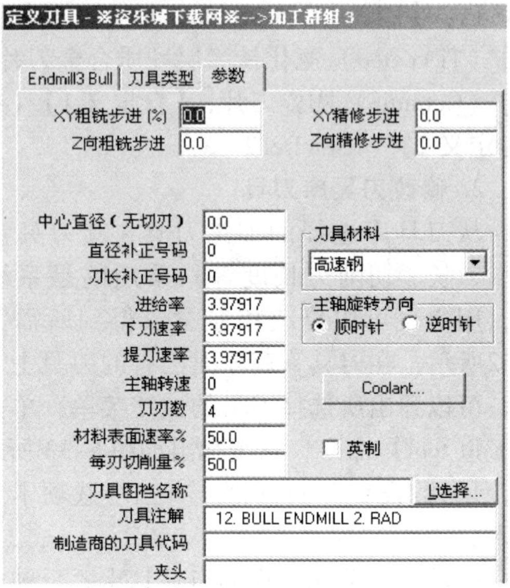

图 6-35 刀具加工参数设置卡

【刀具名称】：设置刀具名称。

【刀具代码】：设置制造商的刀具代码。

【夹头】：用于输入要显示的刀具夹头信息。

【刀具材料】：设置刀具材料，有高速钢、碳钢、钛合金、陶瓷、用户自定义 1 及用户自定义 2【User Def2】等 6 种刀具材料设置方式。

【主轴旋转方向】：设置刀具旋转方向，有顺时针方向旋转和逆时针方向旋转两种设置方式。

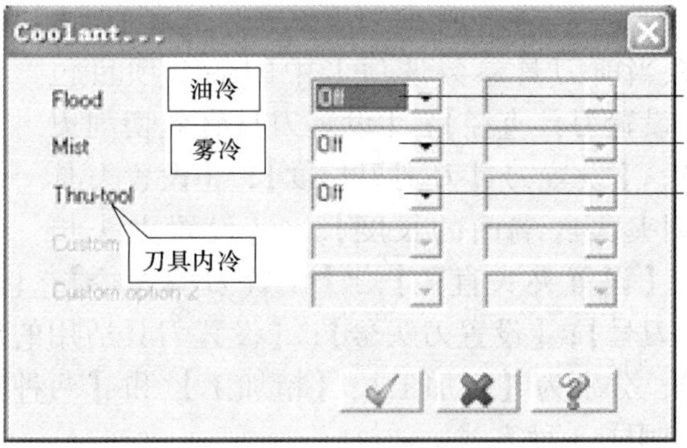

图 6-36 三种冷却方式

【冷却】（Coolant）：设置刀具冷却方式，单击此按钮，系统弹出如图 6-36 所示的“冷却方式设置”对话框，用户可以根据需要选择合适的冷却方式。

刀具的选择与刀具参数的设置至此结束。之后进行铣削加工参数设置。

6.3.5 铣削加工工艺参数的设置

如图 6-37 所示，选择【刀具路径】菜单的【外形铣削刀具路径】选项，弹出【串连选项】栏，在绘图区依次点选图素，确定需要切除的区域。并确认系统进入图 6-38 所示的【外形铣削】加工参数设置对话框，进行铣削加工的各种参数设计。有【刀具参数】和【铣削加工参数设计】两个选项卡，可依次进行设计参数的选择与设置。

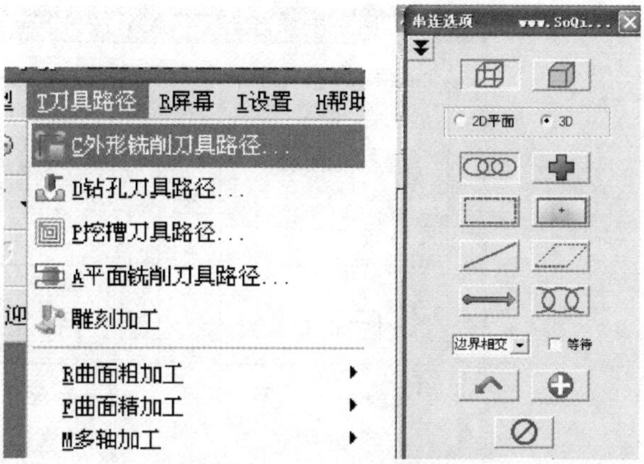

图 6-37　进入外形铣削选项卡

(1) 刀具参数设计　首先打开【刀具参数】卡，显示本工件加工所使用的刀具列表。如果已经在刀具设置中设置了铣削外形的铣刀，即可在当前列表中看到；如果未选择所需刀具，可以点击下方的【选择刀库】按钮，从刀具库选择需要的刀具。

界面内几个重要按钮的意义如下：【刀具号码】设置刀号，如输入“1”将在 NC 程序中产生“T1”指令。

【刀长补正】设置刀具长度补偿号，如输入“1”将在 NC 程序中产生“H1”。

【刀径补正】设置刀具半径补偿号，如输入“1”将在 NC 程序中产生“D1”。

【刀角半径】显示所选刀具的圆角半径。

【平面分次铣削】设置刀具在 $X-Y$ 平面内的切削进刀参数。

【分层铣深】设置刀具在 Z 轴方向的分层铣削进给。

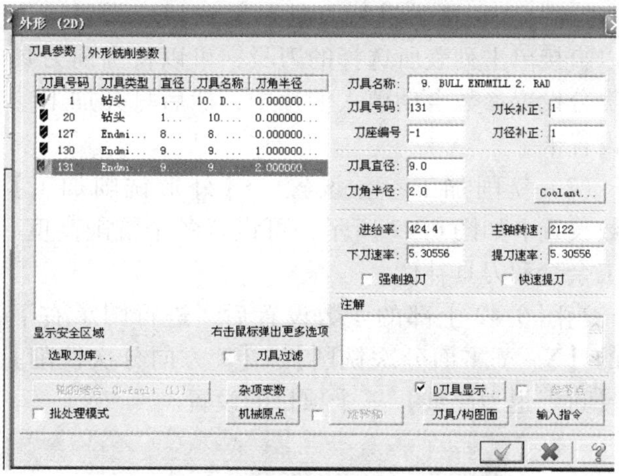

图 6-38　外形铣削加工刀具参数设置

【批处理】选择此复选框，系统将对 NC 文件进行批处理。

【机械原点】单击此按钮时，系统弹出如图 6-39 所示的机械原点设置对话框，用户可以直接输入机械原点的 X、Y、Z 坐标值，或单击【选择】(Select) 按钮，选择绘图区内的某一点决定机械原点。而大多数情况下都是单击【由机床】(Frome machine) 按钮，由具体的加工机床决定机械原点的坐标位置。

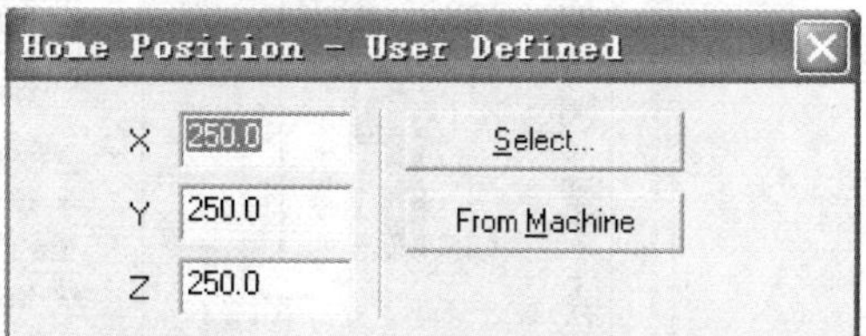

图 6-39　机械原点设置对话框

【刀具/构图面】设置加工时的工件坐标系 Z 零点平面、刀具平面和生成刀具路径的构图平面。单击此按钮时，系统弹出如图 6-40 所示刀具平面设置对话框。系统默认的刀具平面是最常采用的 TOP 刀具面，它将在 NC 程式中产生加工指令代码“G17”。首先进行视图的视角方向选择，单击下方的按钮，系统会进入图 6-41 所示的视角选择对话框，进行选择。也可以单击按钮，直接在绘图区的实体上选择。

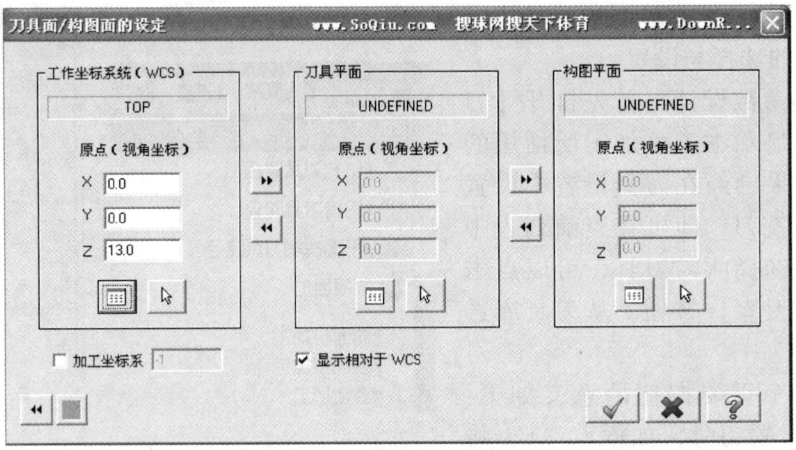

图 6-40　刀具平面和构图平面

按图 6-38 所示进行刀具参数的相应设置，也可以直接单击列表所选择的刀具，可以将当前刀具的部分设置参数自动填入卡片中，然后打开加工参数设置卡。

（2）铣削加工参数设置　【外形铣削加工】参数设置卡如图 6-42 所示，可设置各个铣削高度、加工余量和刀具补偿。

当图 6-42 上部的参数设置后，进行图示右下角的【X－Y 平面分次铣削】、【Z 方向分次铣削】和【进、退刀路线】三个项目的设置。

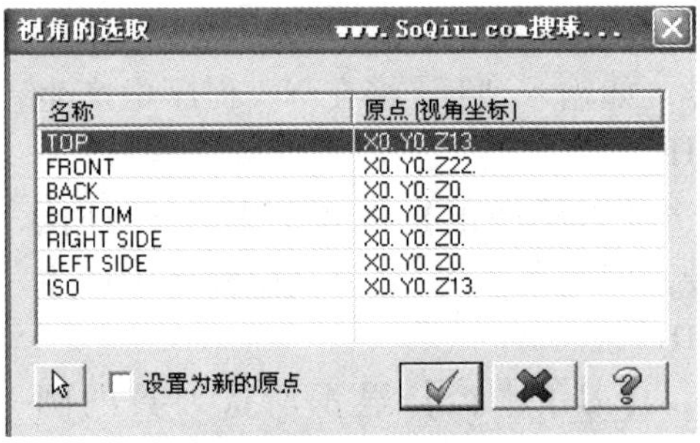

图 6-41　刀具平面的视角选择

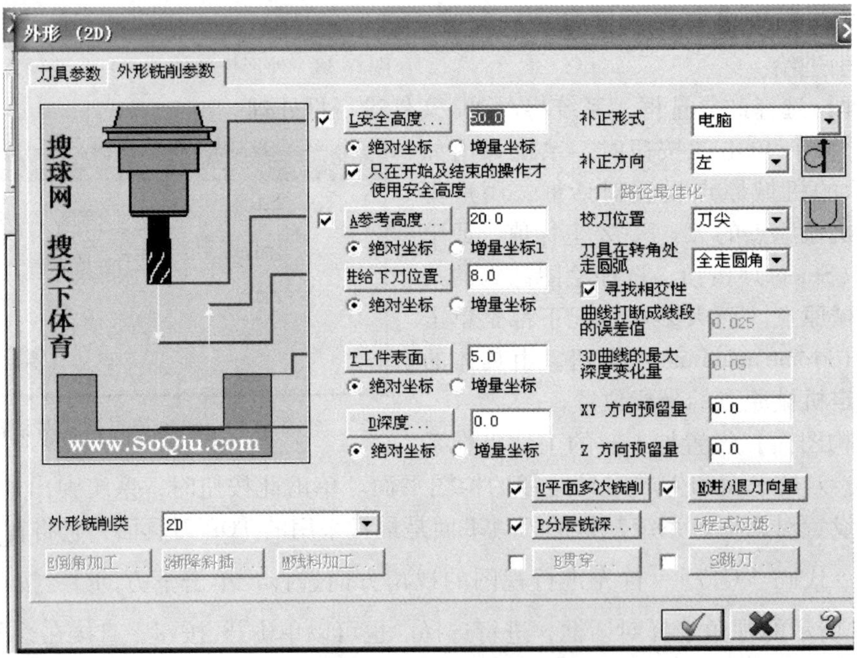

图 6-42　外形铣削加工参数设置卡

如图 6-43a 所示，先钩选【$X-Y$ 平面分次铣削】按钮左边的选择框，再点击右边的【平面多次铣削】按钮，即可进入图 6-43b 所示的平面粗、精铣削参数设置对话框，进行粗铣和精铣加工的设置。

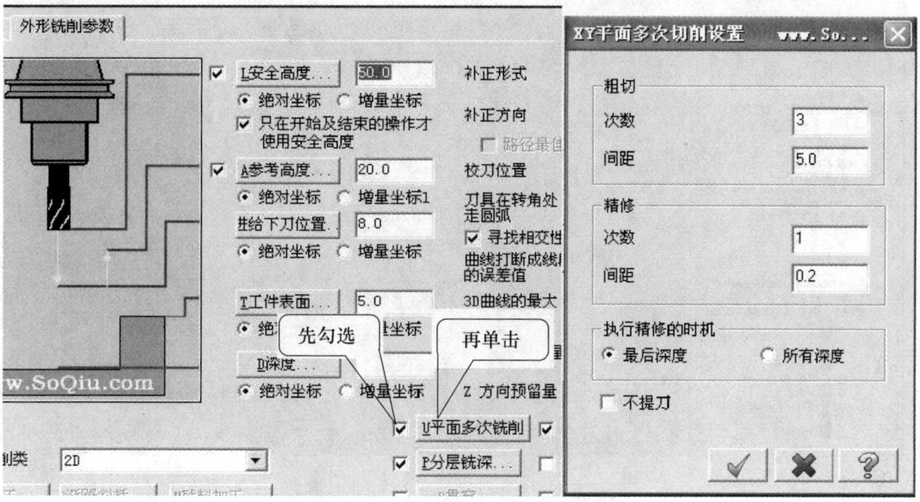

a)　　b)

图 6-43　$X-Y$ 平面内的分次铣削设置

其下方的 Z 方向【深度铣削】参数设置界面如图 6-44a 所示。之后可进行图 6-44b 所示刀具的进、退刀路径设置。一般，退刀路线与进刀路线对称，所以设置进刀路线后，可以直接点击界面中部的小箭头按钮，将进刀设置参数复制到退刀路线设置栏中。上述选择都设置后，即可以确认，并进入图 6-45 的刀具路径显示界面。

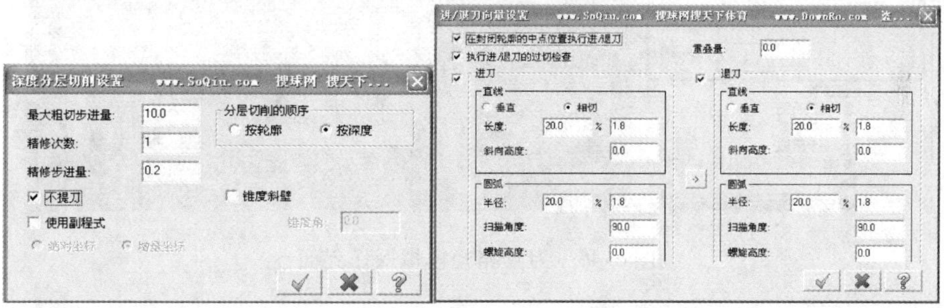

a)　　b)

图 6-44　Z 分层铣削深度和进、退刀设置

在路径显示界面左侧的加工操作管理目录树中，可以发现已经增加了一个 2D 外形加工文件群组。里面包括“加工设置”、“刀具设置”、“图形串连”和“刀具路径模拟”四个文件。

“加工设置”和“刀具设置”文件即是刚进行的加工设置与刀具参数设置的记录，可以随时进入该界面编辑和修改。单击“刀具路径”文件，可以弹出如图 6-46 的“刀具路径模拟”操作对话框。界面内有两行按钮，将上部的前四个按钮全部打开，分别是：【路径显示】、【刀具显示】、【刀夹显示】和【快移路径显示】。在工作区的正上方增加了一行动态播放控制按钮，如图 6-47 所示，是刀具路径模拟运行控制播放器，其各个按钮的含义与一般播放按钮相同。

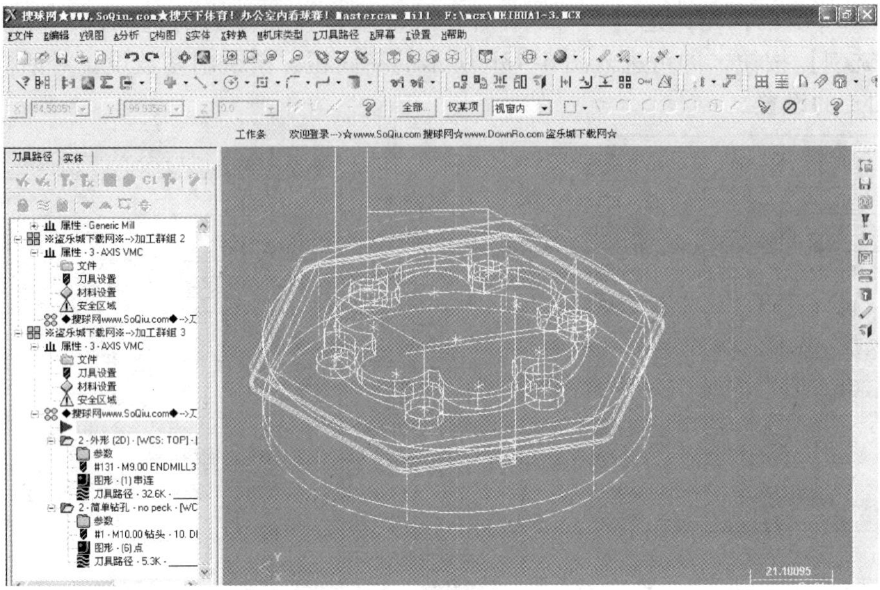

图 6-45　刀具路径显示界面

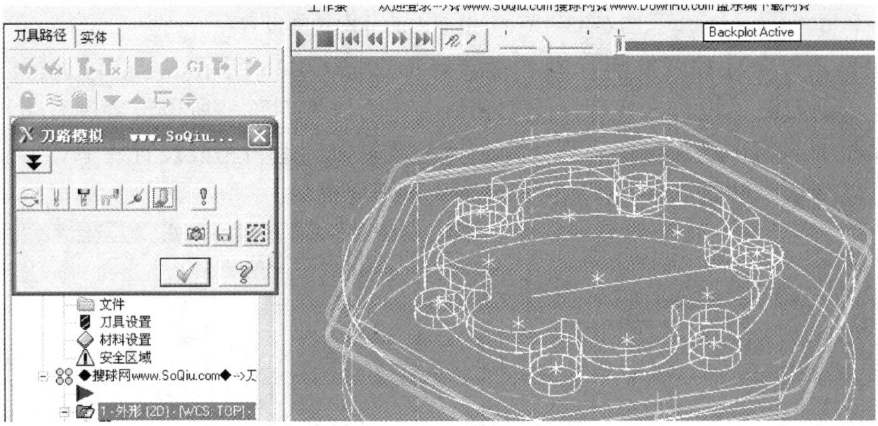

图 6-46　刀具路径模拟操作界面

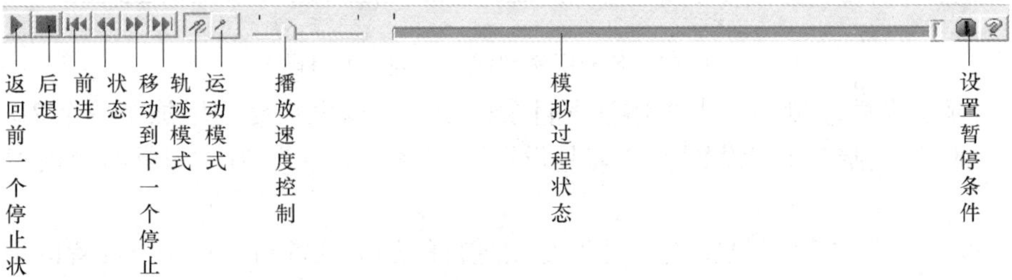

图 6-47　刀具路径模拟播放控制器

单击最左边的播放按钮，即可进入刀具路径显示的模拟动态播放过程中。图 6-48 分别是线框显示的播放路径和实体显示的路径，可检查与校对刀具路径。

路径经过初步检查如果没有大问题，可单击模拟管理器底部的确认按钮。

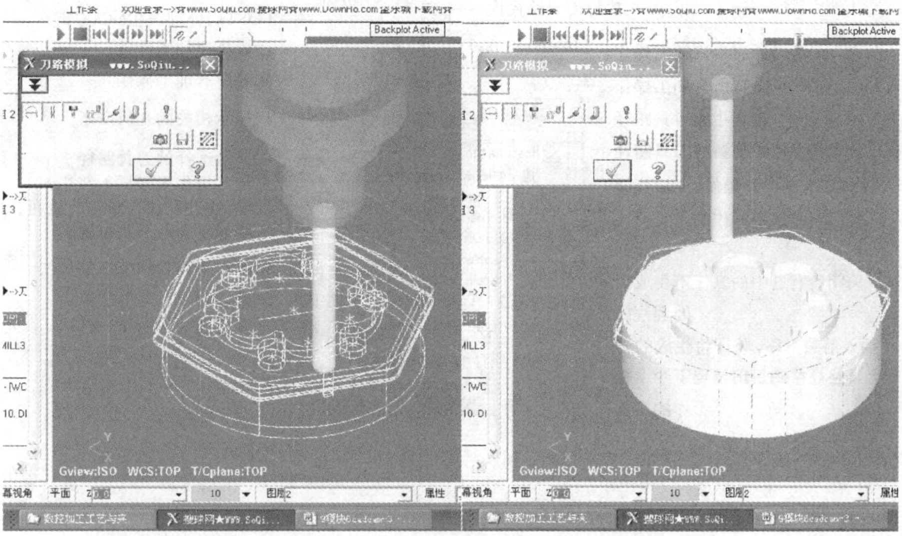

图 6-48　刀具路径的线架模拟显示与实体模拟显示

6.3.6　刀具加工 NC 程序的后置处理与操作管理

刀具路径产生后，可以进行刀具加工路线文件的后置处理、文件输出以及其他操作的管理工作。

1. 工件实体的模拟加工

（1）操作管理器的各按钮功能　为了更加直接和真实地观察复杂的加工细节，MasterCAM X 设置了加工模拟仿真功能。在工件的加工刀具路径产生后，MasterCAM X 主界面左侧的加工操作管理器如图 6-49 所示，其刀具路径选项卡的所有选项按钮都处于可选状态，其各按钮的功能情况如图 6-50 所示。

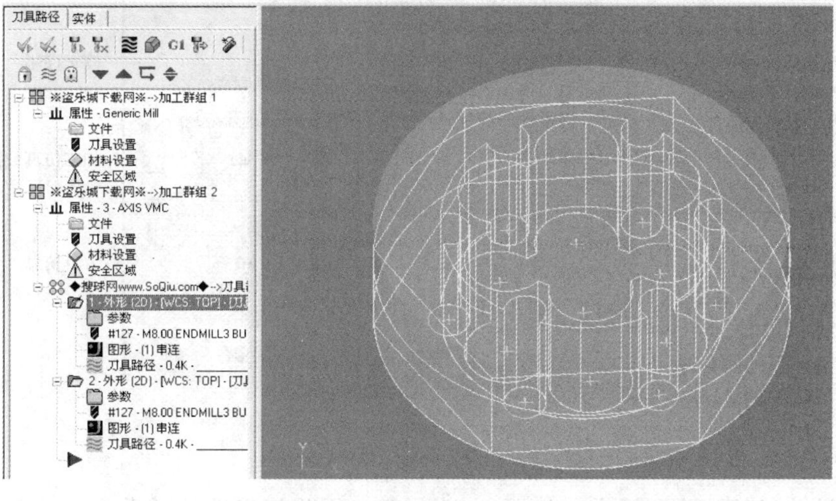

图 6-49　具有刀具路径的操作加工管理器界面

单击“加工管理器”选项中的【实体加工模拟】按钮，将进入如图 6-51 所示的实体模

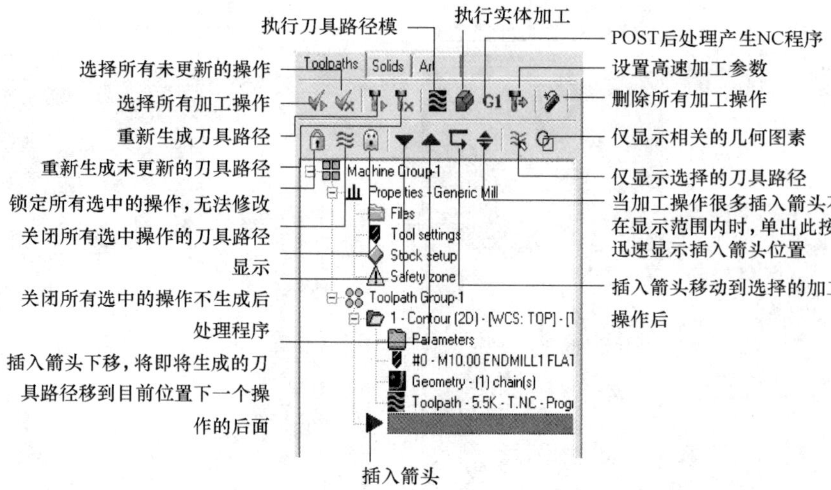

图 6-50 加工操作管理器各按钮功能

拟加工验证窗口，其各个按钮的功能如图 6-51c 所示。单击播放按钮进行零件的实体加工仿真模拟，如图 6-52 所示。在加工模拟过程中，可以利用加工仿真数据栏中的测量按钮（中间的按钮）进行两点的坐标值测量。所以，“实体加工模拟”具有更高的检验修改的编辑功能，比单纯的刀具路径检验实际、有效。

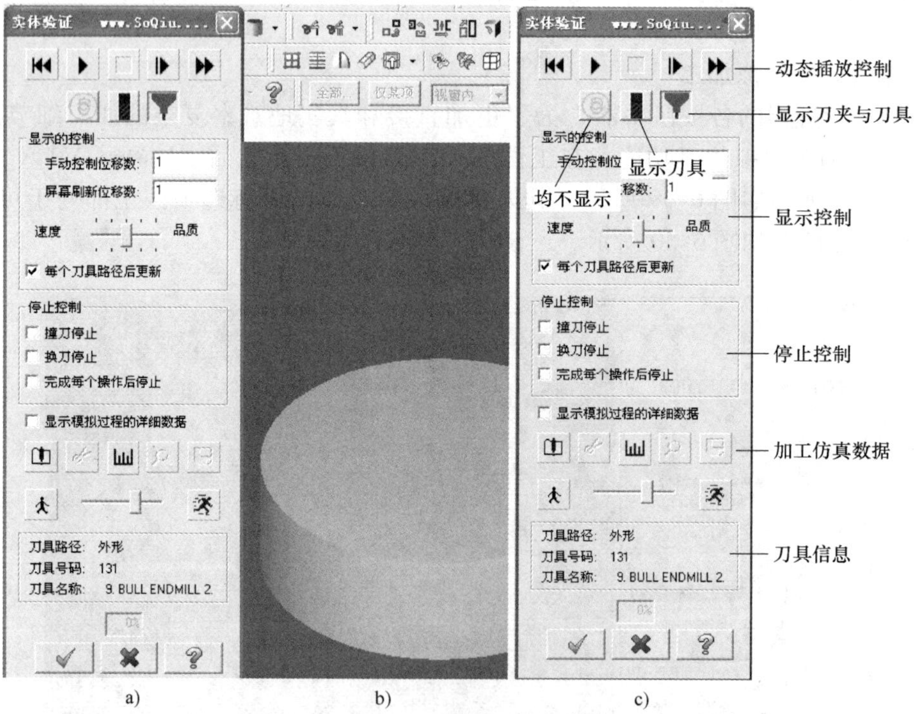

图 6-51 实体模拟加工仿真界面

（2）刀具路径的消隐和锁定 如图 6-53 所示，操作管理器的【路经显示消隐】按钮可以对当前刀具路径进行显示的消隐作用，当工件图样或实体上的刀具路径过多时，不利于观察图样，可以利用该按钮对当前路径进行路径显示的消隐。

图6-52　实体加工过程仿真模拟

图6-53　路径显示的消隐

【操作锁定按钮】用于锁定已经修改编辑的文件，以免文件被误操作。

2. 加工NC程序的产生

当刀具加工路径经过检验与修改后，就可以进行加工程序的生成了。单击图6-53操作管理器上部的【G1】按钮，弹出图6-54所示的“NC程序后置处理”对话框，在这里进行刀具路径的后置处理，以最终生成数控加工的NC程序。

图6-54a为初始界面，可以选择NC文件和NCI文件。如果选择NC文件，把所产生的NC加工程序传送给数控机床，必须如图6-54b所示，先勾选【将NC程序传送至】复选框，再单击其右边的【M传输参数】按钮，进入图6-55所示的【传输参数】对话框，进行参数传输时所需要的机床信息传输参数的有关设置。

根据机床配置，可以进行NC文件传输时的格式、通信端口、奇偶校验方式、传输速率等项数据传输的协议与规则约定。所有项目填写完毕后，进行确认，界面转入“NC文件存储设置”界面，如图6-56所示。之后进行NC文件的文件命名和填写存储路径，将文件命名为“梅花1”文件。

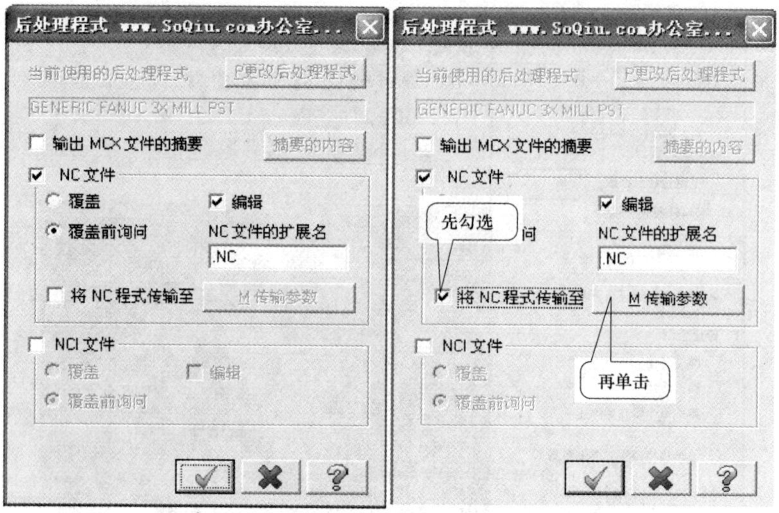

a) b)

图 6-54 刀具路径的后置处理界面

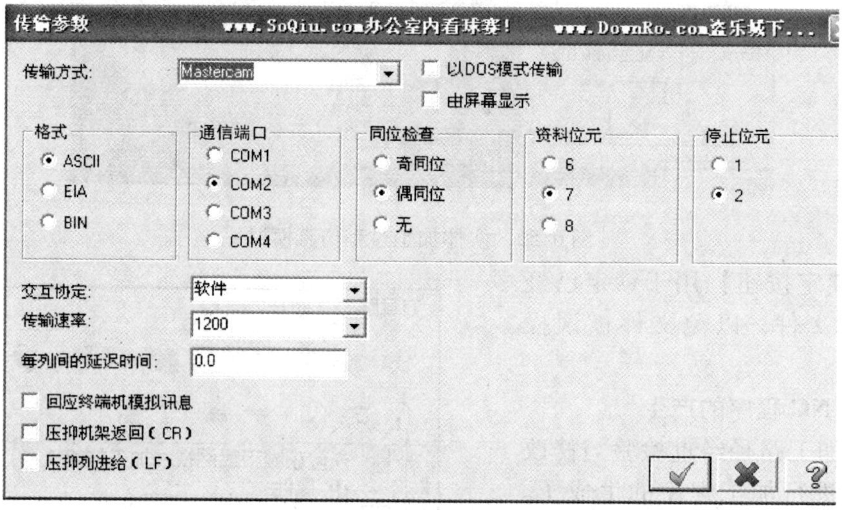

图 6-55 机床传输参数设置对话框

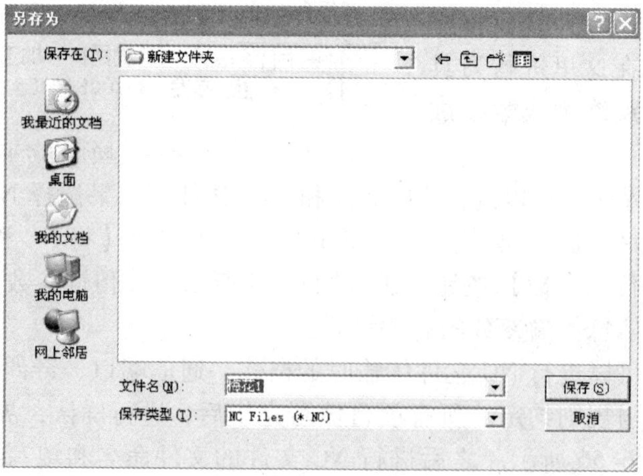

图 6-56 为 NC 文件命名

最后单击【保存】按钮，系统进行加工NC程序的自动转换和运算、编译，稍等片刻，编辑工作完成，系统将新生成的“梅花1”NC程序显示在编辑器界面内，如图6-57所示。

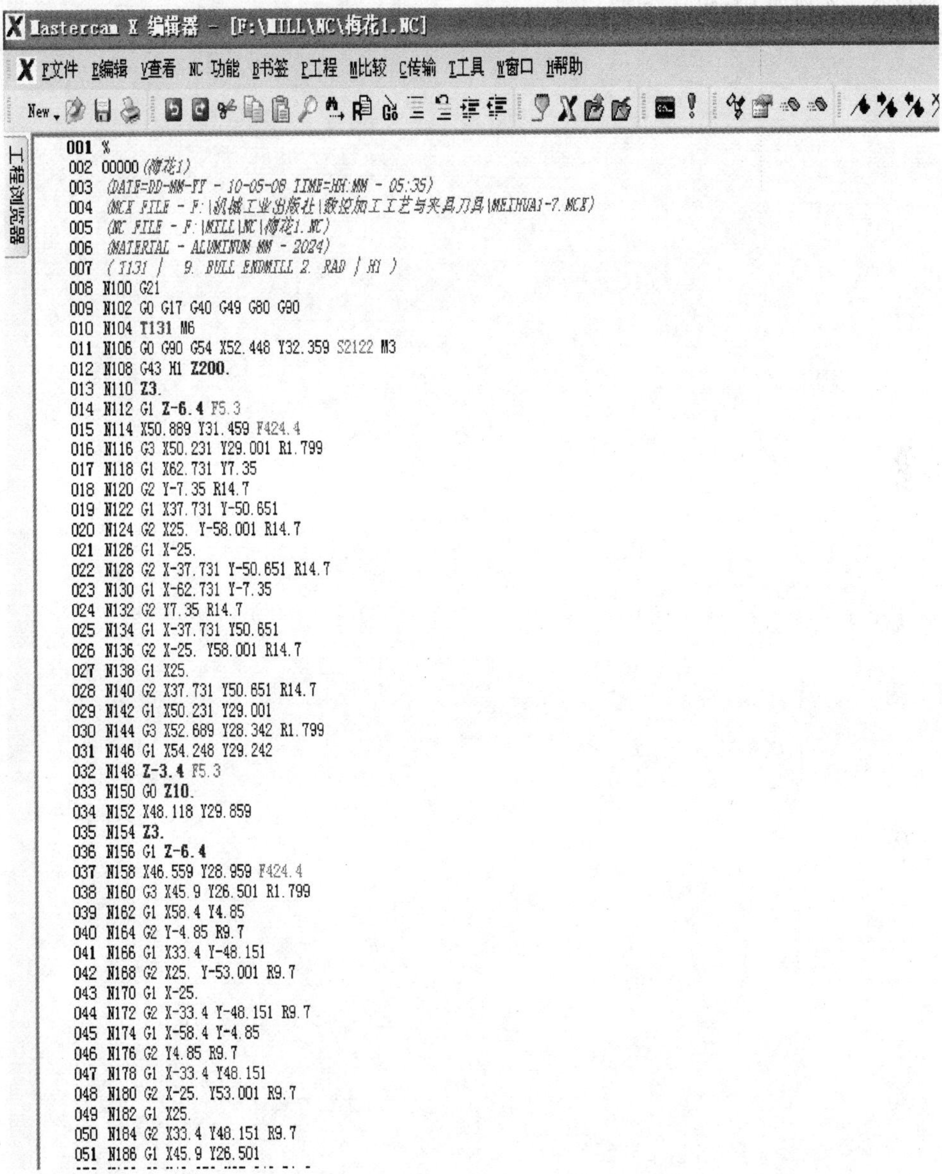

图6-57　新产生的“梅花1”NC程序

对新程序进行必要的修改、编辑和保存，即可将程序试切运行。

【思考与练习】

1. 选择数控加工机床后，有哪几个主要选项需要工艺设置？
2. 怎样设置工件材料的形状、尺寸以及材质？
3. 怎样进入MasterCAM X系统的刀具参数库？
4. 在MasterCAM X刀具库中有哪20个类型的刀具可供选择？
5. 2D外形铣削加工参数设置中，有哪几个选项卡可供进行工艺参数的设置？

6. 在外形铣削加工参数设置中，什么是下刀高度、参考高度和安全高度？
7. 怎样进入“$X-Y$ 平面多次铣削设置”界面？
8. 怎样进行“进、退刀路径设置”？
9. 怎样进入“实体加工模拟”界面？
10. 怎样生成 NC 加工程序？

参考文献

[1] 裴炳文. 数控加工工艺与编程 [M]. 北京：机械工业出版社，2008.
[2] 刘万菊. 数控加工工艺及编程 [M]. 北京：机械工业出版社，2007.
[3] 单岩，王卫兵. 实用数控编程技术与应用实例 [M]. 北京：机械工业出版社，2003.
[4] 赵长明，刘万菊. 数控加工工艺及设备 [M]. 北京：高等教育出版社，2006.
[5] 于春生. 数控机床编程与应用 [M]. 北京：高等教育出版社，2006.
[6] 朱明松，王翔. 数控铣床编程与操作项目教程 [M]. 北京：机械工业出版社，2008.
[7] 张超英，罗学科. 数控机床加工工艺、编程及操作实训 [M]. 北京：高等教育出版社，2003.
[8] 赵云霞. 数控编程 [M]. 北京：机械工业出版社，2003.
[9] 王卫兵. 数控编程 100 例 [M]. 北京：机械工业出版社，2006.
[10] 彭雨. MasterCAM 实例精选 [M]. 北京：机械工业出版社，2006.
[11] 李杰臣，金湖庭. MasterCAM 入门指导 [M]. 北京：机械工业出版社，2006.
[12] 童桂英，郭忠. MasterCAM X 数控编程基础与工程范例 [M]. 北京：清华大学出版社，2008.
[13] 胡建新. 机床夹具 [M]. 北京：中国劳动社会保障出版社，2001.
[14] 刘守勇. 机械制造工艺与机床夹具 [M]. 北京：机械工业出版社，1994.

参考文献